HEYNE <

Benjamin von Brackel

DIE NATUR AUF DER FLUCHT

Warum sich unser Wald davonmacht
und der Braunbär auf den Eisbär trifft –
Wie der Klimawandel Pflanzen und Tiere
vor sich hertreibt

Mit Illustrationen von Inka Hagen

WILHELM HEYNE VERLAG
MÜNCHEN

Im folgenden Text haben wir uns für die Verwendung des grammatischen, generischen Maskulinums entschieden. Nichtsdestotrotz sind, soweit nicht eindeutig anders angegeben, in allen Personen-Gruppen und Bezeichnungen weibliche, männliche, non-binäre und fluide Personen mit eingeschlossen.

Sollte diese Publikation Links auf Webseiten Dritter enthalten, so übernehmen wir für deren Inhalte keine Haftung, da wir uns diese nicht zu eigen machen, sondern lediglich auf deren Stand zum Zeitpunkt der Erstveröffentlichung verweisen.

Penguin Random House Verlagsgruppe FSC® N001967

Originalausgabe 05/2021

Copyright © 2021 by Wilhelm Heyne Verlag, München,
in der Penguin Random House Verlagsgruppe GmbH,
Neumarkter Straße 28, 81673 München
Redaktion: Ulrike Strerath-Bolz
Illustration: Inka Hagen
Umschlaggestaltung: Hauptmann & Kompanie Werbeagentur, Zürich
Satz: Satzwerk Huber, Germering
Druck: CPI books GmbH, Leck
Printed in the Czech Republic
ISBN: 978-3-453-60574-9

www.heyne.de

Für Oliv

Inhalt

Prolog: Aufbruch 9

I. Die Arktis schrumpft

Kapitel 1: Jäger. 29

Kapitel 2: Gejagte 37

Kapitel 3: Regimewechsel im Ozean 45

Kapitel 4: Wo sind die Wale? 55

II. Bewohnerwechsel in der gemäßigten Zone

Kapitel 5: Abwanderung der Brotfische 63

Kapitel 6: Wettlauf mit den Wärmebändern 81

Kapitel 7: Der Wald setzt sich in Bewegung. 89

Kapitel 8: Invasion der Tropenmücken 111

Kapitel 9: Das Hummelparadox 135

Kapitel 10: Bedrohtes Kulturgut: Japan und
sein Kelp. 155

III. Exodus aus den Tropen

Kapitel 11: Ein dunkles Geheimnis 167

Kapitel 12: Der Auszug der Korallen 171

Kapitel 13: Abrupte Regimewechsel 181

Kapitel 14: Der Bergwald klettert nach oben 185

Kapitel 15: Aufzug ins Aussterben 189

Kapitel 16: Vom Regenwald zur Savanne 199

IV. Lösungen

Kapitel 17: Neustart: Versöhnung mit der Natur....... 217

Epilog: Ende der Illusionen 247

Dank.. 257

Anmerkungen 261

Prolog
Aufbruch

Südkalifornien, vor der Jahrtausendwende

Es hätte nicht harmloser beginnen können. In den San-Ysidro-Bergen nahe der mexikanischen Grenze spreizt ein Scheckenfalter seine Flügel und präsentiert ein Muster aus roten und schwarzen Einsprengseln. Dann hebt er ab, wird von einem Windstoß erfasst und Hunderte Meter den Berg hinaufgetragen.

Sein Schicksal scheint besiegelt, als er dort oben landet. Denn wie ihm ist es schon seit Jahrtausenden Unzähligen seiner Artgenossen ergangen, die der Zufall in Richtung Gipfel verweht hatte. Alle sind gestorben, ohne Nachkommen zu hinterlassen. Die Evolution hat es nämlich so eingerichtet, dass *Euphydryas editha* nur in einem schmalen Temperaturfenster gedeiht. Entfernt sich die Art zu weit von ihrem gewohnten Klima, kann sie nicht überleben.

Mit unserem Scheckenfalter, einem Weibchen übrigens, passiert nun allerdings etwas Erstaunliches: Er lebt weiter. Mit den Geruchsorganen an Beinen und Fühlern erschnüffelt er an dem fremden Ort Wildblumen, an deren Blattunterseite er Dutzende Eier ablegt, die er seit Wochen mit sich herumgetragen hat. Dann vollziehen sich die Stadien der Verwandlung: Raupen schälen sich heraus, fressen und verpuppen sich und verwandeln sich in neue Schmetterlinge.

Eine neue Kolonie ist gegründet.

Warum aber waren all die Vorfahren von *Euphydryas editha* daran gescheitert, den höher gelegenen Ort zu kolonisieren, während es unserem Exemplar nun gelang? Es war schließlich weder raffinierter noch stärker oder anpassungsfähiger als alle anderen.

Wenn es sich selbst nicht grundlegend verändert hatte, um in der neuen Umwelt zu bestehen, dann musste sich die Umwelt grundlegend verändert haben.

Und so war es auch.

Ungewöhnliches Verhalten

Sydney, Macquarie-Universität, Juni 1998

Es klopfte an der Tür. Lesley Hughes blickte von ihrem Schreibtisch auf und sah, wie ein Kopf mit Rauschebart und lichtem Haupthaar im Türrahmen ihres Büros auftauchte: ein älterer Kollege aus dem Institut für Biologie. Er fragte, ob Hughes den Eröffnungsvortrag auf der Jahresversammlung der Gesellschaft für Artenschutzbiologie halten wolle. Diese renommierte Konferenz sollte erstmals außerhalb Nordamerikas stattfinden, an der Macquarie-Universität im Norden Sydneys, wo die damals Achtunddreißigjährige lehrte und forschte.

Hughes fühlte sich geehrt, durfte sie doch zum ersten Mal in ihrer noch recht jungen Karriere vor Experten aus aller Welt sprechen. Sie würde, so kalkulierte die Biologin, einfach über das berichten, was sie seit ein paar Jahren ohnehin schon beschrieben hatte: wie sich der Klimawandel in Zukunft auf Tier- und Pflanzenarten auswirken könnte. Sie hatte zum Beispiel durchgespielt, wie Eukalyptusbäume in Australien reagieren würden, sollten sich die Klimazonen eines Tages verschieben. Aber das war Zukunftsmusik.

Dennoch nahm sie sich aktuelle Studien aus anderen Erdteilen vor, sie wollte ja vorbereitet sein. Nach einiger Recherche stieß die Australierin auf etwas Irritierendes: Eine Handvoll Arbeiten aus namhaften Journalen beschrieben höchst ungewöhnliches Verhalten einer Reihe von Arten. Das waren keine Vorhersagen mehr, sondern Beobachtungen.

Hughes las von Farnen, die sich auf Alpengipfeln in Europa ausbreiteten. Von mexikanischen Wühlmäusen im Südwesten der USA, die eine Vielzahl ihrer Habitate verlassen und Gebiete weiter im Norden kolonisiert hatten. Und von der Gelbfiebermücke, die erstmals auf einer Höhe von 2200 Metern in Kolumbien gesichtet worden war.

Je mehr sie recherchierte, desto mehr Beispiele fielen ihr in die Hände: Abseits der Küste Kaliforniens fand ein regelrechter Austausch der Fischgemeinschaften statt. Während die Bestände der Kälte liebenden Arten abnahmen, nahmen jene der Wärme liebenden Arten aus dem Süden zu. In Großbritannien zogen Vogelarten dauerhaft nach Norden, ebenso in den USA. Dort hatten sich außerdem Populationen eines Scheckenfalters namens *Euphydryas editha* um ganze zwei Breitengrade in nördliche Richtung verschoben und waren die Berge hinaufgeklettert.

Hughes sah sich diese Studie aus dem Fachjournal *Nature* genauer an, denn sie hob sich von den anderen ab, was Aufwand, Datenmenge und Sorgfalt der Erhebung betraf. 1996 war sie erschienen, verfasst von einer jungen US-Biologin namens Camille Parmesan. In wahrer Detektivarbeit hatte diese ein ganzes Jahr lang Museen im Westen Amerikas abgeklappert, um anhand der historischen Aufzeichnungen festzustellen, wo sich der Schmetterling in den letzten hundert Jahren aufgehalten hatte. Anschließend bereiste sie diese Orte selbst, um zu überprüfen, ob die Populationen dort noch existierten. Nach viereinhalb Jahren hatte die Wissenschaftlerin von der Universität Texas über hundertfünfzig Orte in einem Streifen an der Westküste von Mexiko bis Kanada abgeklappert. Unter anderem die San-Ysidro-Berge nahe der mexikanischen Grenze. Das Ergebnis: In Mexiko und dem Süden der USA waren viele Populationen verschwunden, im Norden der USA und

Kanadas hingegen nur sehr wenige. Das Zentrum der Verteilung hatte sich um fast 100 Kilometer nach Norden und um über 100 Meter in die Höhe verschoben. Möglicherweise dienten die feinfühligen Schmetterlinge damit als Bioindikatoren für die globale Erwärmung, die zum Zeitpunkt der Veröffentlichung der Studie noch nicht nachgewiesen worden war. Für einen »überzeugenden Beweis« brauche es allerdings mehr solcher Studien, schrieb Parmesan, mit anderen Arten und aus anderen Regionen.

Lesley Hughes brachte das zum Staunen, denn genau solche Studien hielt sie nun in ihren Händen. Ihr war bewusst, dass manche von ihnen wissenschaftliche Schwächen aufwiesen oder nur Momentaufnahmen waren. Für die Verschiebung der Habitate konnte es alle möglichen Gründe geben, etwa Ausreißerjahre, in denen die Witterung besonders gut oder schlecht gewesen war. Schließlich verschieben Tiere und Pflanzen ständig ihren Aufenthaltsort, wenn auch eher zufällig. Auch denkbar, dass der Mensch die Arten vertrieben hatte, indem er Flächen besetzte oder Umweltgifte verteilte. Allerdings gaben ihr die Vielzahl der Arbeiten und die Gleichzeitigkeit, in der sich die beschriebenen Verlagerungen abspielten, dann doch zu denken. Alles deutete auf ein Muster hin.

Irgendwann erlaubte sich Hughes, *die* Frage zu stellen: »Zeigt sich das Signal bereits?«

Das Signal

Washington D.C., 1985

Die Idee war ihm unter der Dusche gekommen. Dort hatte er oft die besten Einfälle. Robert Peters, von Freunden und Kollegen Rob genannt, hatte gerade seinen Biologieabschluss an der Universität Princeton in der Tasche und seinen ersten Job in der Hauptstadt bei einer kleinen Naturschutzorganisation namens *Conservation Foundation* begonnen. Für diese sollte er nun einen Aufsatz über den idealen Zuschnitt von Naturschutzgebieten schreiben. Im ganzen Land diskutierte die Umweltschutzszene: Ist es besser, ein großes Naturschutzgebiet zu haben oder doch lieber viele kleine?

Was wie eine nebensächliche Frage klingt, die eine kleine Gruppe von Experten beschäftigt, war alles andere als das. Diese Frage hatte aktuelle Relevanz: Auf der ganzen Welt schrumpften die Lebensräume für Tiere und Pflanzen, weil sich der Mensch immer weiter ausbreitete. Mehr und mehr Habitate waren umgeben von Städten und Ackerflächen oder zerschnitten von Straßen und Kanälen. Sie glichen Inseln im Meer.

Deshalb war es kein Zufall, dass sich Biologen wie Peters aus den Erkenntnissen der sogenannten Insel-Biogeografie bedienten, einem Fachgebiet, das sich mit der Frage beschäftigt, wie sich Arten auf Inseln entwickeln und wie sie aussterben. Grob gesagt kamen sie zu dem Schluss, dass Inseln umso weniger Arten beherbergen, je weiter sie vom Festland entfernt liegen und je isolierter und kleiner sie sind. Entscheidend für die Artenvielfalt ist schließlich der Austausch. Das ließ sich auch auf fragmentierte Gebiete an Land übertragen: Waldstücke oder Naturschutzgebiete zum Beispiel. Damit hatten die Biologen eine neue Möglichkeit in der Hand, um zu berechnen, wie schnell die Arten dort aussterben werden.

Peters versank mit seinen Überlegungen regelrecht in der Materie, ehe er per Zufall auf ein weiteres Phänomen stieß, das die isolierten Lebensräume zu einem noch viel größeren Problem für die Arten machen sollte, als sie es ohnehin schon waren. Was als Schutzraum gedacht war, könnte sich auf lange Sicht als Falle herausstellen.

Unter der Dusche erinnerte sich Peters an einen *Science*-Artikel, der ihm in die Hände gefallen war. In diesem hatten NASA-Wissenschaftler die möglichen Auswirkungen des Treibhauseffekts beschrieben, eines Phänomens, über das noch kaum jemand sprach, und wenn, dann als Erscheinung der fernen Zukunft. Von sich verschiebenden Klimazonen schrieben die Wissenschaftler, welche ganze Landschaften in Nordamerika und Zentralasien in Wüsten verwandeln und den westantarktischen Eisschild abschmelzen lassen würden.[1]

Peters malte sich aus, was mit den Lebewesen in den Naturschutzgebieten passieren würde, wenn sich eines Tages die Klimazonen vom Äquator in Richtung beider Pole verschieben sollten. Und mit ihnen die Vegetationszonen. Dann, so wurde ihm klar, würden die Bedingungen für viele Arten schlagartig nicht mehr stimmen. Wer sich nicht anpassen konnte, würde zugrunde gehen. Es sei denn, den Arten würde es gelingen, abzuwandern. Aber wohin? Aus den Naturschutzgebieten heraus?

»Mein Gott«, dachte sich Peters, während das Wasser auf ihn herabprasselte. »Das wird furchtbar!«

»Eine lächerliche Idee«

Der Umweltschützer suchte die nächstgelegene Bibliothek auf. Er wollte wissen, was die Wissenschaft in den vergangenen Jahren zu diesem drohenden Problem herausgefunden hatte. Er fand nichts. Dann unterhielt er sich mit Artenschützern. Keiner wusste etwas darüber. »Es wurde mir ziemlich schnell klar, dass niemand jemals darüber nachgedacht hatte«, erzählt Peters rückblickend. »Ich fühlte mich, als würde ich auf einem Gehsteig einen Zwanzig-Dollar-Schein finden, während alle Menschen daran vorbeilaufen und keiner ihn aufhebt.« Irgendwas stimmt hier nicht, dachte er sich.

Peters wusste, dass er an etwas Großem dran war, etwas, das ihn im heutigen Licht als Visionär erscheinen lässt, gehören doch apokalyptische Bilder von Kängurus, die durch verkohlte Wälder in Australien hüpfen, inzwischen genauso zu unserem Alltag wie ausgeblichene Korallenriffe oder Elche, die, übersät von Zecken, in kanadische Supermärkte einfallen.

Peters suchte deshalb Bob Jenkins auf, den Chefwissenschaftler von Nature Conservancy, einer der größten Naturschutzorganisationen der USA, die ihren Sitz ebenfalls in Washington, D.C. hat, in der Nähe des Weißen Hauses. Dieser hörte sich an, was der junge Biologe zu sagen hatte. Von seiner Antwort, die dann folgte, blieben Peters zwei Sätze im Kopf hängen.

»Eine lächerliche Idee.« Und: »Für den Artenschutz vollkommen wertlos.«

Diese Reaktion zeigte selbst bei einem Dickkopf wie Peters Wirkung: Der junge Uni-Absolvent, erst am Anfang seiner Karriere, war eingeschüchtert. Er stand als Spinner da. Trotzdem ließ ihn die Idee nicht mehr los. Er verliebte sich geradezu in sie. Also bat er eine befreundete Kollegin, die Ökologin Joan Darling, ihm bei seinem Fachartikel zu helfen. Sie wusste im Gegensatz zu ihm, was nötig war, um ihn zu publizieren. Und was als Erstes nötig war: mehr Informationen. Diese fand er in der tiefen Vergangenheit. In der Arbeit von Forschern, die sich mit Vorliebe am Grund von Seen oder Mooren durch schlackige Sedimentschichten wühlen. Dort suchen Paläobiologen nach fossilem Blütenstaub. Bis zu hunderttausend Pollenkörner finden sich allein in einem Kubikzentimeter Seesediment.[2] Für die Fossilienforscher ist das ein wahrer Schatz, der einen Blick weit zurück in die Geschichte des Lebens gewährt.

Durch besondere Lasermikroskope betrachten sie Pollen in drei Dimensionen. Aus ihrer Form können die Forscher auf die Gattung schließen, von der die Pollen abstammen, manchmal sogar auf die Art. Mehr noch: Sie können bestimmen, wann und wie viele Exemplare einer bestimmten Pflanzenart in der Erdgeschichte gewachsen sind. Denn jedes Jahr lagert sich auf dem Seegrund eine neue Sedimentschicht ab. Weil aber diese im Sommer anders gefärbt ist als im Winter, bilden sich ähnlich wie bei Bäumen Jahresringe. Aus diesen sogenannten Warven können die Paläontologen Rückschlüsse auf frühere Klimaschwankungen ziehen, aber auch darauf, wie die Pflanzen darauf reagiert haben: Wie schnell breiteten sie sich über die Jahrtausende aus oder zogen sich zurück?

Diese Chronik der Erdgeschichte berichtete Peters von einem wiederkehrenden, archaischen Phänomen: Ungefähr alle hunderttausend Jahre setzt auf der Erde eine Warmzeit ein, die jede Tier- und Pflanzenart aktiviert und das Leben auf unserem Planeten neu verteilt. Scheinbar in stiller Übereinkunft begibt sich eine Art nach der anderen an Land und im Meer auf Wanderschaft: Insekten und Vögel, Amphibien und Reptilien,

Säugetiere und Fische. Sogar Bäume. Massenhaft streben sie in Richtung der Pole, die Ozeane hinab und die Berge hinauf. Sie nutzen dabei den Raum, den ihnen die zurückweichenden Gletscher- und Eismassen überlassen. Wandelt sich das Klima erneut und kühlt sich ab, ziehen sich die Arten wieder zurück. Sie folgen einer unwiderstehlichen Kraft, die sie abwechselnd anzieht und wieder abstößt. Wie ein Tanz über den Planeten, den seine Bewohner im Laufe der letzten 2,6 Millionen Jahre Dutzende Male aufgeführt haben.

Schon Darwin hat das Phänomen vor über hundertfünfzig Jahren beschrieben: »Als die Eiszeit zurückwich und in beiden Hemisphären nach und nach wieder ihre vorigen Temperaturen herrschten, wurden die Formen der nördlichen gemäßigten Zonen, die im Tiefland am Äquator leben, in ihr früheres Habitat gedrängt oder vernichtet und von den aus dem Süden zurückkehrenden äquatorialen Formen ersetzt«, heißt es in *Über die Entstehung der Arten*.[3]

Aus Schutzgebieten werden Gefängnisse

Eines sprang Robert Peters bei der Recherche regelrecht ins Auge: Die Wanderung der Bäume lief mindestens eine Größenordnung langsamer ab als die Wanderung der Klimazonen. Mit anderen Worten: Viele Bäume blieben hoffnungslos zurück. Sie waren einfach zu langsam.

Auch für Tiere lagen den Paläobiologen Informationen vor. Für Bienen zum Beispiel, deren Chitinhüllen manchmal selbst über Jahrtausende im Sediment erhalten geblieben waren; ebenso wie die Knochen kleiner Säugetiere. Ihre Überreste offenbarten, dass viele Tiere zwar deutlich schneller auf die Klimaschwankungen reagieren konnten als Pflanzen, nur nutzte ihnen das nichts, wenn an den neuen Orten die Pflanzen fehlten, die sie zum Überleben brauchten.

Peters suchte nach Schere, Klebeband und Pinzette, um ein Schaubild zu basteln (Computer waren damals noch nicht weitverbreitet). Das erste Bild zeigte ein x-beliebiges Schutzgebiet, das er mit Schraffur unterlegte – das natürliche Verbreitungsgebiet einer Art. Das zweite Bild zeigte das Schutzgebiet immer noch innerhalb des schraffierten Bereichs, nun aber umgeben von weißen Flächen – Siedlungen und Anbauflächen von Menschen. Auf dem dritten Schaubild befand sich das Schutzgebiet nun außerhalb der schraffierten Zone, also dem klimatischen Grenzbereich, in dem die Arten überleben können. Peters folgerte: »Die Konsequenzen wären am düstersten für all jene, die auf bestimmte Gebiete beschränkt sind oder die Charakteristiken von Arten teilen, die auf bestimmte Gebiete beschränkt sind, also eine begrenzte Reichweite haben, kleine Populationen und genetisch isoliert sind.«

Das hieß: Ausgerechnet die Schutzgebiete von heute würden zu den Gefängnissen von morgen werden.

Selbst wenn Arten die Möglichkeit hatten, den Klimazonen hinterherzuwandern, würde sich ihre Situation grundlegend verändern. Denn eine Artengemeinschaft wandert nicht geschlossen ab und besiedelt als Einheit einen neuen Ort, so wie Darwin es sich noch vorgestellt hatte. Einzelne Arten, ja selbst Individuen einzelner Populationen, stoßen mit ganz unterschiedlicher Geschwindigkeit in neue Habitate vor, fanden Paläobiologen mittels der Pollenanalyse heraus.[4] Die Folge: Die Artengemeinschaften, wie wir sie heute kennen, brechen in ihre einzelnen Bestandteile auseinander. Manche Arten sterben aus, andere können an neuen Orten überleben. Die Artenverbünde auf der Erde, so wurde Peters klar, sind nichts als vorübergehende Zweckgemeinschaften. Wie in einer WG, die sich immer wieder neu zusammensetzt.

Das aber stand der vorherrschenden Theorie der Sukzession entgegen, wonach die Natur nach der Beseitigung einer Störung (wie Sturmschäden) oder menschlichen Eingriffen (wie eine Waldrodung) irgendwann wieder in ihren Ursprungszustand zurückfindet. »Die Leute dachten in diesem deterministischen Sinne, dass alles mehr oder weniger statisch ist«, erzählt Peters im Rückblick. »Was wir hier als stabile Gemeinschaften betrachten, sind in Wirklichkeit Artefakte früherer Klimaereignisse.«

Welche Arten zusammenleben, hängt also stark vom Zufall ab. »Für mich war das ein aufregender und Furcht einflößender Gedanke«, sagt Peters. »Alles konnte sich verändern.«

Und genau das stand schon bald wieder bevor, begann sich doch erneut das Klima auf der Erde zu wandeln, nachdem der Mensch einen Großteil der fossilen Energieressourcen des Planeten ausgebeutet und verbrannt sowie unzählige Wälder gerodet hatte.

Nachdem Peters und Joan Darling ihren Artikel bei *BioScience* eingereicht hatten, meldete sich ein Redakteur des Fachjournals. Er war interessiert. Aber weil die Gedanken so neu waren, wurden gleich elf Gutachter hinzugezogen, um den Artikel zu prüfen.

Wochen später erhielten sie wieder Antwort: Alle elf Gutachter hatten den Artikel abgelehnt. Die Begründung: Er sei einfach zu spekulativ. »Im Grunde glaubte niemand daran«, erzählt Peters. Es gab aber Ausnahmen. Tom Lovejoy zum Beispiel, der als Vater des Begriffs »Biodiversität« gilt. Oder der Redakteur des Fachjournals, der den Artikel dem Widerstand der Gutachter zum Trotz veröffentlichte.

Und so kann sich Peters zumindest nicht den Vorwurf machen, die Welt nicht gewarnt zu haben. Im Dezember 1985 erschien *The Greenhouse Effect and Nature Reserves: Global warming would diminish biological diversity by causing extinctions among reserve species* in der neuen Ausgabe von *BioScience*, prominent platziert zwischen einem Artikel von Edward O. Wilson, dem Vater der modernen Insel-Biogeografie, und einem von Michael Soulé, dem Begründer der Naturschutz-Biologie. Beide Felder hatte Peters verknüpft und damit seine Dystopie von der Flucht der Arten entwickelt, verbunden mit einer Handlungsempfehlung: »Sollte es ein Interesse daran geben, einige Überbleibsel der Artenwelt für das Jahr 2100 und darüber hinaus zu erhalten, dann müssen wir jetzt beginnen, Informationen über die globale Erwärmung, wenn sie verfügbar sind, in den Planungsprozess einzubeziehen.«

Denn spätestens im Jahr 2000, so die Prognose der NASA-Forscher, würde sich das Signal des Klimawandels vom Rauschen der natürlichen Wetterausschläge abheben. Dann würden die allermeisten Arten ihren langen Marsch über den Globus antreten und der globalen Erwärmung eine Gestalt geben. Die sensibelsten unter ihnen vielleicht schon ein paar Jahre früher.

Der Affront

Sydney, Juli 1998

Lesley Hughes war nervös, als sie ans Podium trat. Der in die Jahre gekommene Hörsaal der Macquarie-Universität war mit siebenhundert Zuhörern aus aller Welt zum Bersten voll. Neben ihr auf der Bühne saßen Professoren der Universität Oxford, vom Max-Planck-Institut aus Marburg und von der Rutgers-Universität aus New Jersey. Zumindest wusste Hughes, dass sie die Überraschung ganz auf ihrer Seite haben würde, als sie an diesem 13. Juli 1998 ihre erste Folie auf den Overheadprojektor legte.

Sie leitete ihren Vortrag mit ein paar allgemeinen Bemerkungen ein. Dann ließ sie die Bombe platzen: Eine ganze Reihe kürzlich erschienener Analysen von Langzeitdaten lege nahe, dass einige Arten bereits auf die Anomalien des Klimas reagierten. Das hieß: Die Artenwanderung hatte begonnen.

Hughes berichtete von einem Dutzend Fälle, auch von dem kleinen Scheckenfalter im Westen Amerikas, dessen Wanderung Camille Parmesan beschrieben hatte. Bislang seien das lediglich Beispiele einzelner Habitatverschiebungen von Arten. Allerdings erscheine es unvermeidlich, dass sich diese einzelnen Reaktionen zu einer ganzen Kaskade auswachsen und in zunehmendem Maße die Zusammensetzung und Struktur ganzer Artengemeinschaften beeinflussen würden.

Die Biologin forderte ihre Zuhörer zu einem Gedankenexperiment auf. Jeder sollte die Arten, mit denen er sich befasste, aus einem neuen Blickwinkel betrachten.« »Was passiert, wenn eure Arten auf den Klimawandel reagieren?«, fragte sie. »Was würde es für eure Forschung bedeuten, wenn eure Arten beginnen, mehrere Hundert Kilometer abzuwandern?« Denn es galt nun herauszufinden, ob sich noch viel mehr Tiere und Pflanzen auf den Weg gemacht hatten oder das in naher Zukunft tun würden.

Diese Aufforderung kam einem Affront gleich, einem Angriff auf das Weltbild der Naturschützer. Damals herrschte noch die Vorstellung – und sie sollte sich noch viele Jahre halten –, dass sich die Arten in einem mehr oder weniger stabilen Zustand gegenseitig die Waage halten. Jede Art hatte ihr angestammtes Territorium. Naturschutzgebiete galten deshalb als Maß aller Dinge.

»Wir leben aber nicht in einer Welt des Gleichgewichts«, erklärte Hughes ihren Zuhörern. »Irgendwann sind auch die Nationalparks nicht mehr gut für viele Arten. Die meisten von ihnen müssen wahrscheinlich aus ihnen herauswandern, um in ihren klimatisch bewohnbaren Zonen zu bleiben.«[5]

Als sie ihren Vortrag im Auditorium der Macquarie-Universität beendet hatte, gab es freundlichen Applaus, hinterher kamen die Leute zu ihr und dankten ihr. »Sie waren höflich«, erinnert sich Hughes im Rückblick. »Aber ich denke nicht, dass die meisten das als bahnbrechend empfanden, was ich gesagt hatte.«

Geburt eines neuen Forschungsfelds

Bis sich neue Gedanken durchsetzen, kann es lange dauern, vor allem bei Naturschützern, deren englische Bezeichnung *conservationists* nicht zufällig dem Adjektiv *conservative* gleicht;

wie Hughes erinnert. Doch mit ihrer Übersicht von Fallbeispielen, die im Jahr 2000 im Fachblatt *Trends in Ecology and Evolution* erschien,[6] hatte sie nicht weniger als die Geburt eines neuen Forschungsfelds eingeleitet. Ein ganzes Heer von Biologen analysiert seither, wie sich Habitate unterschiedlichster Tier- und Pflanzenarten verschieben. Anfangs war Hughes oft die einzige Biologin auf Konferenzen, die sich mit dem Thema beschäftigte, erzählt sie. Heute kommt es vor, dass sie Konferenzen besucht, auf denen sich *alle* damit befassen.

Die Wissenschaftler sind tatsächlich ihrer Aufforderung gefolgt: Aus einer Handvoll Beispielen sind in wenigen Jahren Hunderte geworden und zwei Jahrzehnte später Zehntausende.[7] Sie alle bestätigen, dass Arten auf der ganzen Welt in Richtung der beiden Pole strömen: von Elefanten bis zu winzigen Kieselalgen im Meer. Landbewohner legen im Schnitt 17 Kilometer pro Jahrzehnt zurück,[8] Meeresbewohner sogar 72 Kilometer.[9] Entsprechend verschiebt sich das Leben auf der Erdoberfläche um fast 5 Meter pro Tag vom Äquator weg, auf der Nordhalbkugel nach Norden und auf der Südhalbkugel nach Süden. Und in den Meeren um 20 Meter pro Tag.

»Das Überraschende ist, dass wir das auf jedem Kontinent und in jedem Ozean sehen«, erklärte mir die Schmetterlingsforscherin Camille Parmesan, als ich begann, mich mit dem Thema zu beschäftigen und einen Artikel für *Natur* und *Bild der Wissenschaft* darüber zu schreiben. »Es gibt keine Gegend auf der Erde, wo das nicht passiert, und es gibt keine Gruppe von Organismen, die nicht betroffen ist.«

Wie konnte es sein, dass ich nichts davon mitkommen habe? Ich schämte mich ein wenig. Seit 2012 schreibe ich als Umweltjournalist über den Klimawandel. Und trotzdem bin ich erst vor vier Jahren durch einen Zufall auf diese globale Völkerwanderung der Arten gestoßen, als ich in einer Studie über die Bemerkung stolperte, dass der Kabeljau im Zuge der Erwärmung der Ozeane nach Norden abwandert. Ich musste den Satz zweimal lesen. Wenn der Kabeljau in kühlere Gefilde wandert, dann machen das ja vielleicht auch noch mehr Fischarten? Womöglich auch Arten an Land? Oder sogar *alle* Arten? Die Konsequenzen, die sich für Mensch und Natur ergäben, konnte ich damals nur erahnen; sie schienen mir ziemlich gewaltig. Aber weder von deutschen Naturschützern, die ich fragte, noch aus Zeitungsartikeln erfuhr ich mehr als ein paar Einzelbeispiele. Wie konnte es sein, dass sich gerade eine massive Umverteilung des Lebens auf der Erde abspielt wie seit Zehntausenden von Jahren nicht mehr – und keiner weiß davon? Jedenfalls abgesehen von den Biologen, die dazu forschen.

Ich beschloss, dem Phänomen auf den Grund zu gehen und meine Neugier zu stillen. Dafür habe ich mehrere Hundert wissenschaftliche Studien gesichtet, was sich zugegebenermaßen zu einer kleinen Manie ausgewachsen und mich im Kopierladen um die Ecke zum besten Kunden gemacht hat; aber beinahe jede Studie hat mich eben zu drei noch interessanteren Studien geführt, und so weiter... Ich habe die führenden Vertreter des Forschungsfelds interviewt und mit Fischern und Förstern gesprochen, und ich bin bis zu einem entlegenen Tropenberg nach Peru gereist, um mehr über einen Prozess zu lernen, den Biologen als »die Rolltreppe ins Aussterben« bezeichnen.

In dem Buch, das Sie jetzt in Ihrer Hand halten, will ich Sie auf eine Spurensuche mitnehmen: vom Nordpol bis zu den Tropen, gewissermaßen dem Strom der Artenwanderung entgegen bis zu seiner Quelle. Ich will verstehen, welche Folgen es hat, wenn dieses archaische Massenphänomen auf die moderne Zivilisation trifft und unser gewohntes Leben auf den Kopf stellt. Denn das tut es.

Zum Glück hat die Menschheit Zeit gehabt, sich darauf einzustellen. Fünfzehn Jahre bevor »die Welle« über die Erde losrollte, hatte Robert Peters das Phänomen beschrieben und anschließend auf zahlreichen Konferenzen in den USA und Europa vor seinen Folgen gewarnt. Und sogar noch eine Anleitung mitgeliefert, was zu tun sei: Die Länder der Erde sollten den Ausstoß von Kohlendioxid drosseln, um den Klimawandel so weit wie möglich zu begrenzen, und unterdessen die schwersten Verwerfungen der Erderwärmung auf die Tier- und Pflanzenwelt abfedern, indem sie Naturschutzgebiete neu abstecken und den Arten auf ihrer Wanderung helfen, ihnen also mehr Raum gewähren, oder sie in Gebiete umsiedeln, wo sie überleben können.

Sie ahnen wahrscheinlich schon, was von alldem umgesetzt worden ist. Richtig: nichts.[10]

Und so konnte das größte Freilandexperiment aller Zeiten, man könnte auch von einer ökologischen Katastrophe sprechen, ungehindert seinen Lauf nehmen.

I
Die Arktis schrumpft

Kapitel 1
Jäger

Utqia'gvik, Alaska, 2015

Die Ureinwohner der Arktis merken als Erste, wenn etwas auf der Erde aus den Fugen gerät und Gesetze nicht mehr gelten, die über Jahrhunderte Bestand hatten. Sie bewohnen nicht nur eine Erdzone, die sich schneller erwärmt als der Rest des Planeten, sondern haben auch ein Gespür für Veränderungen ihrer Umwelt, da das Überleben vieler Fischer, Rentierhirten und Walfänger seit Urzeiten von der Jagd abhängt. Das gilt für die Sami in Skandinavien genauso wie für die Dolganen und Nenzen in Sibirien oder die Yupik und Iñupiat in Alaska.

Und tatsächlich dringen seit ein paar Jahren Berichte über Anomalien aus dem hohen Norden zu uns. Wie aus Utqia'gvik, der nördlichsten Stadt Amerikas. Dort leben die Iñupiat seit Generationen von der Jagd auf Grönlandwale. Am 29. Januar 2015 stattete ihnen Henry Huntington einen Besuch ab. Der US-Polarforscher aus Eagle River im Süden Alaskas war mit einer Alaska-Airlines-Maschine gekommen, da alle Straßen aus dem Viertausend-Seelen-Ort hinaus in Sackgassen enden. Erst seit sechs Tagen kroch die Sonne wieder ein wenig über den Horizont hinaus. Zuvor war sie zwei Monate lang in der Polarnacht untergetaucht.

Huntington betrat an diesem frostigen Tag einen lang gezogenen grauweißen Flachbau: das Iñupiat Heritage Center, eine Art Museum, in dem die Geschichte der Iñupiat und ihr Verhältnis zur Natur ausgestellt ist. Dort breitete der Meereisexperte auf einem Holztisch eine Karte Alaskas aus, dessen Nordküste ein Dreieck bildet und an der Spitze einen Punkt trägt: Utqiaʻgvik.

Hunderte von Jahren diente der Ort den Iñupiat als Winterlager. Im 19. Jahrhundert begannen sich auch Europäer für diesen Außenposten der Menschheit zu interessieren und errichteten eine Walfangstation.[11] Im Laufe der Zeit zog die Siedlung knapp 320 Kilometer nördlich des Polarkreises auch Meteorologen und Biologen an.

So auch Henry Huntington. 1988 kam er als junger Absolvent der Princeton University das erste Mal hierher, um Wale zu zählen. Der Job war eine Gelegenheit, die Eis- und Schneewelt kennenzulernen, die er aus seinen Büchern kannte. Im Nachhinein schämt er sich fast, weil er so wenig über die Menschen und die Natur dieser Region wusste. Aber die Walfänger von Utqiaʻgvik, so erzählt er, empfingen ihn herzlich. Sie nahmen ihn mit hinaus aufs Eis, wo sie Woche für Woche kampierten und Grönlandwale jagten. Hatten sie einen der Riesen erlegt, zogen sie ihn aufs Eis, um ihn dort auszunehmen und aufzuteilen. Ihre ganze Kultur dreht sich um diesen archaischen Akt.

Huntington war fasziniert – und kam immer wieder. Wie im Januar 2015, als er nacheinander zehn Bewohner des Ortes empfing und auf einem Block mitschrieb, was Willie Koonaloak, John Heffle, Ronaldo Uyeno und die anderen zu erzählen hatten. Am meisten zu erzählen hatten sie über das Meereis, von dem aus sie Robben, Walrosse und Wale jagten.

Das Meereis ist keine statische Fläche, sondern pulsiert wie ein Organismus im Takt der Jahreszeiten. Im Sommer zieht es sich von Süden nach Norden zurück, im Winter breitet es sich wieder aus. Lange Zeit begann das Meer in Utqiaʻgvik immer im Oktober zu gefrieren. Zeitgleich kam aus dem Norden das unregelmäßig geformte dicke Mehrjahreseis bis an die Küste gekrochen und verankerte sich dort. Den Bewohnern des abgelegenen Ortes eröffnete sich von einem Tag auf den anderen eine riesige begehbare Fläche.

Das alles gehört nun der Vergangenheit an: Manchmal bis in den Dezember hinein schwappt vor der Küste nur Meerwasser, berichteten die Einwohner gegenüber Huntington, manche mit Schirmmützen und Funktionsjacken bekleidet. Das dicke Packeis würde sich praktisch überhaupt nicht mehr zeigen. Ohne dieses fehlt es dem jungen Eis aber an Halt: Es schwimmt davon und kann sich über den Winter nicht mehr aufbauen. Die Jäger müssen von Jahr zu Jahr mit ihren Booten weiter aufs Meer hinausfahren, um Eis zu erreichen, von dem aus sie ihre Beute erlegen können. Im Frühling wiederum bricht das Eis schon viele Wochen früher auf, was das Betreten und Befahren für die Iñupiat gefährlich macht. Manchmal finden die Jäger kaum noch ebene Eisflächen, die dick genug sind, um die erlegten Grönlandwale zu tragen.

Auch anderswo auf der Welt erkennen die Bewohner der Arktis ihre Heimat nicht wieder. Den Nomaden und Rentierhirten Nordsibiriens muss sie geradezu grotesk erscheinen. Sie berichten davon, wie der Boden unter ihren Füßen nachgibt, wie Hügel in sich zusammenfallen und sich Straßen verformen. Dort, wo sie unter ihren Stiefeln einst harte Erde spürten, strömen nun Flüsse oder erstrecken sich Tausende von Seen, sodass der Boden nur noch wie ein Netz über dem Wasser zu liegen scheint. Der Grund dafür ist unter der Erde verborgen: Insgesamt ein Sechstel des Bodens unseres Planeten ist dauergefroren – ein Relikt aus der letzten Eiszeit. Weil sich die Erde erwärmt, taut das Eis im Boden auf und verwandelt die ganze

Landschaft. Und auf dem Meer zieht es sich zurück. Mit anderen Worten: Die Arktis schrumpft.

Doch das ist erst der Auftakt. Denn mit etwas Verzögerung reagiert nun auch die Tier- und Pflanzenwelt auf die Umgestaltung der Landschaft: Sie setzt sich in Bewegung. Massenhaft wandern Pflanzen und Tiere aus dem Süden in die Arktis ein und fordern die dortigen Ökosysteme heraus.

Kein Wunder, dass sich Forscher wie Henry Huntington deshalb besonders für die Ureinwohner der Arktis interessieren. Wenn sie verstehen wollen, wie der Klimawandel das Leben auf der Erde umkrempelt, sind sie auf deren Hilfe angewiesen. Dazu statten sie die traditionellen Jäger mit Digitalkameras aus, mit denen sie alles fotografieren sollen, was ihnen merkwürdig erscheint. Oder sie lassen sie einfach erzählen.

Es begann mit Berichten über Winter, die nicht mehr so kalt seien wie früher. Dann war die Rede von Sträuchern, die sich langsam, aber stetig mit den wärmer werdenden Jahren nach Norden hin ausbreiten und verdichten. Dann folgten die Tiere.

Im Jahr 1995 sprach Huntington im Westen Alaskas mit Stammesältesten der Iñupiat und Yupik über das Verschwinden der Beluga-Wale. Irgendwann, so erinnert er sich, nahm das Gespräch eine überraschende Wendung, und alle redeten nur noch von Bibern.

Huntington musste einen verwirrten Gesichtsausdruck aufgesetzt haben, denn einer der alten Männer lächelte ihn an und fragte: »Siehst du die Verbindung nicht?«

»Ehrlich gesagt, nein.«

»Die Biberpopulationen nehmen in der Gegend zu«, erklärte der alte Mann. »Sie stauen Flüsse. Und das hat Einfluss auf die Fische. Fische wandern den Fluss hinauf, um zu laichen, aber später wandern sie wieder zurück ins Meer, wo sie leben.

Und an den Flussmündungen warten die Belugawale auf die Fische.«

Im Nachhinein sieht Huntington darin frühe Vorzeichen des Wandels; eines Wandels, der schon heute die Ökosysteme der Arktis in Unordnung stürzt und selbst so stoische Gemeinschaften wie die Bewohner von Utqiaʻgvik an den Rand der Verzweiflung bringt.

Ankunft eines neuen Säugetiers

Fairbanks, im Hinterland Alaskas, März 2017

Ken Tape blickte auf seinem Computerbildschirm von Satellitenbild zu Satellitenbild. Auf einer seiner Expeditionen in die arktische Wildnis hatte der Ökologe vom Geophysikalischen Institut der Universität Alaska dieses Gerücht aufgeschnappt: Ein neues Säugetier soll begonnen haben, die Arktis zu kolonisieren.

Bei einer Aufnahme legte Tape seine Stirn in Falten.

Seit mehr als zwanzig Jahren beschäftigte er sich mit der arktischen Tundra. Lange Zeit hat sich die Landschaft kaum verändert, abgesehen von Sträuchern und kleinen Weiden, die sich dank der wärmeren Witterung ausbreiteten. Aber was Tape hier sah, kam ihm vor, als hätte jemand mit einem Hammer auf die Landschaft eingehauen: Statt regelmäßig geformter Flussläufe, wie sie auf alten Aufnahmen zu sehen waren, zeigten sich nun Mosaike aus Seen, Flussabschnitten und Feuchtgebieten – so wie er es von Gewässern kannte, die Biber aufgestaut haben. Allerdings hatten sich die Nagetiere von der Tundra bislang ferngehalten, es fehlte ihnen schlicht an Nahrung und Baumaterial für ihre Dämme.

Auf hochauflösenden Satellitenbildern, die ein Gebiet von der Größe Sachsens abbilden, fanden Tape und seine Kollegen in den Tagen und Wochen danach sechsundfünfzig Biber-Seen, die es 1999 noch nicht gegeben hatte. »Es gibt kaum einen Zweifel, dass hier ein kleiner, fleißiger Ingenieur am Werk ist und nicht irgendein anderer natürlicher Prozess«, sagt der Ökologe. Anhand der Verteilung der Seen konnten die Forscher sogar berechnen, wie schnell sich der Kanadische Biber entlang der Küsten und Flüsse ausbreitet: Im Schnitt rückt er 8 Kilometer pro Jahr vor. In zwanzig bis vierzig Jahren könnte *Castor canadensis* das gesamte arktische Alaska besiedelt haben, berichteten sie in einer Studie aus dem Jahr 2018.[12]

Inzwischen hat Tape Tausende von Seen in der Tundra Alaskas entdeckt, die von den Bibern stammen. Die Nager fällen Bäume, die inzwischen immer weiter im Norden wurzeln, stauen Flüsse und überfluten ganze Landstriche. Weil Wasser Wärme besser überträgt als die Tundravegetation, sorgen Biber auch dafür, dass der dauergefrorene Boden unter und neben ihren aufgestauten Gewässern auftaut. Das könnte in Zukunft Lachse anziehen, mutmaßt der Arktiskenner. Ein anderer Effekt lässt sich aber schon heute erkennen, und er bereitet Tape besondere Sorgen: Große Mengen an Treibhausgasen entweichen aus dem Boden in die Atmosphäre. »Die vielen Seen führen zu einem dramatischen Auftauen des Permafrostbodens.«

Die Biber sind nur die jüngsten Neuankömmlinge. Wenn sich Bäume und Sträucher nach Norden ausbreiten und das Eis schmilzt, verbessern sich die Bedingungen auch für andere Arten, die ohne Zweifel zu den Gewinnern des Klimawandels gehören: Schneehasen, Weißwedelhirsche und Elche, die in die entlegensten Winkel Nordamerikas streben.[13, 14] »Das folgt einem Muster, wie wir es seit langer Zeit erwartet haben«, sagt Tape. »Boreale Waldtiere ziehen in die Arktis.«

Verlierer des Klimawandels hingegen sind die alteingesessenen Arten: Moschusochsen, Karibus, Polarfüchse. Sie befinden sich in einer Sackgasse[15] – es gibt für sie keinen Ausweg. Während sich vom Süden her Sträucher und Nadelwald ausbreiten, ist ihr Lebensraum im Norden durch den Arktischen Ozean begrenzt. Zwar dürften noch viele Jahrzehnte vergehen, bis ihr Lebensraum endgültig überwachsen ist. Das heißt allerdings nicht, dass sie bis dahin Aufschub bekommen, denn schon vorher stoßen Konkurrenten aus dem Süden in den Norden vor und fordern sie heraus.

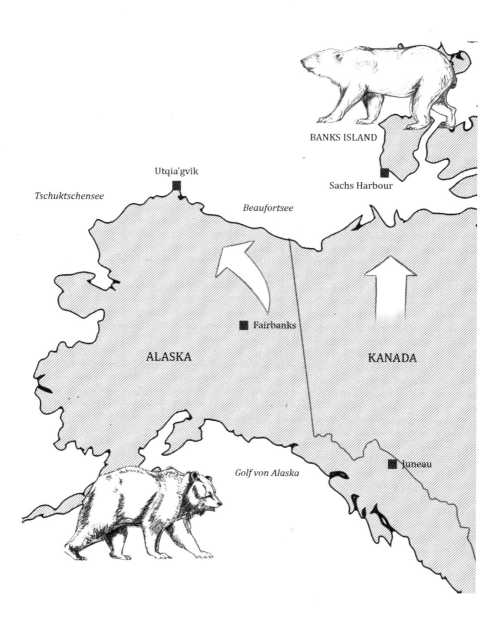

Kapitel 2
Gejagte

Polarfuchs auf der Flucht

Lange Zeit war der Polarfuchs ideal an die kalten Bedingungen in der Arktis angepasst. Mit seinen kleinen Ohren und dem weißen Winterfell verliert er kaum Energie und kann sich in einer Schneelandschaft unsichtbar machen. Nur nützt ihm das nichts mehr, wenn der Schnee taut oder von Süden her sein größerer Verwandter – der Rotfuchs – eindringt. Dieser profitiert davon, dass sich die Arktis erwärmt, weniger Schnee fällt und sich Elche, Rentiere und Menschen nach Norden ausbreiten. Damit findet er nicht nur mehr Aas, sondern auch mehr Unterschlupfmöglichkeiten, um der Kälte zu entfliehen.

Schon eine relativ kleine Zahl der größeren und schwereren Rotfüchse genügt, um den Polarfuchs aus weiten Gebieten zu vertreiben, wie Populationssimulationen im Norden Skandinaviens gezeigt haben.[16] Dort verschwand *Vulpes lagopus* fast vollständig: Knapp sechzig erwachsene Tiere gab es um das Jahr 2000 noch.[17] Erst mit einem Aufzuchtprogramm der norwegischen Umweltagentur konnte sich der Bestand wieder leicht erholen.[18]

Ausgerechnet in Russland, dem Land mit den meisten Polarfüchsen der Welt (Schätzungen gehen von bis zu achthunderttausend Tieren aus), konnten Biologen lange keine einzige solche Übernahme beobachten. Bis zum 22. Juli 2007. An jenem Tag begab sich eine Zoologin von der Staatlichen Universität Moskau zu einem Bau von Polarfüchsen auf der Jamal-Halbinsel im Nordwesten Sibiriens. Schon seit einer Woche hatte sie Fuchsmutter und Welpen beobachtet. Doch an diesem Tag änderte sich die Situation: Um kurz nach sechs Uhr abends bemerkte Anna Rodnikova, wie in 100 Meter Entfernung ein Rotfuchs vorbeilief.[19] Sie sah, dass sich der Rotfuchs nur langsam und mit steifen Schritten der Höhle näherte. Er musste immer wieder Pausen einlegen, um durchzuschnaufen.

Nach einer halben Stunde kehrte auch die Polarfuchs-Mutter von ihrem Streifzug heim. Gegen den Wind näherte sie sich dem Bau, verlangsamte ihre Geschwindigkeit und pirschte sich an – sie hatte ihren Widersacher offenbar gewittert. Auf dem Hügel, einen Steinwurf von Rodnikova entfernt, legte sie sich auf den Erdboden und verharrte dort für zwanzig Minuten, den Blick auf den Eingang der Höhle gerichtet.

Als der Rotfuchs heraustrat, bellte der Polarfuchs aus sicherer Entfernung los. Weil das keinen Erfolg hatte, machte er kehrt und floh. Seine Welpen ließ er zurück. »Obwohl der Rotfuchs in einem schlechten Zustand war, machte der Polarfuchs keine Anstalten, den Eindringling zu bekämpfen«, schrieb Rodnikova 2011 im Fachmagazin *Polar Biology*.

Die nächste Eiszeit ist abgesagt

Für die Arktisbewohner ist es eine tragische Wendung ihres Schicksals. Normalerweise bräche gerade jetzt ihre Zeit an. Denn nach dem Intermezzo des Holozäns, einer Warmzeit, die zehntausend Jahre angedauert und dem Menschen ein stabiles Klima geboten hat, in dem er sich vom Jäger und Sammler zum

Bauern entwickeln konnte, war die Erde längst wieder auf dem Weg in die nächste Eiszeit.

Wäre diese eingetreten, hätten Polarfüchse mit der Ausbreitung der Kälte immer größere Gebiete Mitteleuropas einnehmen können, wie sie es in der letzten Eiszeit getan haben, als sie sogar Südfrankreich kolonisierten, ohne dort auf nennenswerte Konkurrenz zu stoßen.

Vor sechstausendfünfhundert Jahren hatte sich die Erde nämlich so ausgerichtet, dass sich die Einstrahlung der Sommersonne in den nördlichen Breiten ihrem tiefsten Stand näherte – eigentlich ein sicheres Anzeichen für den Beginn einer Kälteperiode. Wäre da nicht das Kohlendioxid gewesen, das sich in der Atmosphäre anzusammeln begann; warum, ist unter Klimaforschern bis heute umstritten. Während die einen veränderte Meeresströmungen dafür verantwortlich machen, sehen andere die Ursache in unseren Vorfahren, die Wälder brandrodeten, um Getreide anzubauen und Vieh weiden zu lassen.[20]

Spätestens mit der Industrialisierung ist das Pendel definitiv umgeschlagen, und die Welt erwärmt sich wieder kräftig – die vorausgesagte Erwärmung dürfte sogar so kräftig ausfallen wie seit zwei Millionen Jahren nicht mehr.[21] Schon Mitte des Jahrhunderts könnte der Arktische Ozean im Sommer komplett eisfrei sein. Die Eiszeit ist abgesagt.

Bei dem Tempo, mit dem sich diese Entwicklung vollzieht, haben die meisten Arktisarten keine Chance, sich evolutionär an den Klimawandel anzupassen.[22]

Mehr Erfolg verspricht, wenn sie je nach Veränderung ihrer Habitate früher oder später brüten oder in die Sommer- und Winterquartiere aufbrechen. Wer seine innere Uhr aber nicht umstellen kann, dem bleibt kein anderes Mittel mehr als die Abwanderung in den äußersten Norden.

»Als es wieder wärmer wurde, zogen sich die arktischen Formen nach Norden zurück, die Bewohner der gemäßigteren Regionen rückten ihnen unmittelbar nach«, schrieb einst Charles Darwin.[23] Noch bleiben Polarfüchsen, Moschusochsen und Karibus riesige Gebiete, in denen sie leben können. Allerdings schlägt ihnen mit jedem Breitengrad, den sie sich nach Norden hin zurückziehen, die Geophysik der Erde ein Schnippchen: Je mehr sie sich dem Nordpol nähern, desto stärker schrumpft ihr Einzugsgebiet. Denn die Erde ist ein Ellipsoid, sie gleicht einem Medizinball, auf dem jemand sitzt. Stellen wir uns vor, ein Ring läge um den Äquator und würde nach Norden wandern, dann würde er sich immer weiter zusammenziehen. Den Tieren und Pflanzen steht also eine immer kleinere Fläche zur Verfügung. Wissenschaftler sprechen von der »polaren Verengung« (englisch: »polar squeeze«). Manche Arten wie Robbe oder Eisbär gelangen irgendwann buchstäblich ans Ende der Welt.

Auf den ersten Blick ist es ein Paradox: Der Artenreichtum in der Arktis wächst – dank der Einwanderer aus dem Süden. Gleichzeitig wird der Beitrag der Arktis zur Biodiversität der ganzen Welt aber abnehmen, da polare Arten aussterben werden, sollten sie keinen Weg finden, in Zeiten des Klimawandels zu überleben.

Der Cappuccino-Bär:
evolutionärer Unfall oder neuer Trend?

Banks Island, Kanada, 16. April 2006

An einem klirrend kalten Tag stapfte ein sechsundsechzig Jahre alter Mann, bekleidet mit einer weißen Winterjacke, Skimaske und Skibrille, durch die Schneelandschaft der kanadischen Arktisinsel. Jim Martell, so der Name des Besitzers eines Telefonunternehmens aus Idaho, bekam ein Zeichen von seinem Führer: Ein Eisbär war in Sicht geraten, nahe genug, um einen Versuch zu starten. 50.000 Dollar hatte Martell für die Lizenz hingelegt, die es ihm erlaubte, einen Eisbären zu schießen; eine Praxis, die Naturschützer empörte. Martell war das egal. Er legte sein Gewehr an, sah das cremig weiße Fell und drückte ab. Der Bär sackte zusammen.

Als sich der Sportschütze über das Tier beugte, erkannte er, dass es für einen Eisbären ziemlich klein war und einen Buckel sowie lange braune Klauen besaß. Er sah das schmuddelig wirkende Fell und die dunklen Flecken um Augen und Schnauze. War es vielleicht doch ein Grizzly, den er da erlegt hatte? In dem Fall drohte Martell bis zu einem Jahr Haft, da Kanada diese Unterart der Braunbären unter Schutz gestellt hat.

Ein Abgleich der DNA ergab, dass es sich weder um einen Eisbären noch um einen Grizzlybären handelte – sondern um eine Mischung aus beiden: einen Hybriden, der von einer Eisbärenmutter und einem Grizzlyvater abstammte.[24] In der Presse firmierte er als »Pizzly« oder »Cappuccino-Bär«. Wissenschaftler hielten ihn für eine seltene Ausnahme, manche für einen evolutionären Unfall.

Doch dann tauchten weitere Hybridbären auf.

Einer davon stellte sich in einer Genanalyse sogar als Abkömmling eines anderen Pizzlys heraus.[25] Zwar war bekannt, dass sich Eisbären und Grizzlybären paaren können, denn beide Arten sind eng verwandt. Allerdings waren sie sich in der Vergangenheit meist aus dem Weg gegangen, weshalb die Entdeckung gleich mehrerer Hybrid-Bären die Biologen verblüffte, Taxonomen in Verlegenheit brachte und Naturschützer vor Herausforderungen stellte.

Eine Erklärung für das Phänomen liefert der Klimawandel. Dank ihm überschneiden sich die Lebensräume von *Ursus maritimus* und *Ursus arctos* immer weiter, womit sich mehr Möglichkeiten für ungewöhnliche Vereinigungen bieten. Während männliche Grizzlybären in den äußersten Norden Amerikas streben, weil sie dort weniger gejagt werden und sich dank der Erderwärmung in Gebiete ausbreiten können, deren Klima ihnen vormals zu unwirtlich gewesen ist, schrumpft der Lebensraum des Eisbären zusammen, weil sich das Meereis zurückzieht, von dem aus er nach Robben jagt.[26] Wenn sich vor ihm nichts als freier Ozean auftut, muss er sich an Land flüchten, wo er nicht nur auf Menschen trifft, sondern auch auf Grizzlys.

Manche Arktisforscher gehen davon aus, dass die Grizzlybären früher oder später die Hohe Arktis einnehmen werden, während die Eisbären nach und nach verschwinden. Bis zur Jahrhundertmitte dürften sich ihre Populationen Prognosen zufolge halbieren. Die Arktisbewohner, einst die unumschränkten Herrscher eines Riesenreichs, müssen sich in Zukunft Refugien zum Überleben suchen. Für die Eisbären dürfte irgendwann nur noch die hohe Arktis in Kanada und Nordgrönland als Rückzugsort bleiben. Sterben sie ganz aus, werden ihre Gene zumindest in den Grizzlybären weiterleben. Ähnlich wie die des Neandertalers zu einem kleinen Teil im heutigen Menschen.

Dem Polarfuchs wiederum, so nehmen Biologen an, bleiben nur noch die Inseln im Arktischen Ozean.[27] Zumindest dort kommt ihnen der Klimawandel ausnahmsweise mal entgegen: Weil das Meereis verschwindet, wird auch die Verbindung zwischen den Inseln und dem Festland gekappt. Den Polarfuchs könnte das vor dem Rotfuchs retten – sollte er dort denn Zehntausende von Jahren bis zur nächsten Eiszeit durchhalten.[28, 29]

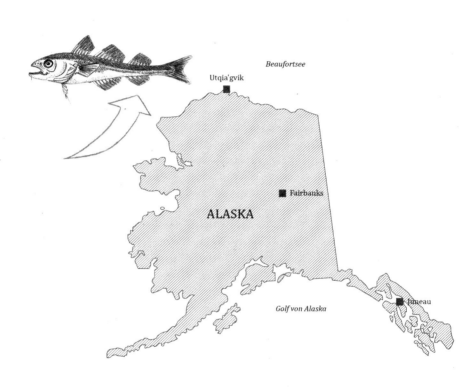

Kapitel 3
Regimewechsel im Ozean

Die thermische Barriere fällt

Während sich im äußersten Norden der Kontinente der Verdrängungskampf erst zu entfalten beginnt, befindet er sich im arktischen Ozean bereits im fortgeschrittenen Stadium. Denn im Wasser reagieren die Bewohner viel unmittelbarer auf die Erwärmung. Viele Fische und Wale verändern täglich ihren Aufenthaltsort, um in ihrem optimalen Temperaturumfeld zu bleiben. Das können sie, indem sie in die Tiefe sinken oder nach Norden wandern. Wenn sich ein Meer wie das Beringmeer massiv erwärmt und immer weniger Eis trägt, kann es innerhalb von Monaten zur Auswechslung seiner Bewohner kommen.

Beringstraße, 2017

Bis vor zehntausend Jahren waren Asien und Amerika über eine schmale Landbrücke miteinander verbunden. Mit dem Ende der letzten Eiszeit schmolzen gewaltige Eismassen und hoben den Meeresspiegel an, sodass die Beringbrücke im Wasser unterging. Heute klafft ein 82 Kilometer schmales Nadelöhr zwischen Sibirien und Alaska, durch das Wasser aus dem Pazifik in den Arktischen Ozean eindringt und umgekehrt. Trotzdem blieb der Austausch zwischen den borealen und arktischen Bewohnern beider Meere weiterhin auf ein Minimum beschränkt. Der Grund dafür ist eine Barriere, die mit bloßem Auge nicht wahrzunehmen ist: Im Süden der Beringstraße hat sich auf den Meeresboden eine 30 Meter dicke Schicht aus höchstens zwei Grad kaltem Wasser gelegt, die stetig durch schmelzendes Meereis genährt wird. Wie eine riesige thermische Barriere unterbindet dieses Reservoir den freien Fluss zwischen beiden Systemen.

Dann kam das Jahr 2017. Die Ozeane hatten sich über Jahre mit Wärme aufgeladen. Weil das Eis auf dem Meer schmolz, wuchs die Fläche an offenem, dunklerem Meer, und dieses warf die Sonnenstrahlen nicht mehr zurück, sondern absorbierte sie: ein sich selbst verstärkender Prozess. Von Sommer zu Sommer zog sich das Meereis weiter aus dem Beringmeer nach Norden zurück, bis es sogar hinter die Schelfkante der Tschuktschensee verschwand. Begünstigt durch starke Winde, strömte gleichzeitig mehr Warmwasser durch die Beringstraße ins Randmeer des Arktischen Ozeans hinein, sodass in den Jahren 2018 und 2019 das einstige Kaltwasserbecken die meiste Zeit des Jahres den Gefrierpunkt überschritt. Die Folgen beschrieb Henry Huntington, Leiter einer Fachgruppe, als »schockierend«:[30]

Ohne die thermische Barriere vor der Beringstraße herrschte auf einmal ein regelrechtes Kommen und Gehen unter der Wasseroberfläche: Aus dem Norden statteten Polardorsche dem Beringmeer einen Besuch ab, was Meeresbiologen als Ausreißerphänomen erklärten, den besonderen Bedingungen jenes Jahres geschuldet. Hingegen drang der Alaska-Seelachs, eine Wärme liebende Fischart, in umgekehrter Richtung durch die Meerenge nach Norden vor. Genauso wie Buckellachse, die in Massen bis nach Utqiaʻgvik an die Küste strömten und dort die Maränen-Arten verdrängten, von denen sich die Walfänger auf dem Eis ernährten. »Wir sahen es nicht kommen«, sagt Huntington. »Solche Bedingungen hätten wir erst in einigen Jahrzehnten erwartet.«

Dabei ist es nicht der erste »Regimewechsel« dieser Art. Schon im Jahr 2015 haben norwegische Forscher eine ähnliche Umwälzung in der Barentssee nachgewiesen. Zehn Jahre lang fuhren sie jeden Herbst mit ihren Forschungsschiffen vierhundert festgelegte Stationen im arktischen Randmeer im Norden Europas ab, warfen Schleppnetze aus und entnahmen Stichproben. Dann sortierten sie die Fische, zählten und wogen sie. Das Ergebnis: Während Raubfische aus der borealen, also kaltgemäßigten Zone des Atlantiks wie Kabeljau oder Schellfisch ihr Verbreitungszentrum um 159 Kilometer nach Norden verschoben und in die arktischen Gewässer eindrangen, zwangen sie heimische Fischarten wie den Schwarzen Heilbutt, den Tiefenrotbarsch oder den Polardorsch zum Rückzug in nördlichere Gewässer. Projektleiterin Maria Fossheim vom Institut für Meeresforschung in Tromsø spricht von einer »Borealisierung« der Fischgemeinschaften in der Arktis.

Bei den Fischen allerdings blieb es nicht, wie Henry Huntington im Beringmeer vor Alaska beobachten konnte. Er sammelte, was die Spezialisten an Merkwürdigkeiten beobachtet hatten: Seevögel verendeten in Massen an den Küsten Alaskas, genauso Robben; Wale zogen auf einmal auf ganz andere Routen, als sie es über Jahrhunderte hinweg getan hatten. »Alle berichteten von unheimlichen Dingen«, erzählt Huntington. »Das vermittelte uns den Eindruck, dass das mehr war als isolierte Phänomene.«

Für die traditionellen Jäger in Alaska sollte die Veränderung unmittelbare Folgen haben. Huntington hat in einer Stadt im Westen des Bundesstaats diese Redewendung aufgeschnappt: »Eskimos bleiben niemals stecken.« Das bezieht sich auf Schneemobile, lässt sich aber auch im übertragenen Sinne auslegen: Hast du ein Problem, dann sieh zu, wie du es lösen kannst! Diese Einstellung hat den Jägern in der Vergangenheit geholfen, in der rauen Umwelt zu überleben. »Aber alles hat seine Grenzen«, sagt Huntington. »Selbst die beste Einstellung der Welt hätte nicht verhindern können, was im Herbst 2019 in Utqiaʻgvik geschah.«

Utqiaʻgvik, September 2019

Die Walfangsaison begann mit großen Erwartungen. Wie hätte es auch anders sein können? Jeden Herbst zogen siebzehntausend Grönlandwale von Kanada aus nach Westen an Utqiaʻgvik vorbei, um in einem Bogen um Alaska herum in die Beringstraße abzubiegen und entlang der gegenüberliegenden sibirischen Küste in den Süden zu wandern, wo sie um diese Jahreszeit genügend Krill und andere Krebschen zum Fressen fanden. So zuverlässig wie die bald einsetzende Polarnacht.

Auf ihrem Weg am Küstenstädtchen vorbei drängte das aus dem Norden kommende Eis die Meeressäuger den Jägern regelrecht in die Arme. Sie mussten nur warten, so wie sie es seit Generationen getan hatten. Der ikonische Bogen an der Küste, geformt aus zwei krummen, mehrere Meter langen Walknochen, zeugt davon.

Heute sind die Wale, die bis zu zweihundert Jahre alt werden können, unter Schutz gestellt, die Bewohner von Utqiaʻgvik dürfen aber jedes Jahr fünfundzwanzig von ihnen zur Selbstversorgung fangen, wie auch andere indigene Gemeinden entlang der Nordküste Alaskas. Die Wale ernähren die Stadt im Winter. Darüber hinaus hat das nussig schmeckende Walfleisch eine fast religiöse Bedeutung. »Es ist seit unzähligen Generationen das Zentrum ihrer Kultur«, erklärt Huntington.

Alles ist auf den Walfang ausgerichtet: Wenn im Sommer das Eis abwandert, jagen die Männer aus Utqiaʻgvik Bartrobben, um mit deren Haut die Boote zu beziehen, in denen sie auf

Walfang gehen. Im Sommer und Herbst jagen sie Karibus, deren Fleisch sie auf dem Eis ernährt und deren Fell sie wärmt. Haben die Walfänger Erfolg, veranstalten sie ein Freudenfest und bewirten die ganze Gemeinschaft mit Walfleisch. »Sie müssen einen Großteil des Jahres damit verbringen, all das bereitzustellen.«, erzählt Huntington. »Das ist ein enormer Aufwand für die Walfänger, aber auch der soziale Klebstoff, der die Gemeinschaft zusammenhält. Nimmst du ihnen den Wal, nimmst du ihnen den Antrieb für das ganze Jahr.«

Gerade erst war ein außergewöhnlich warmer Sommer zu Ende gegangen, mit Temperaturen von bis zu 30 Grad Celsius. Der Juli war so heiß wie nie in Alaska. In den Flüssen verendeten Lachse, sogar die Wälder brannten. Auf dem Meer vor Utqiaʻgvik war das Eis im Herbst erst mit Verzögerung in Richtung der Küsten gekrochen. Die Bewohner zweifelten trotzdem nicht daran, dass die Wale wieder aufkreuzen würden. Auf die Meeressäuger war immer Verlass gewesen, selbst in den Jahren nach den merkwürdigen Umwälzungen im Beringmeer 2017.

Im Dunkeln fuhren die Walfänger mit ihren Booten hinaus. Bis zu vierzehn Stunden am Stück verbrachten die Männer auf See, um nach Walen zu suchen.[31]

Sie fanden keine.

Mit jeder Woche stiegen die Erwartungen. Aber die Wale tauchten nicht auf.

Nach vier Wochen begannen die ersten Männer, ihre Boote einzumotten. Sie konnten es sich nicht mehr leisten, noch mehr Geld für Benzin und für die Verpflegung der Mannschaften auszugeben. Auch der emotionale Druck stieg. Über Wochen waren die Walfänger von ihren Familien getrennt. Ein Opfer, das sie bereit waren zu erbringen, solange sie mit einer guten Ausbeute zurückkamen, welche die Gemeinschaft für Wochen

und Monate ernähren konnte. Aber nach vielen Wochen ohne einen Wal heimzukehren, das kam einer Schmach gleich. Der September verging, dann der Oktober. Ohne einen einzigen Wal. Nun lief den Jägern auch noch die Zeit davon. Das Licht der Sonne ließ mit jedem Tag nach, die Polarnacht nahte. Aufs Meer hinauszufahren würde schon bald zu gefährlich; noch gefährlicher, als es ohnehin schon war. Erst im vorigen Herbst waren zwei Walfänger bei stürmischer See gekentert und ums Leben gekommen.[32]
Nur noch die Verwegensten suchten ihr Glück auf dem Meer. Manchmal fuhren sie mehr als 80 Kilometer hinaus, so weit wie nie zuvor, um doch noch einen Wal zu finden – ohne Erfolg.

Katholiken versammelten sich in ihren Kirchenhäusern, um zu beten, genauso wie Presbyterianer und Adventisten. »Wenn du anfängst, das Licht und die Hoffnung zu verlieren, die einst in deinem Inneren leuchtete, dann wird dir klar, dass das vielleicht der Zeitpunkt ist, wenn das Wunder geschieht«, erzählte eine Stadtbewohnerin einem Lokalreporter.[33]

Einem Überlebenskünstler auf der Spur

Jenseits der 70-Meilen-Zone kreuzte zur selben Zeit ein hochmodernes Forschungsschiff. Es war durch die Beringstraße gekommen und hatte die Westküste Alaskas umrundet. In Utqiaʻgvik anlanden durfte es nicht. Die Besatzung der *Sikuliaq* war nicht willkommen. »Die ganze Gemeinschaft war in Aufruhr«, erzählt Expeditionsteilnehmer Hauke Flores vom Alfred-Wegener-Institut in Bremerhaven (AWI).

Auch der Meereisökologe interessierte sich für die ökologischen Umwälzungen in der Region. Genauer gesagt für einen kleinen Fisch, der eine Schlüsselrolle im arktischen Nahrungsnetz spielt und als Zeigerart für den Zustand eines ganzen Ökosystems steht: der Polardorsch.

Die Evolution hat den Überlebenskünstler mit den drei Rücken- und zwei Afterflossen perfekt ans Leben unterm Eis angepasst. Ein- bis zweijährige Jungtiere, so vermuten Wissenschaftler, lassen sich von den Laichgebieten vor den Küsten Sibiriens und Alaskas im Schutz des Packeises bis in die zentrale Arktis treiben. Unterm Eis sind die Jungfische sicher vor Eissturmvögeln oder Ringelrobben. Nahrung bieten ihnen die Ruderfußkrebse und Flohkrebse, die sich wiederum von den Eisalgen ernähren.

Dass der Polardorsch bei Temperaturen nahe dem Gefrierpunkt überleben kann, verdankt er einem Frostschutz-Protein in seinem Blut. »Ein Tier, das es schafft, dort dem Gefrieren zu widerstehen, verbraucht kaum Energie«, erklärt Flores. »Alle Stoffwechselprozesse laufen extrem langsam ab.«

Dieser Evolutionsvorteil bricht allerdings weg, wenn das Meereis verschwindet. Ironischerweise eröffnet sich erst jetzt, da die Welt des Polardorschs auseinanderbricht, den Forschern die Möglichkeit, seine Lebensweise zu verstehen. »Ich will der Nachwelt wenigstens noch ein realistisches Bild von der alten Arktis vermitteln«, sagt Flores.

Auch deshalb war er in die Beaufortsee gereist. Vor Utqia'gvik aber war keine Spur vom Polardorsch, der dort bislang Stammgast gewesen war. Hingegen fanden sich in den Netzen der Forscher Fischarten, die dort gar nicht hingehörten. »Das ganze Ökosystem war augenscheinlich aus den Fugen geraten«, erzählt der AWI-Forscher.

Zwar hatte sich die Eisschicht wieder aufgebaut, allerdings war sie gerade mal so dick, dass Flores sie hätte umfassen können. Nichts zu sehen vom unregelmäßig geformten Mehrjahreseis. Über die Schelfkante drang die *Sikuliaq* – so die Bezeichnung der Inuit für junges Meereis – aufs Meer hinaus. Die Besatzung warf ein spezielles Schleppnetz aus, das unterm Eis entlangzog und erst dort, weit draußen auf dem Meer, junge Polardorsche einfing. »Früher mussten sie vielleicht gar nicht bis in tiefere Gewässer schwimmen, um unters Eis zu gelangen«, sagt der Polarforscher. »Früher reichte das Eis schon im Herbst bis ins flache Wasser.«

Seit 1980 hat sich die sommerliche Ausdehnung des arktischen Meereises beinahe halbiert. Junge Polardorsche müssen deshalb immer längere Distanzen überbrücken, um von ihrem eisigen Schutzraum bis zu den Laichgebieten an den Küsten zurückzuwandern. Zwar halten es Polardorsche theoretisch auch im offenen Meer aus: Laborexperimente zeigen, dass sie mit steigenden Temperaturen bis zu einem gewissen Grad zurechtkommen. Allerdings sind sie dann nicht mehr allein. Arten aus dem Süden wie der Kabeljau drängen nach und können sich unter den neuen Bedingungen besser behaupten.

Das liegt auch am neuen Speiseplan: Wenn sich das arktische Meereis zurückzieht, finden die Ruderfußkrebse – die Hauptspeise der jungen Polardorsche – womöglich keine oder zu wenig Eisalgen, die sie an der Eisunterseite abgrasen. An ihre Stelle treten atlantische und pazifische Ruderfußkrebs-Arten, die deutlich kleiner sind und weniger Fett enthalten. Der Polardorsch müsste viel mehr davon fressen, um satt zu werden. Doch um die Schmalkost konkurriert er nun mit Fischarten aus dem Süden wie Lodden oder Heringen. Und die ziehen auch noch Kabeljau an, der seiner Beute über Hunderte von Kilometern folgt und auch den Polardorsch vertilgt.

Letzteren bleibt nun nichts anderes übrig, als noch tiefer in den Arktischen Ozean auszuweichen. Dort kommt ihnen zumindest eines zugute: Es herrscht – noch – Fangverbot.[34]

Andere Fischarten können hingegen nur in den relativ flachen Schelfmeeren nahe der Küsten überleben. Für sie ist der Rückzug in Richtung Nordpol keine Option. »Es gibt eine ganze Reihe von Arten, die den Wechsel wohl nicht überstehen werden«, sagt Flores.

Erst die Eisalgen, dann die Ruderfußkrebse, dann der Polardorsch: Kaskadenartig setzt sich der Wandel in der arktischen Nahrungskette bis nach ganz oben fort. So auch in Alaska, angefangen mit dem Winter 2017: Weil sich das Meereis nur schwach ausdehnte, schwächelte die Eisalgenblüte, und Massen an Krebschen verhungerten. Damit hatten Fische wie der Polarforsch zu wenig zu fressen, und das hatte weitreichende Folgen, da der emsige Wanderer in den arktischen Gewässern als Energielieferant zwischen den niederen und höheren Organismen fungiert. Zu letzteren gehören Robben und Seevögel, die sich auf den Polardorsch spezialisiert haben. Das könnte erklären, warum Hunderte leblose Körper von Robben und Trottellummen in den Folgejahren an den Küsten Alaskas strandeten, auch vor Utqia'gvik.[35] »Der Wandel im polaren Nahrungsnetz ist offensichtlich voll im Gang«, sagt Hauke Flores.

Und es geht noch weiter die Nahrungskette hinauf: Im August 2019 wurden an der Westküste Alaskas mehr als zweihundert ausgehungerte Grauwale angespült. Offenbar hatten sie in ihren Sommergründen in der Tschuktschen- und Beaufortsee zu wenig Nahrung gefunden.

Grönlandwale hingegen schienen von den Umwälzungen unbeeindruckt zu sein. Jeden Herbst schauten sie zuverlässig wie immer vor Utqia'gvik vorbei. Bis zum Jahr 2019.

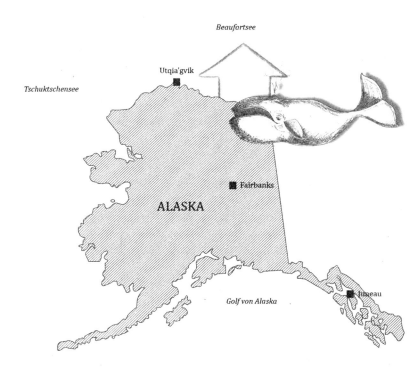

Kapitel 4
Wo sind die Wale?

Alaskas Nordostküste, 29. Oktober 2019

Einmal noch wollte Megan Ferguson ihr Glück versuchen. Die Biologin von der Nationalen Ozean- und Atmosphärenbehörde NOAA stieg an diesem leicht bewölkten Morgen um kurz nach halb zehn in ein Kleinflugzeug, um den Ozean vor der Nordwestküste Alaskas abzufliegen und nach Grönlandwalen Ausschau zu halten. Kein leichtes Unterfangen: Mal versperrten ihr Nebelschwaden die Sicht, mal blendete sie das grelle Sonnenlicht.

In den Jahren zuvor waren die Wale so regelmäßig vom Osten gekommen und die Küste Alaskas entlanggewandert, dass sich Ferguson einen Spaß daraus gemacht hatte, auf ihren Kontrollflügen im September zu raten, in welcher Tiefe sie die Meeresriesen diesmal antreffen würde. An diesem Herbsttag war alles anders: Erst waren die Wale gar nicht aufgetaucht, dann viel zu weit nördlich ihrer gewohnten Migrationsroute. Ein ökologisches Mysterium.

Warum sehen wir die Wale so weit von der Küste entfernt?, fragte sich Ferguson.

Eine klare Antwort darauf hat sie bis heute nicht. Möglicherweise hat irgendetwas die Wale aktiv von der Küste verdrängt. Fischfangflotten zum Beispiel. Allerdings ließ sich kein ungewöhnlich hohes Aufkommen an Trawlern feststellen.

Anders verhält es sich mit einem Jäger, der aus dem Süden einwandert: der Orca, wegen seiner Findigkeit und Brutalität bei der Robbenjagd auch Killerwal genannt. Eigentlich sind die schwarz-weißen, bis zu zehn Meter langen Tiere gar keine Wale im engeren Sinne, sondern die größte Art der Delfine. Sie jagen alles, was ihre ineinandergreifenden Zähne zu fassen kriegen: Fische, Robben, Wale. Narwale zum Beispiel, aber auch Grönlandwale. Die fanden bislang Schutz im Meereis, dessen scharfe Kanten die Räuber meiden. Verschwindet das Eis auf dem Ozean, sind sie den Orcas schutzlos ausgeliefert. Im offenen Wasser beginnt dann das große Fressen.

Seit einigen Jahren beobachten Forscher, wie sich Orcas im Norden ausbreiten: in der Hudson Bay etwa,[36] aber auch in der westlichen Beaufortsee vor Utqia'gvik. Dort registrieren sie auch eine Zunahme von Angriffen auf Grönlandwale: Allein im August 2019 fanden sie fünf Kadaver mit Bissspuren von Killerwalen: halbmondförmige Wunden auf der Haut, ein ausgeweideter Bauchraum, fehlende Zungen. In den zehn Jahren zuvor war hingegen nur ein solcher Fall so weit im Norden dokumentiert worden. Die Iñupiat bekommen damit einen neuen Konkurrenten.

Ferguson starrte an jenem Herbsttag 2019 auf das Dunkelblau des Ozeans. Sie war auf der Suche nach dem Rest des Bestands, denn zwei Monate zuvor waren beileibe nicht alle Wale entdeckt worden. Als das Flugzeug nördlich der Bucht von Prudhoe im Osten des Landes das Meer überflog, sah die Meeresökologin sie kommen.

Riesige Tierkörper durchbrachen die Wasseroberfläche, pechschwarze Walrücken, übersät mit weißen Narben von den scharfen Eiskanten. Mit jedem Atemzug prusteten sie gewaltige Wasserfontänen aus. Dreißig Grönlandwale, darunter acht

Kälber. Sie tummelten sich dort, wo Ferguson sie zwei Monate zuvor erwartet hätte. »Das deutet darauf hin, dass ein Teil der Population seine Migration verzögert hat«, erklärt sie. »Vielleicht waren die Nahrungsbedingungen in der östlichen Beaufortsee so gut, dass sie in der Gegend geblieben waren.« So oder so: Nun hatten sie sich auf den Weg gemacht.

Utqiaʻgvik, 16. November 2019

Das Gerücht verbreitete sich in Windeseile in der Stadt: Ein Wal soll draußen vor der Küste erlegt worden sein.

Kaum war die Nachricht im Umlauf, begannen die Frauen der Bootsmannschaften an diesem Morgen, ihre Häuser und Küchen herzurichten. Danach traten sie hinaus in die Dunkelheit, setzten sich in ihre Wagen, und eine Karawane von roten Lichtern schob sich bis zur Hügellandschaft an der Küste, wo schon vor über sechshundert Jahren die Vorfahren der Iñupiat auf Walfang gegangen sind.[37] Hier warteten sie auf den Wal.

»Die Leute umarmten sich, weinten und schrien vor Freude«, erzählte es eine Stadtbewohnerin der lokalen Zeitung.[38]

Qulliuq Pebley war mit seiner Mannschaft noch einmal hinausgefahren an diesem windstillen und frostigen Tag, an dem sich die Sonne gar nicht mehr zeigte. Über Radiofunk stimmten sich die verbliebenen Boote ab.

Als Pebley den Grönlandwal erblickte, gab er die GPS-Koordinaten an die anderen weiter, und alle Boote strömten zusammen, um den fast acht Meter langen Wal mit Harpunen zu beschießen. Sie zogen ihn aufs Eis, wo sie ihm mit ihren Schlachtermessern den Kopf abschnitten und den Koloss zur Küste schleppten.

»Als ich sah, wie der Wal hinaufgezogen wurde, konnte ich ausatmen, so als hätte ich meinen Atem für eine lange Zeit angehalten«, erklärte ein Bewohner dem Alaska-Reporter Shady Grove Oliver. Zwei Monate lagen hinter ihnen, in denen sie gebetet, ihre Boote immer wieder hinaus auf See gesteuert und insgesamt 4.000 Liter Benzin verbraucht hatten. »Ich brauche ein neues Wort dafür, wie sich das anfühlt, denn es ist eine Gefühlsmischung: sicher, vollkommen, erleichtert.«

Auf dem Hausdach des Kapitäns wurde laut dem Bericht eine Flagge gehisst; unter dem Dach versammelte sich ein Viertel der Stadtbewohner, über tausend Frauen und Männer. Jeder wollte ein Stück vom Wal.

Henry Huntington hat selbst einmal an solch einer Zeremonie teilgenommen. Wie jeder andere kam er mittags mit Schüssel, Besteck und Becher in der Hand und setzte sich im Kreis um das Festmahl. Es gab »Maktaaq« – die Haut des Wals samt der darunterliegenden Schwarte, welche in Blockform herausgeschnitten wird. »Stammt das Fleisch von jungen Walen, kann es sehr zart sein«, erzählt Huntington. »Von alten Walen ist es ziemlich zäh.«

Am frühen Abend zogen die Festteilnehmer die Robbenhaut eines Walfangboots ab, drapierten sie im Raum und stellten sich rundherum, um dann von allen Seiten ruckartig daran zu ziehen und einen Festgast nach dem anderen wie auf einem Trampolin in die Höhe schießen zu lassen.

Doch so groß die Freude auch war – das Jahr hatte Spuren bei den Dorfbewohnern hinterlassen. Jahrhunderte hatten sie sich auf die Wale verlassen können. Damit war es nun vorbei.

Auch anderswo entziehen sich Tierarten den Ureinwohnern der Arktis, die um diese Tiere herum ihre Kultur aufgebaut haben. Im Norden Finnlands fischen die Sami seit Jahrtausenden Lachs – er hat ihnen bis heute das Überleben gesichert. »Wenn der Lachs verschwindet, sind wir keine Menschen mehr«, lautet eine Redewendung der Sami. Aber diese fast schon religiöse Verbindung droht nun zu reißen, auch weil eine andere Fischart – der Hecht – mit steigenden Wassertemperaturen weiter flussaufwärts wandert und den Lachs vertreibt.[39] »Sie fühlen sich überfallen wie bei einer Invasion«, erklärt mir die Direktorin des Zentrums für marine Soziöökologie Gretta Pecl von der Universität Tasmanien, die mit indigenen Gruppen aus aller Welt zusammengearbeitet hat. »Sie wissen nicht, wie sie mit den neuen Arten und ihren Geistern leben sollen, denn sie haben keine Lieder für sie, keine Gedichte und keine Kunst.«

Im Norden Sibiriens, Europas und Amerikas hängt die Kultur und Wirtschaft vieler indigener Gemeinschaften von Rentieren und Karibus ab, für die Zeremonien und Tänze abgehalten werden, deren Fleisch verzehrt und verkauft und deren Felle zu Kleidung, Schuhen und Zelten verarbeitet werden – wie in Utqiaʻgvik.[40] Aber auch diese großen Pflanzenfresser ziehen im Zuge des Klimawandels nach Norden, verändern ihre Migrationsrouten, weil der Permafrostboden auftaut, oder bekommen es mit Konkurrenten wie Elchen aus dem Süden zu tun,[41] die obendrein ihre Pathogene mitbringen, gegen die die Arktisarten keine Resistenzen besitzen.[42]

Hoffnungslos ist die Lage für die Bewohner des hohen Nordens deshalb nicht. Die Iñupiat zum Beispiel sind über Jahrtausende zu Meistern der Anpassung geworden. Verschwindet eine Art, und sei sie für ihre Kultur noch so bedeutsam, müssen sie eben eine andere jagen und eine neue Verbindung aufbauen.

Das größte Problem für die traditionellen Jäger dürften weder die ausbleibenden Grönlandwale oder Lachse sein noch die aus dem Süden vorstoßenden Orcas oder Hechte. Sondern eine andere dominante Art, die sich nach Norden hin ausbreitet und den Lebensgemeinschaften der Arktis ihre Regeln aufdrückt: der moderne Mensch.

Den Bewohnern Utqiaʻgviks ist es nur erlaubt, ein kleines Kontingent an Grönlandwalen zu fangen – für Zwergwale aber zum Beispiel, die im Herbst 2019 direkt vor den Booten der Walfänger auftauchten, haben sie keine Fangrechte. »Hier kommt ein menschengemachtes System ins Spiel, das ohne guten Grund eine Anpassung an den Klimawandel verhindert«, kritisiert Huntington.

Lange dürften die lokalen Fischer und Walfänger in der Arktis ohnehin nicht mehr allein bleiben. Der Grund: Das Beringmeer im Westen Alaskas beherbergt einige der lukrativsten Fischgründe der Welt. Im Jahr 2017 holten die Fischer Alaskas Pazifischen Seelachs im Wert von 1,3 Milliarden Dollar aus den hiesigen Gewässern. Wandern Fischarten in Richtung Nordpol ab, so ist es nur eine Frage der Zeit, bis die kommerziellen Fischfangflotten nachziehen – Fangverbote hin oder her.[43] An den Eisrändern haben Polarforscher schon Spuren der Schleppnetze entdeckt.

Damit aber würde sich der Charakter der Fischerei im hohen Norden verändern: Die lokale Subsistenzwirtschaft würde abgelöst von einer Massenindustrie. Was das bedeutet, illustriert eine Zahl: In mehr als fünfzig Jahren haben indigene Fischer in der Arktis weniger Tonnen Fisch gefangen, als sich Flotten im Nordostatlantik momentan in einem einzigen Jahr aus nur einem Heringsbestand bedienen.[44]

Fischdampfer vor Siedlungen wie Utqiaʻgvik könnten den Iñupiat also in Zukunft die Fische streitig machen und womöglich auch noch die Wale vertreiben. Die Sorge scheint berechtigt. Denn wenn es um ihren Fisch geht, verstehen selbst wohlhabende Nationen und zivilisierte Demokratien keinen Spaß. Besonders, wenn sich die Fische nicht mehr an nationale Grenzen halten.

II
Bewohnerwechsel in der gemäßigten Zone

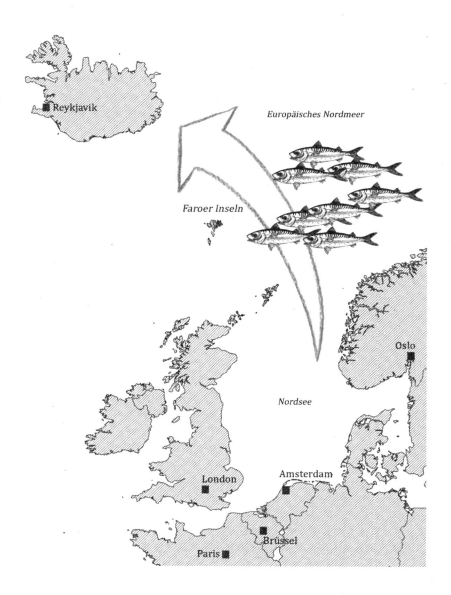

Kapitel 5
Abwanderung der Brotfische

Im Jahr 2007 setzte sich ein Makrelenschwarm am Rand der Nordsee in Bewegung und löste damit einen Handelskrieg und eine politische Krise in Europa aus, deren Folgen bis heute andauern.

Mit Anbruch jedes neuen Jahres sammeln sich vor den Küsten Europas Abermillionen von Makrelen, um an den Kontinentalabhängen zu laichen, von Gibraltar über die Biskaya bis rund um Schottland. Neigt sich der Frühling seinem Ende zu, vereinen sie sich, um ihre Fressgründe zwischen Nordsee und Norwegischer See aufzusuchen.

Im Jahr 2007 aber geschah etwas, womit niemand gerechnet hatte: Der nordostatlantische Makrelenbestand expandierte weit über seinen gewohnten Verbreitungsraum hinaus und stieß bis dicht an die Küsten Islands vor. Für das Inselvolk muss das einem biblischen Ereignis nahegekommen sein. Zeugen berichten von einem dunklen Schatten, der sich auf dem Meer abzeichnete, sowie viel Bewegung darunter, als würde das Wasser kochen. »Nach ein paar Tagen war kein anderer Fisch mehr übrig«, erzählt der Wirtschaftsprofessor Ragnar Árnason von der Universität Island in Reykjavik.

Die Isländer hatten bis dahin hauptsächlich Kabeljau, Rotbarsch und Schellfisch gefischt, Makrelen nur in kleinen Mengen. Nun aber standen auf einmal Unmengen des öligen Speisefischs vor der Haustür. Damit hatte sich fast über Nacht das Gleichgewicht unter den Fischereinationen Europas verschoben.

Lange Zeit ließen die Europäer die öligen Fische in den Kühltheken liegen oder bestellten im Restaurant lieber Lachs oder Forelle. Makrelen waren einfach nicht angesagt. Anfang der Neunzigerjahre aber entdeckten vor allem Ökobewusste das saftig-würzige Fleisch neu für sich. Es besitzt einen hohen Anteil an Omega-3-Fettsäuren, und da die Makrelen viele Jahre lang kaum beachtet worden waren, befanden sich ihre Bestände in einem gesunden Zustand.[45]

Während Island sein Glück kaum fassen konnte, waren die EU und Norwegen weniger begeistert. Sie hatten bis dahin den Bestand verwaltet – und viel Geld damit verdient. Allein der britischen Fischereiindustrie brachten die Makrelen mehr als 220 Millionen Euro im Jahr ein.[46] Zusammen mit den anderen Staaten, durch deren Hoheitsgewässer die Makrelenschwärme kreuzen, hatten die Briten die Fangrechte so aufgeteilt, dass der Gesamtbestand einigermaßen stabil blieb. Zwar hatten sie auch mit Island vereinbart, wer wie viel fangen darf; angesichts der neuen Lage aber sah sich der Inselstaat nicht mehr daran gebunden – und beutete den Bestand in seinen Gewässern aus.[47] Es war nur eine Frage der Zeit, bis der Konflikt eskalierte.

Die Kaltwasserarten ziehen sich in den Norden zurück

Eigentlich ist es nichts Besonderes, wenn Makrelen ihren Aufenthaltsort verändern. Die Schwarmfische mit den vertikalen Streifen auf dem Rücken sind wahre Torpedos der Meere. Sie müssen auch ständig in Bewegung bleiben, weil sie keine

Schwimmblase besitzen, welche Fische normalerweise im Wasser schweben lässt.

Bis heute rätseln Meeresforscher aber, was genau den nordostatlantischen Makrelenbestand dazu gebracht hat, so ungewöhnlich weit nach Nordwesten zu expandieren. Es gibt zwei mögliche Erklärungen: Zum einen hatte sich der Makrelenbestand in der Nordsee gewaltig vergrößert, weshalb ein Teil davon neue Fressgründe aufsuchte. Zum anderen hatten sich die Gewässer vor Island in den letzten zwanzig Jahren um ein bis zwei Grad Celsius erwärmt.[48] »Die beiden Theorien müssen sich gar nicht gegenseitig ausschließen«, sagt Ragnar Árnason. Der Bestand wuchs womöglich aufgrund des Klimawandels an und dehnte sich aus. Oder er wuchs an und konnte sich daraufhin ausdehnen, weil sich die Gewässer im Norden erwärmt hatten.

Das würde zum Trend passen, der in der Nordsee zu beobachten ist: Fischarten, die noch in den Achtzigerjahren in rauen Mengen vor den deutschen Küsten zu finden waren, verschwinden nach und nach, wie der Hering in der Ostsee[49] oder der Kabeljau in der Nordsee. Seit Anfang der Achtzigerjahre hat sich die Nordsee im Schnitt um 1,7 Grad Celsius erwärmt.[50] Und das wirkt sich auf Kälte liebende Fischarten aus, wenn sie sich wie der Kabeljau seit Jahrzehnten am oberen Temperaturlimit befinden: Erwärmen sich die Meere, erwärmen sich auch die Fische. Ihre Körpertemperatur gleicht sich mit ein paar Sekunden Verzögerung an die Wassertemperatur um sie herum an. Um in ihrem optimalen Wärmebereich zu bleiben, müssen sie ständig auf Schwankungen der Temperatur reagieren, indem sie nach oben und unten sowie in alle Himmelsrichtungen ausweichen.

Erwärmen sich die Ozeane dauerhaft, kurbelt das den Stoffwechsel der Fische an, ihre Herzen schlagen schneller und pumpen mehr Sauerstoff durch die Blutbahnen. Weil die Meere aber umso weniger Sauerstoff enthalten, je mehr sie sich erwärmen, geraten die Fische gleich doppelt unter Stress. »Das ist, als würden wir einen Dauerlauf in Höhenluft bestreiten«, sagt der Ökophysiologe Felix Mark vom Alfred-Wegener-Institut für Polar- und Meeresforschung. »Und einen Muskelkater bekommen, der niemals endet.«

Das bereitet den Weibchen Probleme, die prall gefüllt mit Eiern schneller an ihre Leistungsgrenze gelangen. Haben sich die Laichgründe übermäßig erwärmt, kommen sie mitunter gar nicht mehr in Stimmung, ihre Eier abzulegen, und absorbieren diese stattdessen. Zu groß ist die Aussicht, dass ihr Nachwuchs stirbt, und sie selbst womöglich gleich mit.

Am sensibelsten aber reagieren die Larven. Eigentlich müssen sie all ihre Energie darauf verwenden, möglichst schnell aus der gefährlichsten Lebensphase herauszuwachsen.[51] Jede zusätzliche Kraftanstrengung kann dabei über Leben und Tod entscheiden, weshalb ihnen die Erwärmung der Meere gewaltig zusetzt. Und wenn ihnen dann noch ihre Hauptnahrungsquelle abhandenkommt, weil sich das Zooplankton nicht mehr an den gewohnten Jahresrhythmus hält[52] oder sich Hunderte von Kilometern nach Norden absetzt,[53] wie es derzeit in Nord- und Ostsee passiert, wird es ihnen unmöglich zu überleben. Während im Süden ganze Populationen an Kaltwasserarten wegbrechen, tauchen sie im Norden wieder auf.[54] Bis zu 400 Kilometer haben Fischarten wie Kabeljau und Makrele in der Nordsee ihr Verteilungszentrum in Richtung Nordpol verschoben und im Schnitt 3,6 Meter pro Jahrzehnt in die Tiefe, wie Daten aus einer Untersuchung der Grundschleppnetzfischerei belegen.[55]

Die Fischereien stellt das vor eine Herausforderung. Fischer sind oft konservativ und fischen dort, wo sie schon immer gefischt haben. Nur langsam passen sich ihre Betriebe an neue

Bedingungen an – oder gehen zugrunde. Dutzende Familienbetriebe in Deutschland gingen pleite, weil sich Hering und Kabeljau immer seltener in den heimischen Gewässern zeigten. Die wenigen Fischer, die noch am Kabeljau festhielten, mussten ihre Schiffe mit Millionen Euro für die Hochsee aufrüsten und in immer tiefere Gewässer nach Norden vorstoßen, um ihrem einstigen Brotfisch noch folgen zu können.

Ähnlich erging es kleinen Betrieben an der US-Ostküste.[56] Halten konnten sich nur die großen Hochseefischereien: Hatten die sich auf nur wenige Arten spezialisiert, wanderten ihre Schlepper in aller Regel nach Norden.[57] So zum Beispiel eine ganze Flotte von Fangschiffen aus North Carolina und Virginia, die lange nahe ihrer Heimathäfen fischte und nun 800 Kilometer weiter nördlich vor der Küste New Jerseys tätig ist. Das klappt allerdings nur, solange die Fische innerhalb der Grenzen der Hoheitsgebiete bleiben.

»Ihr stehlt uns unseren Fisch!«

Als kurz nach der Jahrtausendwende die ersten Makrelen in ihren Gewässern auftauchten, wussten die Isländer noch gar nichts mit ihnen anzufangen. Die blausilbern schimmernden Fische waren einfach zu schnell und die Technik nicht auf sie ausgelegt. »Erst 2007 hatten wir den Dreh raus«, erzählt Árnason.

Die Fischer merkten, dass sie Schiffe mit starken Motoren brauchten, um die gewaltigen Netze zu ziehen, und zwar schnell genug, um die Makrelen einzufangen. Viel schneller, als sie es im Fall von Kabeljau, Schellfisch und Lodde gewohnt waren. Ebenso mussten sie neue Produktlinien entwickeln und die Vermarktung ankurbeln. Das gelang ihnen: Schon 2008 schöpften Islands Fischer über 100.000 Tonnen Makrelen ab.

Auch die Färöer-Inseln bedienten sich reichlich am Fisch, der sich nun auch vor ihren Küsten sammelte. In ihren eigenen Gewässern, so ihr Standpunkt, hatten sie exklusive Fischfangrechte. Zum Ärger vor allem der Briten: Die Makrelen waren ihr wichtigster Fischbestand und sicherten das Überleben vieler Fischerorte in Schottland. Den Isländern warfen sie vor, »ihren« Fisch zu stehlen.[58] Mit dem Inselstaat hatten sie seit den sogenannten Kabeljaukriegen ohnehin noch eine Rechnung offen: Im Dezember 1975 hatte Island seine Hoheitszone vor der Küste eigenmächtig von 50 auf 200 Seemeilen ausgedehnt, nachdem die Kabeljaubestände eingebrochen waren. Weil sich neben Großbritannien auch Westdeutschland weigerte, seine Flotte aus dem traditionellen Fanggebiet abzuziehen, schoss die isländische Küstenpatrouille den ausländischen Schiffen vor den Bug und kappte mit einer Eigenkonstruktion, liebevoll »Clipper« genannt, sechsundvierzig Netze von britischen und neun von deutschen Trawlern. Als das wegen seiner Lage geostrategisch bedeutende Island auch noch damit drohte, aus der NATO auszusteigen, mussten die Briten klein beigeben.[59]

Um nun im Falle der Makrelen den Gesamtbestand nicht zu gefährden, hätten Norwegen und die EU entsprechend weniger fangen müssen – doch das sahen sie überhaupt nicht ein. Die Folge: Die Fischbestände wurden ohne Rücksicht auf die Empfehlungen des internationalen Rats für Meeresforschung (ICES) ausgebeutet. 2012 geschah das Unvermeidliche: Dem Bestand im Nordatlantik wurde das MSC-Siegel aberkannt – ein herber Schlag für die Vermarktung.

Brüssel und Oslo beschlossen, dass es so nicht weitergehen konnte. Sie bereiteten Sanktionen vor.

Der Flugschreiber
in den Makrelenohren

Bremerhaven, 23. Januar 2020

Das Inventar scheint gemacht wie für einen Horrorfilm. An einem Haken an der Wand hängen Schürzen, in der Mitte des Raumes steht ein Messingtisch, auf dem sich Blutlachen angesammelt haben und zwei Messer liegen, ein Küchenmesser und eine lange Schneide, beide blutbefleckt. Auf dem Tisch stapeln sich Makrelen. Sie stammen aus der nördlichen Nordsee.

Zwei junge Männer, sie haben sich Schürzen umgeschnürt, tauen im Keller des Thünen-Instituts für Seefischerei in Bremerhaven die Fische auf, reihen sie aneinander, wiegen und vermessen sie. Dann schlitzen sie ihre Bäuche längs auf, ziehen die Gonaden heraus und testen sie. Sie schneiden schräg von oben in den Schädel hinein, klappen ihn nach vorne und stochern mit einer Pinzette in einer mit Flüssigkeit gefüllten Hirntasche nach den Gehörsteinchen, den Otolithen. Diese sind verantwortlich für den Gleichgewichtssinn. Die Forscher können sie wie Flugschreiber nutzen: Aus ihnen lässt sich zum Beispiel ablesen, wie viel die Fische gefressen haben. Je weniger sie gefressen und damit Kalzium aufgenommen haben, desto durchsichtiger scheinen sie. Aber auch die Wanderrouten der Fische lassen sich damit rekonstruieren. »Sie bilden im Prinzip all das ab, was der Fisch erlebt hat«, sagt Institutsleiter Gerd Kraus.

Die Otolithen der Makrelen sind so klein, dass sie kaum zu erkennen sind, die des Kabeljaus hingegen sind so groß wie eine Haselnuss. Kraus greift in eine Schale und nimmt eines der weißen Steinchen in die Hand. Was ihn besonders daran interessiert, ist das Alter der Fische, das sich aus den Steinen ablesen lässt, genauer aus dem Dreieck, das sich jedes Jahr im Querschnitt abbildet. Wie Baumringe. »Wir nehmen hier die Demografie der Fischbestände auf«, sagt Kraus. »Der hier ist drei Jahre alt geworden.« Das Alter ist entscheidend; daraus lässt sich die Sterblichkeitsrate ausrechnen und eine Bevölkerungspyramide aufstellen. Mithilfe von Computermodellen lässt sich sogar feststellen, woran ganze Altersgruppen gestorben sind – aufgrund von Jagd oder natürlichen Ursachen. Aus all diesen Daten prognostizieren die Forscher die Entwicklung der Fische für die kommenden Jahre und geben Empfehlungen ab, wie viel die Fischer in Europas Meeren fangen dürfen. Ob diese das dann auch umsetzen, ist eine andere Frage – wie das Beispiel der Makrelen zeigt.

Keine Einfahrt für Schiffe aus Island

Im August 2013 verweigerte die EU die Einfuhr von Makrelen von den Färöer-Inseln. Mehr noch: Fischereifahrzeuge der autonomen Inselgruppe durften nicht mehr in europäische Häfen einlaufen. Erst im Jahr darauf einigten sich beide Seiten – die Färöer-Inseln durften nun deutlich mehr fangen, als in der alten Regelung vereinbart war.[60]

Auch gegenüber Island verhängten die EU und Norwegen Sanktionen. Norwegen verbot den Fischereidampfern aus Island schon 2010 die Einfahrt in seine Häfen, genauso wie manche Orte in Schottland. Dort reihten die Fischer ihre eigenen Schlepper aneinander, um die Trawler aus Island und den Färöer-Inseln zu blockieren.[61] Island verbot daraufhin seinerseits den schottischen Schleppern, in seinen Gewässern Kabeljau und Schellfisch zu fischen, was Fischer traf, die mit dem Makrelenstreit überhaupt nichts zu tun hatten.

Der Streit schaukelte sich hoch, weil das Geschacher um Fanganteile kein Ende fand. Mehr und mehr wurde klar, wie nutzlos das internationale Regime war, das den Fischfang in den Ozeanen regelt. Überschreiten Fischbestände nationale Grenzen, befinden sie sich in aller Regel in einer rechtsfreien Zone. Das UN-Seerechtsübereinkommen hält die Staaten zwar dazu an, zu kooperieren und neue Verträge zu schließen. Bis diese aber ausgehandelt sind, können Jahre vergehen. In der Zwischenzeit werden die Fischbestände massiv ausgebeutet.[62] Der US-Meeresbiologe Malin Pinsky vergleicht das mit zwei Kindern, die, sobald man ihnen einen Kuchen vorsetzt, über ihn herfallen und kaum etwas übrig lassen. »Wir sind nicht gut vorbereitet auf die Wanderung der Arten im Ozean«, urteilt der Professor am Institut für Ökologie, Evolution und natürliche Ressourcen der Rutgers-Universität in New Brunswick. »Unsere Fischereibewirtschaftung gründet zu großen Teilen auf der Idee, dass die Arten mehr oder weniger dort bleiben, wo sie schon immer waren.«

Vielleicht hängt das auch damit zusammen, dass fast alles, was sich unter der Wasseroberfläche abspielt, unseren Augen verborgen bleibt. Wir sehen nicht, was für eine Völkerwanderung in den Ozeanen gerade im Gange ist. Beispiel Nordsee: Wenn Arten wie Kabeljau und Makrele nach Norden wandern, heißt das nicht, dass sich die Nordsee leert, dringen doch aus dem Süden neue Arten nach. Forscher sprechen von einer »Subtropikalisierung« der Nordsee. Dominierten einst Kaltwasser-Arten wie Hering, Sprotte oder Kabeljau, übernehmen nun zunehmend Wärme liebende Spezies das Ruder. Streifenbarbe und Sardelle zum Beispiel: Waren die beiden Arten Mitte der Achtzigerjahre noch so gut wie gar nicht in der Nordsee zu finden, bevölkern sie inzwischen einen erheblichen Teil dieses Meeres.[63]

Auch Deutschlands Fischer sind verblüfft, weil sie zunehmend Thunfische oder Sardinen in ihren Netzen finden. Diese landen inzwischen auch auf dem Ladentisch, da es seit ein paar Jahren verboten ist, Beifang über Bord zu werfen. Einige britische Fischereien haben sich sogar schon ganz auf Seebrassen oder Rotbarben umgestellt.[64] Bislang aber können die Einwanderer den Verlust der größeren und oft profitableren Kaltwasserfische noch nicht kompensieren.

Besonders stark sind die Veränderungen beim Kalmar: Anfang der Fünfzigerjahre fand sich in den Netzen noch überhaupt kein Exemplar dieser Art. Heute fangen Fischer in manchen Jahren über 3.000 Tonnen in der ganzen Nordsee. Die Tintenfische gehören zu den Gewinnern des Klimawandels: Weil sich die Nordsee erwärmt, können sie schneller wachsen und erreichen früher eine Größe, die sie vor Raubfischen wie dem Kabeljau schützt. Dank der günstigen Bedingungen drehen sie den Spieß sogar um – und machen sich über jungen Kabeljau her.

»Leben ist Salzfisch«

Überschreiten Fischbestände nationale Grenzen, so regelt das UN-Seerechtsübereinkommen, wie sich die Staaten zu verhalten haben. Sie sollen eine Reihe von Fragen berücksichtigen: Welche Länder haben die Fischart in der Vergangenheit gefischt, welche Länder hängen von ihr wirtschaftlich ab, und wo befinden sich die Fische heute?

Im Streit um die Makrelen vor Island wurde aber offensichtlich, wie wenig das zur Schlichtung beiträgt. Die einzelnen Parteien nahmen die Prinzipien zwar durchaus ernst, allerdings vor allem die, die ihren eigenen Interessen nützten. Norwegen zum Beispiel vertrat die Auffassung, dass der Makrelenbestand nach dem Anteil in den jeweiligen »ausschließlichen Wirtschaftszonen« aufgeteilt werden sollte, schließlich tummelten sich allerhand Makrelen auch vor den eigenen Küsten. Die EU hingegen führte das Prinzip des historischen Fischfangs ins Feld: Wer eine Fischart schon immer gefischt hatte, sollte das auch in Zukunft tun dürfen – egal, wohin sie sich bewegt. Island wiederum machte sich stark für das Prinzip der wirtschaftlichen Abhängigkeit vom Fischfang, da seine Wirtschaft ohne Zweifel davon abhing. »Leben ist Salzfisch«, hat der isländische Schriftsteller und Literaturnobelpreisträger Halldór Laxness schon vor fast einem Jahrhundert geschrieben. 1944 führte der Sektor Island in die Unabhängigkeit von Dänemark und nach dem Zweiten Weltkrieg in die Moderne. Er brachte Wohlstand.[65] Noch heute ist fast ein Fünftel der gesamten Wirtschaft Islands mit dem Fischfang verknüpft.[66] Auch wenn andere Sektoren wie der Tourismus stark an Bedeutung gewonnen haben, ist der Fischfang außerhalb der Hauptstadtregion oft die einzige Industrie. »Viele Dörfer und Städte entlang der Küste hängen ausschließlich davon ab«, erzählt Árnason. »Sie haben einfach nichts anderes.«

Aufgrund der schwammigen Bestimmungen im UN-Abkommen konnten die Staaten die Prinzipien auslegen und gewichten, wie es ihnen in den Kram passte. Die Situation verhärtete sich. Und noch etwas erschwerte eine Einigung: Meeresforscher waren sich unsicher, wie groß der Makrelenbestand überhaupt war, was ihn dazu gebracht hatte, nach Norden zu expandieren, und ob er dort auch in Zukunft bleiben würde. Eine Zeit lang weigerten sich die EU und Norwegen, überhaupt zu akzeptieren, dass Makrelen in isländische Gewässer vorgedrungen waren.

Die Nachhaltigkeitsforscherin Jessica Spijkers vom Stockholm Resilience Centre wollte dem Konflikt auf den Grund gehen und interviewte sechsundzwanzig Politiker, Unternehmer und Vertreter der Zivilgesellschaft aus Norwegen, den Färöer-Inseln, Island und der EU, die in den Streit involviert waren. Ein isländischer Verhandler erzählte Spijkers von folgendem absurden Dialog, wie er sich 2008 am Verhandlungstisch abgespielt haben soll:

»Es gibt keine Makrelen in isländischen Gewässern!«

»Es muss Makrelen geben, wir haben schließlich Makrelen gefangen.«

»Gut, dann ist es wohl eher Hering, von dem ihr behauptet, es sei Makrele.«

Schon bald ließ sich aber nicht mehr leugnen, dass sich die Makrelen um Island herum nur so tummelten. Also änderte Norwegen seine Strategie und behauptete, dass die Fische nur vorübergehend nach Nordwesten gewandert seien und irgendwann zu ihrem Ursprungshabitat zurückkehren würden. Darum sollte Island keine dauerhaften Fangrechte erhalten. »Die Anerkennung, dass die Verschiebung durch den Klimawandel verursacht wurde, hätte die Dauerhaftigkeit der Verschiebung bestätigt«, erklärt Spijkers.

2012 deutete sich ein Wendepunkt an. Brüssel war bereit, einzulenken und den Isländern einen gewichtigen Anteil am Makrelenfang zuzugestehen. Das hatte zwei Gründe: Zum einen waren sich die Wissenschaftler inzwischen einig, dass sich in den isländischen Gewässern tatsächlich ein großer Bestand aufhielt. Inzwischen waren die Makrelen auch vor der Südküste Grönlands aufgetaucht und 2013 sogar vor Spitzbergen.[67]

Zum anderen bewarb sich Island um den Beitritt zur Europäischen Union. Brüssel wollte die Angelegenheit vom Tisch haben, bevor es in offizielle Verhandlungen mit Island eintrat.

Also bot der Staatenbund eine Fangquote von 11,9 Prozent am Makrelenbestand an. Island akzeptierte. Im März 2014 sollte in Edinburgh das Abkommen besiegelt werden. Alles schien perfekt. Nur eine Sache hatte man vergessen: die Norweger zu fragen.

Hohes Konfliktpotenzial

Die Makrelen waren nur der Anfang. Nach der Jahrtausendwende tauchten auf einmal Scharen von Sardellen im englischen Kanal und der Südlichen Nordsee auf. Die spindelförmigen Schwarmfische mit der gegabelten Schwanzflosse landeten in den Netzen britischer Fischdampfer. Zum Ärger der Franzosen und Spanier, die im Golf von Biskaya bislang die Bestände ausgebeutet hatten – und nun exklusiven Zugang zu den neuen Fanggründen verlangten. Es handelte sich ja, so ihre Argumentation, um ihre eigenen Bestände.

Erst genetische Analysen offenbarten, dass es sich bei den Sardellen vor der englischen Südküste wahrscheinlich um ein Überbleibsel eines früheren Fischbestands aus dem Westen des Kanals handelte, der nun eben vom Klimawandel profitierte und sich bis in die Nordsee hinein ausbreitete.[68]

Wenn der Umzug einzelner Arten schon zu Konflikten wie diesen führen kann – und das wohlgemerkt zwischen demokratischen Nachbarn mit über Jahrzehnten gewachsenen Beziehungen –, was für politische Konflikte schlummern da erst, wenn sich Fischbestände im Zuge der Erwärmung auf dem ganzen Planeten verschieben? In Regionen wie Südostasien zum Beispiel, wo handfeste Konflikte um Seerechte schwelen. Dort dürften sich Auseinandersetzungen um wandernde Fischbestände eher noch mehr zuspitzen, hat der Fischfang doch aufgrund des Klimawandels ohnehin schon an Produktivität eingebüßt.[69]

Malin Pinsky hat berechnet, wie sich die Habitate von rund neunhundert kommerziell wichtigen Arten von Fischen und wirbellosen Meeresbewohnern bis zum Ende des Jahrhunderts verlagern werden. Das Ergebnis: Viele Nationen würden in ihren exklusiven Wirtschaftszonen einen bis fünf neue Bestände vorfinden, sollte die Welt weiter wie bisher Treibhausgase ausstoßen. Für einige Länder Asiens mit besonders hohem Konfliktpotenzial wären es sogar bis zu zehn neue Bestände. Eine präzise Vorhersage sei das nicht, gibt der Meeresbiologe zu, sehr wohl mache die Analyse aber deutlich, was auf uns zukommt, sollte die Welt nicht zu einer engen Kooperation über ihre Ökosysteme in den Meeren zusammenfinden.

Island zieht Konsequenzen

Die Norweger, die nicht gefragt worden waren, fühlten sich von der Absprache zwischen der EU und Island hintergangen – und ließen den Deal platzen. Mehr noch: Sie sorgten dafür, Island aus den europäischen Fischgründen zu verbannen, und zwangen den Färöer-Inseln – lange ein Verbündeter Islands im Makrelen-Streit – die Zusage ab, keine isländischen Fischer mehr in ihren Gewässern Makrelen fangen zu lassen. Das wiederum erzürnte die Isländer. »Die Isländer fühlen sich alleingelassen«, sagt Árnason. »Sie fühlen sich im Recht und müssen erkennen, dass Norwegen und die EU ihre Macht nutzen, um uns zu zwingen, von den Fischen abzulassen.«

Der Protest der Isländer gegen Norwegen verpuffte. Der mächtigere und größere Nachbar hatte sich fürs Erste durchgesetzt.

Für eine vorläufige Entschärfung der Krise sorgten ausgerechnet die Makrelen selbst. Deren Bestand sei gewachsen, erklärten Experten des Internationalen Rats für Meeresforschung ICES; entsprechend mehr durften alle Länder nun fischen. Abgesehen davon, dass diese Lösung alles andere als nachhaltig war, war der politische Schaden angerichtet. Das EU-Beitrittsverfahren lag infolge des Streits zunächst auf Eis. Letztendlich entschieden sich die Isländer in einer Volksabstimmung sogar ganz gegen eine EU-Mitgliedschaft – nicht zuletzt wegen des Disputs um die Fischerei.[70]

Wie könnte eine umsichtige Fischereipolitik in Zeiten der Erderwärmung aussehen? Das haben sich Malin Pinsky und knapp zwei Dutzend Wissenschaftler in seiner Forschungsgruppe gefragt. Zuallererst, so ihre Antwort, müssten alle Staaten ihre Fischgründe nachhaltig nutzen und sich dabei an die Empfehlungen der Wissenschaft halten. »Denn wenn keine Fische mehr übrig bleiben, gibt es auch nichts mehr zu verteilen«, sagt der US-Meeresbiologe.

Im zweiten Schritt müssten sich die Staaten einigen, wie sie Fischbestände teilen, wenn diese politische Grenzen überschreiten. Internationale Gerichtshöfe könnten sich mit der Frage beschäftigen; Staaten könnten Kompensationen erhalten, wenn sie ihre Fischbestände verlieren; oder ein flexibler Handel mit Fangrechten könnte weiterhelfen, wie es einige pazifische Inselstaaten praktizieren. Die Idee: Bekommt ein Land mehr Zugang zu Fischbeständen, kann es sich Quoten von anderen Ländern leihen. »Solche Systeme können den Fischereien helfen, schneller auf die Veränderungen der Artverteilung zu reagieren«, sagt Pinsky.

Im Idealfall einigen sich die Staaten schon, bevor Arten ihre Reichweite überhaupt verschieben. »Es ist so viel einfacher, diese Mechanismen der gemeinsamen Nutzung aufzustellen, wenn man sich nicht in der Hitze des Gefechts befindet«, sagt Pinsky.

»Wir sind Gewinner und Verlierer«

2019 drohte der »Makrelenkrieg« wieder aufzuflammen. Im März verloren die Makrelenfischer im Nordostatlantik erneut das MSC-Siegel für nachhaltige Fischerei, weil sich der Bestand seit dem Höhepunkt im Jahr 2014 fast halbiert hatte und unter seine nachhaltige Mindestbestandsgröße gefallen war.[71] Trotzdem kündigte Island an, seine Quote erneut eigenmächtig anzuheben – von 108.000 auf 140.000 Tonnen. Auch Russland und neuerdings auch Grönland fingen ohne Abstimmung Makrelen in ihren Gewässern, weshalb die weiteren Mitglieder der Nordostatlantischen Fischereikommission auf entsprechend mehr Fangmengen verzichten mussten, um noch einigermaßen im Rahmen der wissenschaftlichen Vorgaben zu bleiben.[72] Die EU und Norwegen wollten Island nun einen Riegel vorschieben und drohten im Sommer erneut mit Sanktionen.[73]

Beeindrucken ließ sich der Inselstaat aber nicht. Das hat auch ganz praktische Gründe: Als 2008 eine Finanzkrise die ganze Welt erfasste, traf diese Island besonders hart und führte das Land an den Rand des Bankrotts, weshalb traditionelle Industrien wie die Fischerei wieder mehr Bedeutung bekamen. Für viel Geld hatten die Isländer eine große Flotte an Fischdampfern zusammengestellt. Allerdings kamen den 40-Millionen-Euro-Schiffen auf einmal wichtige Fischarten abhanden: der blaue Wittling zum Beispiel, der heillos überfischt war und nach Nordwesten in die Gewässer vor Grönland abwanderte.

Auch die Lodde: Große Schwärme bevölkerten die Gewässer rund um die Insel, soweit die Isländer zurückdenken können. Noch bis vor Kurzem war die Fischart, die ähnlich wie Hering schmeckt, die zweitwichtigste für den Export; bis zu 1,6 Millionen Tonnen holen die Fischer pro Jahr aus dem Meer. Im Jahr 2018 aber schien die Lodde spurlos vor den Küsten Islands verschwunden zu sein. Die lokalen Fischer wollen beobachtet haben, dass sie in kältere Gewässer nach Norden abwanderte, ähnlich wie es kanadische Forscher auch im Westen Grönlands beobachtet hatten.[74] Nun fürchten die Isländer auch um ihren Brotfisch – den Kabeljau –, denn der ernährt sich vor allem von der Lodde.

Manche geben auch den Neuankömmlingen die Schuld, den Makrelen. Sie sind überaus gefräßige Räuber, die alles fressen, was kleiner ist als sie selbst. Zum Beispiel Sandaal, von dem sich auch Seevögel sowie Schellfisch, Kabeljau und Lodde ernähren. Die Makrelen nehmen diesen kommerziellen Fischarten aber nicht nur die Nahrung weg, sondern machen sich auch über deren Jungfische her. »Sie richteten ein regelrechtes Chaos im marinen Ökosystem an«, sagt Árnason.

Er hat das selbst einmal erlebt, als er mit seinem Enkelsohn an der Küste von Reykjavík fischen ging. »Es war eindrucksvoll zu sehen, wie sie alles bis kurz vor der Küste wegputzten«, erinnert er sich.

Haben sie sich reichlich Fett angefressen, ziehen sie weiter zu den Färöer-Inseln und vor die Küste Norwegens. »Wir sind Gewinner und Verlierer des Klimawandels«, berichtete mir der Chef eines Fischereiunternehmens von den Westmänner-Inseln im Süden Islands. Gewinner, weil profitable Fischarten wie Makrelen und Kabeljau nach Norden ziehen. Verlierer, weil sich die Raubfische an den heimischen Beständen anderer Fischarten bedienen und diese sensibel auf die Erwärmung der

Meere reagieren.[75] »Die Welt verändert sich, und wir müssen den Veränderungen folgen.«

Wissenschaftler vom Alfred-Wegener-Institut für Meeresforschung in Bremerhaven haben untersucht, was passiert, wenn sich die Meere vor Europas Haustür weiter aufheizen und versauern. Sie haben Kabeljau aus der südlichen Barentssee geangelt und ins Labor gebracht. Dort haben sie die Fische unterschiedlich hohen CO_2-Konzentrationen und Temperaturen ausgesetzt, je nach den Klimaszenarien für das Jahr 2100. Das Ergebnis: Erwärmt sich die Erde über 1,5 Grad Celsius, wird die kritische Schwelle für die derzeitigen Laichgründe überschritten. Ein ungezügelter Treibhausgasausstoß würde es dem Kabeljau sogar unmöglich machen, am Ende des Jahrhunderts noch südlich des Polarkreises zu laichen. Heute bedeutende Fischgründe wie vor den Küsten Islands und Norwegens dürften dann verloren gehen.[76]

Die Zukunft ist ungewiss, und das haben die Isländer begriffen. Eine Fischart kann von heute auf morgen verschwinden – oder neu auftauchen. Árnason hat das Beste daraus gemacht und mit seinem Enkelsohn ein paar Makrelen aus dem Meer vor Reykjavík geangelt. »Es sind sehr fettige Fische«, sagt er. »Sie eignen sich gut zum Barbecue.«

Kapitel 6
Wettlauf mit den Wärmebändern

Bevor wir unsere Reise vom Nordpol bis zu den Tropen fortsetzen, lassen Sie uns noch einmal Luftholen und der Frage nachgehen, wem die Tiere und Pflanzen auf der Erde auf ihrer Wanderung da überhaupt folgen? Lässt sich ein Muster erkennen, nachdem sie in Richtung der Pole und die Berge hinauf wandern?

Als natürlicher Ausgangspunkt für die Entwirrung dieser Fragen bietet sich ein Ort in Berlin an, den ich aufsuchen will. Dafür schwinge ich mich auf mein Rennrad und fahre in die Jägerstraße, nur ein paar Blocks entfernt von meinem Büro in der Friedrichstraße. Hier suche ich nach dem Geburtshaus eines der bekanntesten und beliebtesten Deutschen in der Welt. Vor über zweihundert Jahren hat er als Erster entdeckt, wie sich das Leben auf der Erde verteilt. Also, warum die Tier- und Pflanzen-Arten überhaupt da sind, wo sie sind.

Am Gendarmenmarkt biege ich in die Jägerstraße ab. Ein Baugerüst verhüllt das massive Gebäude mit der Hausnummer 22. Ich steige ab und schiebe mein Rad unter den Stahlplanken, die das Sommerlicht abschirmen, an der Sandsteinmauer entlang, bis zwischen zwei Gitterfenstern eine Messingtafel auftaucht, die von grünen Schlieren überzogen ist. Ein markantes Gesicht hebt sich darauf ab, mit hoher Stirn, unerschütterlichem Blick und dominanter Unterlippe. Dazu der Schriftzug:

AN DIESER STELLE STAND DAS GEBURTSHAUS DES GROSSEN DEUTSCHEN NATURFORSCHERS UND MITGLIEDES DER AKADEMIE DER WISSENSCHAFTEN FRIEDRICH WILHELM ALEXANDER VON HUMBOLDT

Von oben erschallt ein Knall, der mich zusammenzucken lässt. Ein Bauarbeiter muss etwas Schweres fallen gelassen haben; es klackert und poltert. Autos und Roller röhren vorbei. Als Humboldt am 14. September 1769 zur Welt kam, ging es hier noch ruhiger zu. Im barocken Domestikenhaus nebenan wohnten damals Beamte und Bedienstete des Hofes von Friedrich Wilhelm I., bis 1777 die Seehandlungsgesellschaft einzog, die später auch das Elternhaus von Humboldt kaufte. Ein paar Straßen weiter nördlich in der damaligen Oranienburger Vorstadt wirbelte die Maschinenbau-Anstalt von August Borsig Rauchwolken in den Himmel. Als »Feuerland« bezeichneten die Berliner damals diese »industrielle Keimzelle«.[77] Humboldt interessierte sich aber weniger für die Industrie um die Ecke als für die Natur in der Ferne. 1799 begab er sich auf eine Expedition nach Südamerika, die das damalige Naturverständnis revolutionieren sollte.

Am 23. Juli 1802 bestieg er zusammen mit dem französischen Botaniker Aimé Bonpland den Chimborazo, einen knapp 6.300 Meter hohen Vulkan in Ecuador, der damals als höchster Berg der Welt galt. »Die Reise von Quito bis auf den Chimborazo glich einer botanischen Reise vom Äquator bis zu den Polen, nur senkrecht: die ganze Pflanzenwelt, Schicht für Schicht aufgestapelt«, schreibt die Historikerin Andrea Wulf in ihrer faszinierenden Humboldt-Biografie.[78] »Eine Vegetationszone nach der anderen, je weiter sie nach oben kamen, von den tropischen Arten in den Tälern bis zum letzten Stückchen Flechte knapp unterhalb der Schneegrenze.« Es muss ein ziemlich beschwerlicher Aufstieg für den preußischen Adligen gewesen sein. »Benommen, halb erfroren und in der dünnen Luft nach Atem ringend, krochen Humboldt und seine kleine Gruppe auf Händen und Knien über steile Grate und rasiermesserscharfe Steine«, schreibt Wulf. Aber die Tortur war nicht umsonst gewesen. Humboldt begriff nun, was die Natur in sich zusammenhält. Als »Einsicht in den Weltorganismus« beschrieb er das ein paar Jahre später.[79]

Akribisch hatte Humboldt alle gesammelten Arten ihrer jeweiligen Höhe über dem Meeresspiegel zugeordnet und mit Hilfe von Barometer, Hygrometer und Elektrometer kartiert, selbst die Bläue des Himmels mit einem Zyanometer. Daraus entstand der berühmte Querschnitt des Chimborazo, den Humboldt im Februar 1803 in der Hitze der ecuadorianischen Hafenstadt Guayaquil entwarf. Von dort blickte er auf den erloschenen Vulkangiganten, während der dahinterliegende, noch aktive Cotopaxi fortwährend seine »krachenden unterirdischen Donner« zu ihm schickte, die in den Ohren des Naturforschers wie »Donner schweren Geschützes« klangen. In der Profilzeichnung ordnete er alle Pflanzen, die er gefunden hatte, den Höhenstufen zu – von Fächerpalmen am Fuße des Vulkans über Laubbäume, Sträucher und Gräser bis hin zu Moosen und Flechten unter dem schneebedeckten Gipfel. Anschließend versah er sie mit den physikalischen Daten. Schon das war eine neue Art der Naturbeschreibung, konzentrierten sich doch die Botaniker damals darauf, neue Arten zu finden, sie zu beschreiben und zu klassifizieren, weniger darauf, sie mit ihrer Umgebung in Verbindung zu bringen. Und schon gar nicht, daraus ein System zu entwerfen. Humboldt sah sich deshalb als Schöpfer der »Geographie der Pflanzen«, »eine Disciplin, von welcher kaum nur der Name existirt«, wie er schrieb. »Sie betrachtet die Gewächse nach dem Verhältnisse ihrer Vertheilung in den verschiedenen Klimaten.«

Während seines Aufstiegs hatte er immer wieder Pflanzen erkannt, die er in ähnlicher Form auch schon in den Alpen oder Pyrenäen gesehen hatte. Er sah sich diese genau an und verglich die Umweltbedingungen, in denen sie lebten. Daraus zog er den Schluss, dass sie über die Kontinente hinweg eine große Kraft verband: Die Vegetationszonen auf der Welt korrespondierten mit den Klimazonen. Was heute ganz selbstverständlich klingt, war damals revolutionär. Humboldt gilt deshalb als Begründer der Biogeografie.[80]

Seine Ideen destillierte er 1817 in eine Karte, die wir in ähnlicher Form jeden Abend im Wetterbericht sehen. Abgebildet war, was eigentlich unsichtbar ist: Bänder, die die Welt umspannen und Orte mit der gleichen Mitteltemperatur verknüpfen, von Humboldt »Isotherme« genannt. Der Begriff stammt aus dem Griechischen und setzt sich aus den beiden Wörtern »gleich« und »Wärme« zusammen. Auf seiner »Carte des lignes Isothermes« zeichnete der Naturforscher die Wärmebänder ein, die bestimmte Regionen Amerikas, Europas und Asiens miteinander verbinden. Danach gleichen sich die Mitteltemperaturen in Florida und Neapel genauso wie die von Boston und Stockholm. Sie wabern mal dicker, mal dünner um die Erde. Auch wenn sie unsichtbar sind, so richten sich die Pflanzenarten der Welt doch wie selbstverständlich entlang dieser Isothermenkurven aus. Humboldt sah diese Ordnung als ziemlich unveränderlich an, schließlich war »jeder Höhe eine eigene und unveränderliche Temperatur zugeordnet«.[81]

Wirklich unveränderlich ist sie allerdings nicht, wie wir heute wissen. Wahrscheinlich hätte sich nicht mal der Visionär Humboldt träumen lassen können, dass sich diese Wärmebänder schon bald in Richtung der beiden Pole und die Berge hinauf verschieben und die Arten dabei hinter sich herziehen würden – auch auf dem Chimborazo, wo Botaniker fast zweihundert Jahre später erneut die Vegetation aufnehmen und feststellen, dass sie seit Humboldts Zeiten um durchschnittlich einen halben Kilometer nach oben gewandert ist.[82]

Der preußische Naturforscher hatte zwar schon über periodisch auftretende Wechsel von Kalt- und Warmzeiten in der Erdgeschichte nachgedacht und auch über die Wanderung der Arten, nachdem Elefantenzähne, Tapir- und Krokodilgerippe in Europa aufgetaucht waren.[83] Humboldt erkannte außerdem als erster Mensch überhaupt, dass unsere Art imstande ist, das Klima zu verändern: »durch Fällen der Wälder, durch Veränderung in der Vertheilung der Gewässer und durch die Entwicklung großer Dampf- und Gasmassen an den Mittelpunkten der Industrie«.[84] Allerdings konnte er sich damals noch nicht vorstellen, in welchem Ausmaß die Menschen Kohle, Erdöl und Gas ausbeuten, das Verhältnis der Moleküle in der Atmosphäre verändern und damit auch die Isotherme verrücken sollten.[85]

Bewegen sich die Isotherme, wandern die Arten hinterher, um sich in ihre Ordnung zu fügen. Ob sie mit den Klimazonen Schritt halten können, war bis vor Kurzem noch unklar. Aber nach zwanzig Jahren Feldforschung und Abertausenden dokumentierten Fällen von Tier- und Pflanzenarten, die sich auf den Weg gemacht haben, lässt sich nun eine erste Bilanz ziehen.

Einer, der das getan hat, ist Jonathan Lenoir. Der Biostatistiker von der Universität der Picardie Jules Verne im nordfranzösischen Amiens hat mit seinen Kollegen fünf Jahre lang Studien gesichtet und Informationen für jede einzelne beschriebene Art in Erfahrung gebracht. Diese hat der Vollbartträger in mühevoller Kleinarbeit in einer Datenbank digitalisiert, die er »BioShifts« nannte. Nie zuvor hat jemand die Artenverschiebungen so detailliert und zugleich so umfassend[86] abgebildet. Anschließend konnte Lenoir sie mit der Verschiebung der Isotherme abgleichen, um einen Blick aufs große Ganze zu gewinnen.

Die Wärmebänder wandern im Schnitt um knapp 0,9 Kilometer pro Jahr in Richtung der Pole;[87] sie geben damit das Tempo vor, auf das die Arten reagieren müssen. Am besten ist das bislang den Meeresbewohnern gelungen, so die Auswertung. »Wir haben zwar erwartet, dass sie schneller wandern als die Landbewohner«, sagt Lenoir. »Aber wir haben nicht erwartet, dass der Unterschied so groß ist.«

Im Schnitt legen Plankton, Fische und Wale knapp 6 Kilometer pro Jahr zurück und sind damit fast sechsmal schneller als die Landbewohner. Diese bewegen sich 2 Kilometer pro Jahr – im Durchschnitt, was bedeutet, dass viele Arten deutlich langsamer unterwegs sind und hinter ihre gewohnten Wärmezonen zurückfallen. Ihnen droht folgendes Unheil: Sie sterben aus, ehe sie in kühlere Gefilde expandieren können.

Noch etwas fiel Lenoir bei der Auswertung der Daten ins Auge: Einzelne Arten reagierten auf den Klimawandel äußerst unterschiedlich, viele bewegten sich gar nicht und manche sogar in die vermeintlich falsche Richtung, in Richtung der Tropen und die Berge hinab. Der Biostatistiker wollte herausfinden, woran das lag. Lange konnte er keinerlei Muster erkennen. Erst als er den Menschen mit in die Modelle einbezog, klärte sich das Bild: Je mehr sich Ozeane erwärmen *und* je mehr der Mensch Druck auf die Ökosysteme ausübt und die Meere überfischt, desto schneller fliehen die Meeresarten. »Diese beiden Faktoren bilden eine Synergie und beschleunigen die Geschwindigkeit, mit der sich die Arten verschieben«, sagt Lenoir. »Die marinen Arten folgen ihren Isothermen dann sehr eng.«

An Land zeigte sich das umgekehrte Bild: Dort, wo der Mensch besonders stark in die Landschaft eingreift und diese mit Straßen, Siedlungen und Ackerflächen überzieht, bremst er den Ausbreitungsdrang der Tiere und Pflanzen. Diese haben anders als im dreidimensionalen Ozean auf der Landoberfläche oft gar keine Fluchtmöglichkeit, sorgt doch schon die Natur für allerlei Hindernisse wie Berge, Flüsse und Kontinentalränder.

Landbewohner mussten deshalb im Laufe der Erdgeschichte in stärkerem Maße lernen, mit Klimaschwankungen umzugehen und sich an neue Bedingungen anzupassen, ohne immer gleich zu flüchten. Das kann ihnen gelingen, wenn sie sich nach ihren Genen und ihrer äußeren Form selektieren.[88] Oder wenn sie einen Unterschlupf finden: Wälder zum Beispiel spenden unzähligen Arten Schatten und schaffen unter ihrem Kronendach ein Mikroklima, das bis zu 6 Grad Celsius kühler sein kann als auf einer angrenzenden Wiese. »Die Arten nutzen das, wie wir unsere Häuser nutzen, um uns vor Hitze oder Kälte abzuschirmen«, sagt Lenoir. »Und das könnte dazu beitragen, dass wir viel weniger Verschiebungen an Land beobachten.«[89]

Einen krassen Gegensatz zu den pfeilschnellen Makrelen bilden die langlebigsten Organismen auf dieser Welt, Symbole der Beständigkeit und Stabilität, Schlüsselarten, die unzähligen Arten unter ihrem Blätterdach Herberge und Schirm[90] bieten, der sie vor dem Klimawandel schützt: die Bäume.

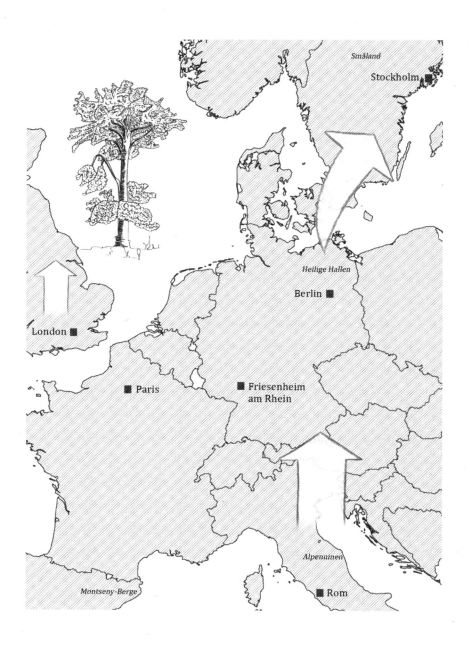

Kapitel 7
Der Wald setzt sich in Bewegung

Der Wald erhebt sich über Friesenheim. Christian Junele steht an einem Sommertag in seinem Garten und blickt hinauf zu den Hügeln. Zu seinem Wald. Auf den ersten Blick scheint mit diesem Wald alles in Ordnung; er ist grün, nur an den Kuppen wirkt er etwas ausgedünnt. Aber Junele weiß, dass der Eindruck täuscht: Nichts ist in Ordnung. »Ich schlaf nicht mehr gut«, sagt der Revierförster und legt seine hohe Stirn in Falten. »Wenn es dem Wald schlecht geht, dann geht es auch mir schlecht.«

Ein halbes Jahrhundert lang spülte der Auwald zuverlässig Geld in die Kassen der Zwölftausend-Einwohner-Gemeinde im Schwarzwald: 50.000 Mark pro Jahr. Brauchte Friesenheim einen neuen Kindergarten, eine neue Veranstaltungshalle oder Kanalisation, wurden eben Furnier- oder Fasseichen eingeschlagen, und ein Teil der Erlöse floss in die Bauprojekte. »Der Wald war unsere Sparkasse«, sagt Junele.

Dann kam Lothar. Am zweiten Weihnachtsfeiertag im Jahr 1999 rauschte der Orkan mit 185 Stundenkilometern über Friesenheim hinweg. Um 11.20 Uhr, wie sich Junele bis heute erinnert. Er war gerade mit seiner zweijährigen Tochter im Hallenbad des Nachbarorts und sah durch die Glasfassade zwei Bäume umkippen, einer davon eine Kiefer. Junele beeilte sich, in den Wagen zu kommen. Schon von der Bundesstraße aus konnte er es sehen. »Oben auf den Kuppen hat der Wald gefehlt«, erzählt er. »Da war keine Silhouette mehr.«

Auf einem Drittel der Fläche war der Wald ausradiert. Fichten, Eichen, Buchen – alles lag kreuz und quer. Aus dem Harz und Nordrhein-Westfalen ließ Junele Waldarbeiter kommen, die das Holz abtransportierten, sogar aus Österreich und Schweden. 220.000 Raummeter – das Zweiundzwanzigfache der normalen Jahresmenge. Acht Monate lang arbeitete er durch. Bis er zusammenbrach.

Nach vier Jahren war der Wald aufgeräumt, nach sechzehn Jahren die letzte Kahlfläche aufgeforstet, mit Eichen, Buchen und Fichten. Ein gewaltiger Aufwand, der den Ort seither jedes Jahr um die 80.000 Euro kostet. Aus der »Sparkasse« ist eine »Hypothek« geworden. Damals dachte Junele noch: »Wir klotzen ran, und alles wird wieder gut.« Ein Jahrhundertsturm. So was kommt vor.

Dass etwas Grundlegendes nicht stimmte, merkte er erst in den Jahren danach, und zwar immer dann, wenn er auf seiner Terrasse saß, auf die Streuobstwiese blickte und Spätburgunder trank. Gab es ein besonders gutes Weinjahr, dann wusste er, dass »die Welt nicht in Ordnung war«. 2003, 2009, 2015, 2018, 2019 und 2020 – alles Dürrejahre, die den Wald in Bewegung setzten.

Junele steuert seinen allradgetriebenen Škoda Yeti durch die blitzsauberen Straßen der Gemeinde an Fachwerkhäusern und dem Sägewerk Späth vorbei; den Hügel hinauf, wo sich ein Schotterweg in den Wald hineinschlängelt. Aus dem offenen Fenster greift er in die Luft, um auf Baumarten hinzuweisen, die er gepflanzt hat: Eichen, Kirschen, Buchen, Fichten, Lärchen. »Man könnte meinen, es ist eine heile Welt«, sagt er, ehe er den Wagen zum Stehen bringt, aussteigt und am Wegesrand ein Stück Waldboden abbricht. Er lässt die trockene Erde zerrieseln und sieht mich dabei an. »Früher hatten wir normalerweise über achthundert Millimeter Niederschlag pro Jahr«, sagt er. »In den letzten beiden Jahren waren es fünfhundertneunzig und siebenhundertdreißig Millimeter, und in diesem Jahr schaffen wir keine sechshundert.«

Die Folgen sind überall zu sehen: Am Ende einer Abzweigung stapeln sich Tannenstämme, 600 Raummeter. »Alles Käferholz«, sagt Junele. Weiter oben, auf der Kuppe, verteilen sich Äste und Reisig auf dem Weg; ein Entaster greift sich, wie ein Elefant mit seinem Rüssel, Fichtenstämme heraus. Junele beugt sich über einen der Stämme und erkennt, wie kaffeebraune Käfer von der Größe eines Streichholz-Kopfes in den Maserungen krabbeln. »Wir sind zu spät.«

Keiner wollte die Warnungen hören

Marc Hanewinkel könnte nun Genugtuung empfinden. Jahrelang war der Forstökonom mit seinen Klima-Risiko-Karten durch die Forstämter und Ministerien getingelt, um diese im Auftrag der *Forstlichen Versuchs- und Forschungsanstalt Baden-Württemberg* auf den Klimawandel einzustimmen. Eine der Karten zeigte die Umrisse Baden-Württembergs, gefüllt mit schwarzer Farbe und einem v-förmigen roten Einschnitt. Die Farben bildeten die Klimaeignung für die Fichte für 2050 ab: Grün bedeutet »im klimatischen Optimum«, dann folgten Gelb und Rot. Schwarz symbolisierte »am äußeren Arealrand« – also geringe Klimaeignung. Die Botschaft kam einer Provokation für die Waldbesitzer gleich: Fichten würden sich bis zur Mitte des Jahrhunderts nicht mehr zur Bewirtschaftung eignen.

Hören wollte das damals keiner. Der schnell wachsende Fichtenforst sorgte seit über einem halben Jahrhundert für

Qualitätsholz und Rendite. Fast jeder Dachstuhl in Deutschland ist aus Fichtenholz gezimmert. Dementsprechend fiel die Reaktion aus, als Hanewinkel seine Karten präsentierte: »Ihr seid schon wieder auf dem Waldsterben-Trip!«

Dabei hatte der Forstökonom nur das berichtet, was die Computermodelle wiedergaben. Diese ermöglichen einen Blick in die Zukunft: Um herauszufinden, wohin der Klimawandel die Habitate einer Art möglicherweise verlagert, müssen Wissenschaftler zunächst ihre »Klimahülle« bestimmen. Meistens schauen sie sich einfach an, wo die Art sich derzeit aufhält und welche Klimabedingungen dort herrschen, also wie warm und feucht es ist. Im zweiten Schritt berechnen sie, wohin die Klima-Nische in Zukunft wandern wird, indem sie verschiedene Szenarien durchspielen. Nicht mal das schlimmste Szenario legte Hanewinkel dem Modell zugrunde, lediglich einen Anstieg von 2 Grad Celsius bis zur Mitte des Jahrhunderts. »Da stehen wir fast heute schon«, sagt der Professor für Forstökonomie und Forstplanung an der Universität Freiburg.

Er sagte voraus, dass die Fichten früher sterben, sich weniger vermehren und schlechter gegen andere Baumarten durchsetzen, während Käfer und Pilze sie immer stärker befallen. Und das nicht nur im Ländle, sondern in weiten Teilen Europas: Mit Kollegen aus der Schweiz, Finnland und den Niederlanden berechnete er, dass sich die Fichte im Falle eines extremen Klimaszenarios weitgehend aus West-, Mittel- und Osteuropa zurückziehen und nach Nordeuropa abwandern werde. Um das Jahr 2100 dürfte sie allenfalls noch in ihren natürlichen Arealen zu finden sein, also in den Alpen und im Norden Schwedens, Finnlands und Norwegens.[91]

Diese sogenannten korrelativen Artenverbreitungsmodelle sind nicht unumstritten. Denn es kann ja durchaus sein, dass eine Art den Raum gar nicht ganz ausschöpft, den ihr das Klima zur Verfügung stellt. Vielleicht haben Teile davon die Menschen mit Siedlungen oder Ackerflächen besetzt, vielleicht hindert sie ein Berg oder ein Fluss, sich weiter auszubreiten, oder eine konkurrenzstärkere Art. Wer ins Detail gehen will, muss die Modelle also mit weiteren Einflussfaktoren füttern wie der Landnutzung oder dem Wettbewerb unter den Arten.

Möglicherweise befindet sich die jeweilige Art ja auch gar nicht im Gleichgewicht mit »ihrem« Klima. Das heißt: Ihre »realisierte Nische« bildet nicht die »fundamentale Nische« ab, also die absoluten Klimagrenzen einer Art. Der von den Wissenschaftlern abgeleitete zukünftige Verbreitungsraum könnte sich deshalb in Wahrheit einmal ganz woanders befinden.

Trotzdem bevorzugen die meisten Biologen diese Methode gegenüber anderen.[92] Denn sie hat den unschätzbaren Vorteil, dass sie sich relativ einfach und schnell auf eine große Zahl von Arten anwenden lässt. Sie gilt als praktikabler Startpunkt, als erste Risikoabschätzung, die aber nicht verwechselt werden darf mit den Verschiebungen, die sich tatsächlich ergeben werden.[93]

Seit dem Jahr 2018 wirft niemand mehr Hanewinkel Panikmache vor.[94] Es war ein extrem heißer Sommer, mehr als 3 Grad Celsius über dem Langzeittrend, wärmer noch als der Extremsommer 2003. Aber das war es nicht, was den Sommer 2018 in Mitteleuropa so außergewöhnlich machte. Hitze allein können die Wälder ertragen, solange es nur genug regnet. Zum eigentlichen Problem wurde die Trockenheit: Von April bis September verdorrten die Felder und versiegten die Flüsse. Diese »heißeren Dürren«, wie die Fachwelt die Kombination aus Hitze und Trockenheit nennt, wirken besonders verheerend auf unsere Wälder und sind das, was uns Klimaprognosen zufolge immer öfters erwartet.[95] Das zeigte sich schon in den beiden Folgesommern 2019 und 2020, in denen die Dürre einfach andauerte.

Es war wie ein Vorgriff auf die Zukunft: Als würden wir in diesen drei Jahren schon mal ins Jahr 2060 spitzen.[96] Besonders hart traf es die Fichten, deren Nadeln sich unter der Wassernot verfärbten, ehe sich der Borkenkäfer über die geschwächten Stämme hermachte. Im Harz, der Sächsischen Schweiz und im Südschwarzwald klafften Waldgerippe auf einer Fläche, die insgesamt größer ist als das Saarland. Nicht viel besser steht die Kiefer da. Selbst dieser »Trockenspezialist« kommt an seiner südlichen Arealgrenze ans Limit, also dort, wo er es lange Zeit gerade noch ausgehalten hat: in den Trockentälern des Schweizer Wallis, in Südfrankreich und im Südwesten Deutschlands. Ganze Wälder sind in wenigen Jahren die gesamte südliche Rheinebene hinauf bis nach Frankfurt verschwunden. Zurück blieb nur Grassteppe. Den Modellen zufolge dürfte die Kiefer bis zum Ende des Jahrhunderts über die Hälfte ihres Verbreitungsraums einbüßen und sich von Mittel- und Südosteuropa in die höheren Lagen der Alpen und der Karpaten sowie nach Nordeuropa zurückziehen. »Wir erleben jetzt eine dramatische Beschleunigung der Arealverschiebungen«, sagt Hanewinkel.

Aber ist das überhaupt ein Problem? Wenn Wälder Wiesen oder Buschland weichen, dann können doch Bienen herumschwirren, Vögel nisten und Wildkräuter gedeihen? »Das ist eine ziemliche Katastrophe«, entgegnet der Forstökonom. Wo der Wald verschwindet, kann der Boden weniger Wasser speichern. Er ist dann Sonne und Wind stärker ausgesetzt, trocknet aus und erodiert leichter. Auch die Gesundheit des Menschen leide: Im Wald beruhigen sich Blutkreislauf, Atemwege und Nerven; auch das Immunsystem erfährt eine Stärkung.[97] »Wir verlieren eine ganze Reihe an Ökosystemdienstleistungen.«

Die Buche: »Die echte Katastrophe«

Was für die Fichte erwartet und für die Kiefer befürchtet worden war, kam für eine andere kommerziell wichtige Baumart völlig überraschend: Die Rotbuche, eine Ikone der Wälder Europas, galt lange als Baumart der Wahl in Zeiten des Klimawandels. Ohne den Menschen würden Buchenwälder 60 Prozent des Landes bedecken, wie zu Beginn des Mittelalters. Daraus entstand folgendes Kalkül: Würde man der Buche ihr natürliches Areal zurückgeben, dann würde es die Natur schon von alleine richten. Auch die Modelle sagten: Die Bäume mit den wechselständigen, glänzend grünen Blättern werden in Deutschland noch lange eine Schlüsselrolle spielen, mit Ausnahme der tiefsten und trockensten Lagen.[98]

Überall im Land haben Förster deshalb Fichten- oder Kiefernforste mit Buchen gemischt oder ganz ersetzt. Mehr als 100.000 Hektar kamen in drei Jahrzehnten hinzu – die Fläche Rügens. Doch inzwischen zweifeln viele, ob das richtig war: 2018 färbten sich in weiten Teilen Deutschlands schon im Juli die Blätter vieler Buchen braun, ehe im Sommer des darauffolgenden Jahres die Hälfte aller Buchenkronen verlichtete und viele Laubbäume ganz abstarben.[99]

Auch in Friesenheim hat Förster Junele auf die Buche gesetzt und über ein Drittel der Waldfläche mit der Laubbaumart bepflanzt. »Von wegen, die Buche ist klimastabil«, schimpft er und schüttelt den Kopf, während er einen Waldweg abläuft. Er hält vor einer Gruppe Buchen, die dort seit über hundertzwanzig Jahren wurzeln. Die graue Rinde blättert ab, die Äste sind kahl. »Die haben alle Schädlinge«, sagt der Revierförster. »Mitte Oktober ziehen wir sie raus.«

Gleich drei Käferarten bearbeiten den Buchenbestand: der Goldgrubenprachtkäfer, der Buchenborkenkäfer und der Pionierkäfer. Die Trockenheit hat die Bäume wehrlos gemacht. Junele greift in den ausgedörrten Boden, lässt ihn abermals durch seine Finger rieseln und schmeißt den Rest mit Wucht auf den Boden. »Mir tut's leid um sie«, faucht er.

Die Trockenheit macht den Buchen mehrfach zu schaffen: Normalerweise zieht sich ein konstanter Wasserfluss von den Wurzeln bis in die Blätter. Trocknet der Boden aus, baut sich Unterdruck auf, weil die Bäume krampfhaft versuchen, Wasser anzusaugen. Wird der Sog zu stark und dringt zu viel Luft ein, bersten die Gefäße. Von Kavitation sprechen die Biologen. Um sich davor zu schützen, schließen die Buchen ihre Spaltöffnungen. Das aber unterbricht die Fotosynthese, also die Umwandlung von Licht und Kohlendioxid in Zucker und Sauerstoff. Auf die Dauer verhungern die Bäume. Die Hitze greift die Buchen auch direkt an: Die filigranen, glatten Blätter können den heißen Sonnenstrahlen wenig entgegensetzen. Ungefähr ab 42 Grad Celsius beginnen sie zu verkohlen. Sie bekommen Sonnenbrand.

»Die Buche – das ist die eigentliche Katastrophe«, sagt Marc Hanewinkel. Während Fichten und Kiefern an Standorten gepflanzt wurden, wo sie die Natur gar nicht vorgesehen hat, ist der Laubbaum eigentlich die natürliche Wahl. »Wir sind Buchenkernland«, sagt der Forstökonom. «Wenn uns die Buche auf großer Fläche wegstirbt, dann müssen wir uns fragen: Was für ein Wald kommt danach? Können wir unseren Wald überhaupt als solchen erhalten?»

Ganz so weit ist es noch nicht. Auch wenn die jüngsten Trockenjahre den Buchen ordentlich zugesetzt haben, können sich die meisten unter normalen Bedingungen wieder erholen. Sie mögen später als gewohnt Blätter ausbilden, weniger und in verkümmerter Form. Aber nach ein paar Jahren haben sie den Dämpfer weggesteckt – im Gegensatz zu Nadelbäumen, die nach Käferbefall oder Nadelverlust komplett verschwinden. Forstwirte tüfteln außerdem an der idealen Mischung von Buchenwäldern, dem besten Stammabstand und einer detaillierten Standortkartierung, um sie für den Klimawandel fit zu machen. Aber reicht das? Und bekommen die Bäume überhaupt genug Zeit, um sich nach einer Dürre wieder zu erholen?

Das hängt zum einen vom Menschen ab: Umweltforscher aus Deutschland und Tschechien haben nachgewiesen, dass sich Dürren umso mehr häufen und entfalten werden, je stärker wir die Welt erwärmen.[100] Die Zukunft der Buchen und damit auch der Wälder, wie wir sie kennen, liegt also in unseren Händen.

Zum anderen hängt ihre Zukunft auch von ihnen selbst ab. Waldökologen versuchen herauszufinden, welches Maß an Klimawandel die Rotbuche überhaupt erträgt. Dass ihre Widerstandskraft noch bis vor wenigen Jahren heillos überschätzt wurde, hängt auch mit einem folgenreichen Irrtum zusammen: Lange glaubten Paläobotaniker, dass die Buchenbestände Europas ihren gemeinsamen Ursprung im Mittelmeerraum haben – in Italien, auf dem Balkan und in Griechenland, von wo sie nach dem Ende der Eiszeit ihre Hitzegene mitbrachten, so die Annahme. Gegen diese Theorie sprach allerdings die Erfahrung der Förster: Sie wissen seit Langem, wie empfindlich die heimischen Buchen auf Sommertrockenheit reagieren. Ein Widerspruch, der erst 2016 aufgelöst wurde.

Damals machten sich Paläobotaniker und Genetiker um Donatella Magri von der Universität La Sapienza in Rom daran, die Wanderung der Rotbuche seit dem Ende der letzten Eiszeit zu rekonstruieren. Fortschritte der Genanalyse machten das möglich, aber auch neue Fossilienfunde und Pollenanalysen. »Indem wir die beiden Informationsquellen vereinten, konnten wir die Ausbreitung der Buchenpopulationen von ihren Refugialstandorten bis zu ihren heutigen Positionen verfolgen«, berichtet Magri.

Die Ergebnisse waren eine Überraschung: Die Rotbuchen aus Süditalien hatten sich zwar wie erwartet nach Norden ausgebreitet, allerdings schafften sie es nie, die Poebene zu überwinden. Auch aus den Refugien in den Pyrenäen oder auf dem Balkan waren sie kaum herausgekrochen. Mit den Populationen in Mittel- und Nordeuropa kamen sie also überhaupt nicht in Kontakt. Diese, so ergaben die DNA-Marker, besitzen eine ganz andere genetische Struktur als ihre Verwandten aus Italien und dem Balkan. Das bedeutet: Der Ursprung der Buchen in Mittel- und Nordeuropa liegt nicht im Mittelmeerraum. Er muss woanders zu finden sein.

Also suchten die Paläobotaniker nach den ältesten Hinweisen für Buchen in Mitteleuropa – Überresten von Holz, Blättern, Früchten und Samen, aber auch Blütenstaub in Mooren und Seen. Der Fossilienbericht ergab: Die Herkunft unserer heimischen Rotbuchen liegt im Osten der Alpen, im heutigen Slowenien und im dinarischen Gebirge entlang der Ostküste der Adria. Vielleicht auch im südlichen Tschechien. Also viel weiter im Norden als angenommen, was sich heute gleich in doppelter Hinsicht als Problem für die Buchen erweist.

Dazu muss man sich ihre Ausbreitungsgeschichte etwas näher ansehen: Als die jüngste Eiszeit vor 115.000 Jahren anbrach und sich das Klima abkühlte, nimmt Magri an, zerfielen die Buchenwälder in kleine Populationen. Ein Mosaik aus einzelnen Baumgruppen fand in Bergtälern Schutz und genügend Feuchtigkeit, während im Tiefland Tundra vorherrschte und in den Alpen Eis. Als sich das Klima vor 11.700 Jahren wieder erwärmte und sich das Eis zurückzog, breiteten sich die Bestände vom Osten der Alpen und vom Norden des Adriaraums wieder aus – erst entlang der Hügel und Berge, dann auch im

Tiefland. Keine geschlossene Front, sondern Einzelbäume, die unabhängig voneinander mal langsamer, mal schneller vorstießen, je nachdem, wie ihre Umwelt beschaffen war.

Buchen sind Spätzünder. Erst ab einem Alter von vierzig Jahren (manchmal auch erst ab hundertfünfzig Jahren)[101] pflanzen sie sich fort. Fallen ihre Bucheckern herab, platzen die Kapseln auf und geben ihre schweren Samen frei, die Eichhörnchen und Vögel über die Lande verteilen. Aber das dauert. Als die Buchen das Tiefland erreichten, waren Ulmen und Linden schon da, vielleicht auch Eichen. Sie hatten dichte Wälder geformt und wehrten den Konkurrenten ab.

Dass sich die Rotbuchen letzten Endes doch durchsetzen konnten, verdanken sie wahrscheinlich dem Menschen: Als Ackerbauern und Viehzüchter aus Osteuropa nach Mitteleuropa vordrangen, rodeten sie Wälder und legten Siedlungen, Felder und Weideflächen an. Hatten sie die Böden ausgelaugt, zogen sie weiter. Und genau dann begann die Zeit der Buche, die in die Freiräume stieß. Unter dem Schatten ihres dichten Blätterdachs kam keine andere Baumart mehr hoch. In den ersten Jahrtausenden nach der Eiszeit explodierten ihre Bestände förmlich, bis sich ihre Verbreitung vor 3.500 Jahren verlangsamte und sie im Mittelalter ihre heutige Ausdehnung von fast einer Million Quadratkilometern erreichte.[102]

Die Wanderung geht weiter

Mit dem Klimawandel erhält die Wanderung nun neuen Schwung: In den Mittelgebirgen und Alpen erobert die Buche Gebiete, die die Fichte unter dem Trockenstress hat preisgeben müssen. Auch in Skandinavien ist der Laubbaum auf dem Vormarsch. Wie in einem alten Buchen-Fichten-Mischwald in Småland im Süden Schwedens, wo im Jahr 2005 erst Sturm Gudrun einen Teil der Fichten umriss, im Jahr darauf eine Dürre die Flachwurzler malträtierte und ein weiteres Jahr darauf sich der Borkenkäfer ausbreitete und so das Gleichgewicht, das seit Ende des Mittelalters geherrscht hatte, zugunsten der Buchen kippte.[103]

Die Geschichte der Buche lehrt allerdings: Die Laubbäume hinken der Verschiebung der Klimazonen hinterher. Weil der Ursprung der heimischen Buchen (sowie weiterer Baumarten) lange viel zu weit im Süden angenommen wurde, ist auch ihr Ausbreitungstempo überschätzt worden. Ihren Lebensraum dürfte der Klimawandel also schneller rauben, als sie neuen dazugewinnen können.

Von »Kolonisierungsvorschuss« sprechen die Biologen, wenn die Ausreißer am nördlichen Verbreitungsrand Flächen noch nicht besiedelt haben, die ihnen der Klimawandel nun anbietet.[104] Erklären lässt sich das nicht nur mit der fehlenden Spritzigkeit der Pioniere dort. Denn eigentlich müssten sich überall, wenn auch nur langsam, Verschiebungen auftun. Tun sie aber nicht. Manche Baumarten beginnen sich zwar zu bewegen, sie klettern die Alpen hinauf[105] und wandern entlang der französischen Atlantikküste nach Norden;[106] aber längst nicht alle und längst nicht überall. Es muss also etwas geben, das sie an ihrer Fortbewegung hindert.

Der Verdacht fällt schnell auf den Menschen. Er hat Flächen in Besitz genommen und mit Ackerland, Siedlungen und Straßen überzogen. Er hat Habitate zerstückelt und zerstört oder neue Wälder mit Baumarten bepflanzt, die dort eigentlich gar nicht hingehören. Beispiel Fichte: Weil die Schweden mit dem Nadelbaum viel Geld verdienen, rupfen sie die expandierenden Buchen-Sprösslinge einfach wieder raus.

Doch auch die Baumarten selbst halten sich gegenseitig in

Schach. Kanadische Biologen fanden unlängst heraus, warum sich die Wälder aus der gemäßigten Zone so schwer tun, ins Gebiet der borealen Nadelwälder im Nordosten Amerikas vorzustoßen. Sie erklärten das mit dem sogenannten Prioritäts-Effekt[107]: Die erste Art, die ein bestimmtes Gebiet kolonisiert, kann dieses so gestalten, dass es anderen Arten fast unmöglich gemacht wird nachzurücken. Fichten- oder Tannenwälder können Licht, Raum und Nährstoffe kontrollieren und damit verhindern, dass Sämlinge von Zuckerahorn oder Eiche Fuß fassen, obwohl diese eigentlich besser an das neue, wärmere Klima angepasst sind. Die Alteingesessenen überziehen den Boden mit ihren Nadeln und Totholz und bilden damit eine dicke, saure Trockenschicht.[108] Selbst wenn sich das Klima für sie nicht mehr eignet, können es viele Baumarten an ihrem südlichen Verbreitungsrand oft noch Jahrzehnte aushalten – und damit den Vorstoß der Eindringlinge aus dem Süden abwehren. Nur verjüngen können sie sich nicht mehr. Ihre Populationen sind dem Untergang geweiht, eine Regeneration ist nicht mehr möglich. Biologen sprechen von der »Aussterbeschuld«.[109]

Rückzug aus dem Süden

Während sich die Bäume an ihrem nördlichen Verbreitungsrand bislang nur zaghaft in kühlere Gebiete vorantasten, ziehen sie sich an ihrem südlichen Ausbreitungsrand schon massiv zurück. In Katalonien flüchtete sich die Buche die Montseny-Berge hinauf in kühlere Lagen und machte Platz für die Steineiche, die ihr nachrückte.[110] Auch in den Apenninen und anderen Bergzügen im Mittelmeerraum wächst die Buche langsamer, weil Dürren an Kraft gewinnen,[111] ebenso in Ungarn.[112] Vielerorts hat sie sich auf Reliktstandorte zurückgezogen, wo ein günstiges Mikroklima herrscht und die Böden oder Abhänge die Bäume noch mit Wasser versorgen. Im Süden bleiben nur noch Fragmente ihres einstigen Verbreitungsgebiets übrig, so als würde man von einer Decke nur noch die Daunen übrig lassen.

Zugleich schlagen die Peitschenhiebe der Dürren immer weiter ins Kerngebiet der Buche hinein.[113] In manchen Sommern herrschen in Franken oder Brandenburg schon Klimabedingungen wie am südlichen Verbreitungsrand. Daran aber ist die heimische Buche nicht angepasst. Die Folge: Sie verliert ihre Dominanz, während in Mischwäldern Eichen, Hainbuchen oder Linden mehr Raum gewinnen. »Wir wissen an vielen Standorten gar nicht mehr, was überhaupt noch die natürliche Vegetation ist«, sagt Hanewinkel.

Waldforscher wollen sich lieber nicht ausmalen, was passiert, sollten die Rotbuchen aus dem Landschaftsbild der Republik verschwinden. Um zu verstehen, warum ihre schattigen Wälder besonders in Zeiten des Klimawandels so wichtig sind, fahre ich an einem regnerischen Herbsttag in die Uckermark. Auf einem Parkplatz steige ich in den weißen VW-Transporter von Jeanette Blumröder um. Die Mitarbeiterin vom Zentrum für Ökologie und Ökosystem-Management der Universität Eberswalde fährt mich in die »Heiligen Hallen«, den ältesten Buchenwald Deutschlands. Betreten werden darf dieser nur unter Aufsicht, da viele Bäume inzwischen ihre Altersgrenze von dreihundertfünfzig Jahren erreicht haben und jederzeit umkippen können.

Bis zu 50 Meter hoch in den Himmel strecken sich die Buchen. Erst am oberen Teil ihres Stamms entfalten sie ihre Krone, wobei kein Buchenblatt das andere verdeckt. Tatsächlich muten sie an wie heilige Hallen. Wie in einem Dom, in dem einen selbst an einem Sommertag kühle Luft umfängt, sobald man ihn betreten hat. Im Falle der Buchen liegt das nicht nur an ihrem Blätterdach, das die Sonne abschirmt und den Wald verdunkelt. Überall im Urwald liegen dicke Stämme herum, deren Totholz aber unzähligen Pilzen, Flechten, Moosen und jungen Bäumchen Nährboden bietet sowie Vögeln, Fledermäusen und Käfern Höhlen, sondern auch das Wasser im Wald hält. Wir stiefeln über nass glänzende Äste, Stämme und eine gelbbraune Blätterdecke, mit der die Hügel überzogen sind. Blumröder langt in einen Stamm hinein, der abgestorben und aufgeplatzt ist, und greift sich eine Handvoll Rindenmasse heraus, die schon halb zu Humus verfallen ist. »Wie ein nasser Schwamm«, sagt sie, während sie das Wasser herauspresst.

Ein paar Meter weiter steckt ein Holzpflock im Erdboden, der an der Spitze eine Miniaturhütte aus weißem Holz trägt. Diese schützt ein Thermometer und Hygrometer vor Regen. Eine Auswertung der Temperatur- und Luftfeuchtigkeitswerte ergab, dass es in den »Heiligen Hallen« im Schnitt 8 Grad Celsius kühler ist als in einem gewöhnlichen Kiefernforst. Das heißt: An besonders heißen Tagen können in dem einen Wald 30 Grad Celsius herrschen, in einem anderen aber 40 Grad Celsius. »Für viele Arten kann das überlebenskritisch sein», sagt Blumröder.

Wer aber glaubt, dass die letzten alten Wälder Deutschlands in Zeiten des Klimawandels besonders gut behütet werden, der täuscht sich. Die Kernfläche der »Heiligen Hallen« steht zwar unter Naturschutz und darf nicht verändert werden, aber an den Rändern des Buchenwalds zeigt sich ein anderes Bild: Dicke Buchenstämme türmen sich am Wegesrand aufeinander. Matschige Fahrspuren verästeln sich vom Hauptweg aus in den Wald. Blumröder folgt einer davon, bis sie auf einer kleinen

Lichtung ankommt, die mit Reitgras überwachsen ist. Baumstümpfe mit glatter Oberfläche zeugen davon, dass die Buchen vor nicht allzu langer Zeit gefällt worden sind. Die wenigen, die hier noch stehen, leiden an Weißfäule. Je lichter die Bäume aber am Rand stehen und der Sonne ausgesetzt sind, desto weniger können sie den Kernbestand gegen Hitzesommer und Dürreepisoden abpuffern. »Sollten wir nicht stattdessen den heiligen Schatz einbetten und schützen?«, fragt Blumröder.

Wir betreten eine Fläche, auf der halbierte Stämme und Äste kreuz und quer liegen. Die Biologin bleibt stehen und starrt entgeistert auf zwei junge Douglasien, die offenbar frisch angepflanzt worden sind. »Muss man das machen?«, fragt sie. »Wir sind hier in den ›Heiligen Hallen‹ – das ist Urwald!«

Die Suche nach dem Super-Baum

Nachdem unser Wald sich in Bewegung gesetzt hat, ist ein Kulturkampf ausgebrochen über die Frage, wie wir damit umgehen. Viele Waldbesitzer wollen die abgestorbenen Bäume so schnell wie möglich aus dem Wald räumen und verkaufen, was noch zu verkaufen ist. Die Freiflächen forsten sie mit Unterstützung der Bundesregierung wieder auf, immer häufiger auch mit importierten Baumarten wie Roteichen oder den schnell und hoch wachsenden Douglasien, die der Hitze besser trotzen können. Auch in Friesenheim experimentiert Christian Junele mit ihnen. Insgesamt neunundvierzig Arten hat er im Kommunalwald gepflanzt, darunter türkische Hasel, Japanbirke und Hickory aus Nordamerika. Die fünfzigste Baumart wartet schon in der Baumschule Breig in Oberharmersbach: die Libanonzeder. »Da stehen zweitausend Stück für mich bereit«, erzählt der Förster mit leuchtenden Augen. »Sie wird noch gehegt und gepflegt.«

Manchen ist sein Waldumbau allerdings zum Ärgernis geworden. Neuerdings setzt sich eine Bürgerinitiative dafür ein, den Wald in der gesamten Rheinebene sich selbst zu überlassen. Der Wald selbst, so die Argumentation vieler Naturschützer, wisse immer noch am besten, wie er sich helfen kann[114] – auch mithilfe des Borkenkäfers, der erst den Einheitswald abräumt und dann wieder mehr Vielfalt zulässt.

Manche Waldbiologen beschreiben einen dritten Weg: Sie glauben zwar nicht, dass es unsere wichtigsten heimischen Baumarten wie die Buche von allein schaffen werden, dem Klimawandel zu trotzen, wollen aber dennoch keine Baumarten aus anderen Kontinenten importieren. Die Lösung: In ihrem Verbreitungsgebiet von Sizilien bis Südschweden, vom Tiefland bis ins Hochgebirge, müssten doch Buchen-Populationen zu finden sein, die sich als resistent gegen Hitze und Trockenheit erwiesen haben.

Die heimischen Bestände scheinen es schon mal nicht zu sein, stammen sie doch aus einem relativ kleinen Gebiet in den Ostalpen und sind gegenüber ihren Verwandten aus dem Süden genetisch im Nachteil. Der allelische Reichtum, also die genetische Varianz, nimmt von Süden nach Norden hin stetig ab. Auch die Trockenresistenz, so zeigen neuere Studien,[115] ist im mediterranen Raum stärker ausgeprägt.[116]

Genau das wollen sich Ökologen und Waldbauer nun zunutze machen. Die Idee: Ihre Hitze-Gene ließen sich nach Norden verfrachten. Die heimischen Buchenwälder müssten gar nicht mal komplett ersetzt werden, man bräuchte nur einzelne Bäume aus Sizilien oder dem Balkan in die Buchenwälder hineinsetzen und den Rest dem natürlichen Genfluss überlassen.

Einer, der das ausprobieren will, ist Manfred Forstreuter. Aus allen Winkeln Europas hat der Biologe von der Freien Universität Berlin Rotbuchen-Stämmchen gesammelt. An einem kalten Wintertag im Jahr 2019 ließ er die Jungbäume von freiwilligen Helfern im Grunewald pflanzen. Dort tritt nun die Rotbuche vom Mont Ventoux gegen die Rotbuche vom Ätna an. Rotbuchen aus Griechenland gegen Rotbuchen aus Bosnien-Herzegowina und Südschweden. Knorrige verwachsene Buchen mit kleinen Blättern gegen Buchen mit geraden Stämmen und großen Blättern. »Sie haben hier die Genetik von ganz Europa«, schwärmt Forstreuter.

Die Bäumchen aus dem Süden müssen allerdings nicht nur ihre Widerstandsfähigkeit gegen trockenere und heißere Sommer unter Beweis stellen, sondern nebenbei auch noch den deutschen Spätfrost überleben. Wer zu früh austreibt, der bleibt auf der Strecke. Gleich in ihrem ersten Jahr mussten die Buchen mit Spätfrost, Trockenheit und Borkenkäfern kämpfen, weshalb ein paar von ihnen schon wieder abgestorben sind wie die Ableger aus dem bayerischen Höllerbach. Sollte sich kein Baum finden, der mit den neuen Bedingungen klar kommt, bleibt noch eine Möglichkeit: eine Kombination unterschiedlicher Populationen. »Ich könnte Südfrankreich mit Schweden kombinieren«, denkt Forstreuter laut nach. Er weiß um die Bedenken, verteidigt aber solch eine evolutionäre Hilfestellung: »Wenn wir nichts tun, dann verschwindet das Ökosystem Buchenwald, und damit kippt unsere Artenvielfalt«, sagt er. »Deshalb ist alles erlaubt, was uns helfen kann.«

Nicht alle sehen das so. Der Handel mit Saatgut ist in Europa streng beschränkt. In Deutschland schreibt das Forstvermehrungsgutgesetz vor, nur Saatgut aus der jeweiligen Region zu verwenden, um dessen Qualität zu schützen. Es gibt auch ethische Bedenken: Die Baumumsiedlungen würden massiv in den Verlauf der Natur eingreifen. Über Jahrmillionen sind Baumarten gewandert, haben sich an die lokalen Klimabedingungen angepasst und im Wettbewerb ihre Nischen erkämpft. Würden wir jetzt Provenienzen aus allen möglichen Regionen miteinander mischen, könnten wir kaum noch nachvollziehen, wie sie das gemacht haben.

Auch Revierförster Junele aus Friesenheim zweifelt manchmal, ob es richtig ist, was er da macht. Neulich hat er seiner Mannschaft vorgeschlagen, den Wald doch stillzulegen: Der Aufwand sei nicht mehr verhältnismäßig. Das Fichten- und Buchenholz mit seinen Rissen und Verfärbungen durch Pilze und Käfer würde ja kaum noch jemand kaufen.

Doch er hat den Gedanken wieder verworfen. Er dachte an die zweihundert Familien, die sich ihr Brennholz im Wald schlagen, und ein paar Hundert mehr, die bei ihm Brennholz kaufen. Auch an das kleine Sägewerk dachte er, das ihm seit drei Jahrzehnten Holz abnimmt, und an die Schreiner und Zimmerleute, die er damit beliefert: Den »Hess-Norbert, den Roland-Herzog, den Weschle, den Greiner«, zählt Junele mit seinen Fingern ab. »Ich kann den Wald eigentlich nicht stilllegen.«

Er macht weiter, auch wenn er weiß, dass er eigentlich keine Chance hat. »Ich komme mir vor wie Don Quichotte.«

Der Wald der Zukunft

Die Unsicherheit ist groß unter den Förstern und Waldbesitzern. Keiner weiß genau, wie unser Wald in Zukunft aussehen wird. Sollten es weder die Buche noch irgendwelche Superbäume schaffen, mit den heißen und trockenen Klimabedingungen klarzukommen, was bleibt dann noch? Eine Ahnung bekomme ich im äußersten Südwesten Deutschlands am Kaiserstuhl. Auf den Vulkanbergen wurzelt seit Jahrtausenden eine Baumart, die sich in den Modellen von Hanewinkel am besten geschlagen hat und selbst noch am Ende des Jahrhunderts in weiten Teilen Europas dem Klima gewachsen sein könnte.

Hanewinkel schreitet einen Waldweg entlang, der im Schatten liegt und sich in einer Biegung den Büchsenberg hinaufzieht. Rechter Hand fällt der Hang ab, mit Linden und Flatterulmen. Linker Hand erhebt er sich und trägt einzelne knorrige Bäumchen, deren Blätter sich abrunden, an der Oberseite dunkelgrün und an der Unterseite graugrün schimmern und sich filzig anfühlen: Flaumeichen.

Die Laubbaumart aus dem Mittelmeerraum hat sich an ihrer nördlichen Ausbreitungsgrenze seit Jahrtausenden am Kaiserstuhl eingenistet, der im Regenschatten der Vogesen liegt und durch die Burgundische Pforte mit heißer Mittelmeerluft aus dem Rhone-Tal versorgt wird. Hier an den Trockenhängen müssen Flaumeichen (ebenso wie Traubeneichen) kaum mit Konkurrenten um das knappe Wasser kämpfen. Ungefähr elftausend dieser trockenresistenten Bäume bilden den größten Bestand Deutschlands. Aber das muss nicht so bleiben. »Ein großer Teil unserer Laubwälder könnte in tiefen Lagen irgendwann so aussehen«, sagt Hanewinkel.

Die Vorstellung erscheint verlockend. Zwischen dem lichten Flaumeichenbestand können Sträucher, Kräuter und Blumen wachsen oder wie am Kaiserstuhl auch Orchideen. Diese artenreiche Vegetation zieht Insekten wie die Gottesanbeterin an, von denen sich wiederum Reptilien wie Smaragdeidechsen und Vögel wie Bienenfresser oder Wiedehopfe ernähren, die sich im Aufwind an den Hängen treiben lassen.

Die schlechte Nachricht: Die Holzproduktion würde massiv einbrechen. Flaum-, Kork- und Steineichen werfen bis zu einem Fünftel weniger Holz ab als ein dichter Buchenwald auf derselben Fläche, gar nicht zu reden von Fichten und Kiefern. Auf mehrere Hundert Milliarden Euro, so hat Hanewinkel ausgerechnet, würde sich der wirtschaftliche Schaden in Europa belaufen, wenn die profitablen Nadelhölzer aus dem Norden verschwinden und mediterrane Eichenarten sie bis zum Ende des Jahrhunderts ersetzen.[117] Der Wald, er wäre dann nicht mehr in erster Linie Holzlieferant, sondern bezöge seinen Wert aus einer Vielzahl von Funktionen: Wasserspeicher, Schattenspender, Bodenstabilisator, Kohlenstoffspeicher, Artenrefugium und Erholungsort. Im Schweizer Wallis hat die Flaumeiche an manchen Talflanken die Waldkiefer schon verdrängt.[118]

Während des Abstiegs blickt Hanewinkel noch mal nach rechts auf den Steilhang zu den knorrigen Stämmen. Er denkt daran, wie Bauern im Mittelmeerraum inmitten von lockeren Waldbeständen ihre Felder bewirtschaften. Er denkt an Eichenhaine in Andalusien, auch Hutewälder oder *dehechas* genannt, wo Schafe, Ziegen und Rinder im Schatten der Stein- und Korkeichen grasen oder Iberische Schweine die Eicheln fressen. Ein paar Sekunden verweilt er mit seinem Blick auf den Flaumeichen, ehe er sich einen Ruck gibt und weitergeht. »Wir müssen unser Bild vom Wald anpassen«, sagt er.

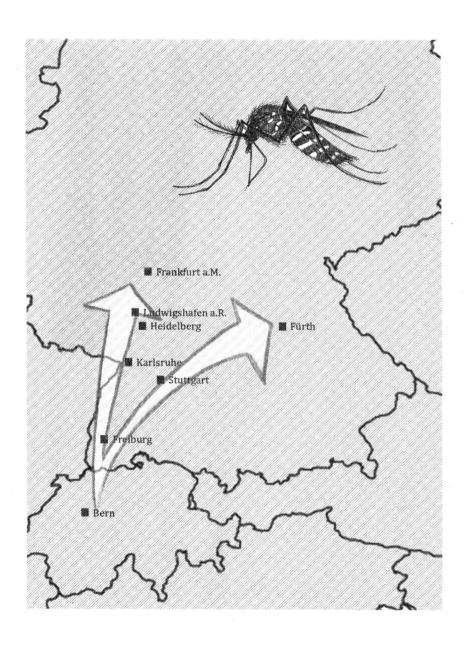

Kapitel 8
Invasion der Tropenmücken

Prozession gen Norden

Hamburg, 2019

Nicht nur Baumarten wandern, sondern auch Insekten, die in und von ihnen leben. Das kann nicht nur Folgen für die Bäume selbst haben, sondern auch für unsere Gesundheit. Mancherorts kann es sogar das öffentliche Leben zum Stillstand bringen, wie am 22. Mai 2019, als die Hamburger nach Sonnenuntergang die Autobahn im Süden ihrer Stadt abgesperrt vorfanden. Ein kleines Insekt hatte die A1 in dieser Nacht lahmgelegt.

Während die Autofahrer die Umleitung nutzten, fuhr ein Fahrzeug mit einer Hebebühne auf die leere Schnellstraße und hielt am Seitenrand. Ein Mann mit weißem Schutzanzug und biologischer Atemmaske stieg aus; er kletterte in einen Stahlkorb, der ihn langsam hochfuhr, bis er dicht an den Büschen am Fahrbahnrand dran war. Durch sein Visier sah er die Nester: seidige Säckchen, die an den Stämmen klebten. Darunter herrschte jede Menge Bewegung.

Tausende von zwei bis drei Zentimeter langen, braunen Raupen wanden sich in dem Gespinst, das die Sträucher eingewoben hatte: Die Raupen des Eichenprozessionsspinners waren erst vor wenigen Wochen geschlüpft und fraßen sich nun in Massen durch die Böschungen. Sie bevorzugen junge Eichenblätter, nehmen aber, wenn es die nicht gibt, was sie kriegen können. Nachts gehen sie auf Nahrungssuche und trippeln in bis zu zehn Meter langen Zügen die Stämme und Äste hinunter.[119] Annähernd siebenhunderttausend Brennhärchen sprießen aus ihren kleinen Körpern und können, wenn Gefahr droht, ein Nesselgift absondern. Diese Härchen verteilen sich mit dem Wind und können Atemnot, Schwindel und allergische Schocks auslösen.[120]

Auf der A1 in Hamburg fuhr der Schädlingsbekämpfer der Firma Rentokil mit einer Art übergroßem Staubsauger über die Raupendecke und saugte eines der Nester nach dem anderen ab, wobei die Härchen durch die Luft wirbelten. »In Hamburg haben wir die Eichenprozessionsspinner erst seit zwei, drei Jahren«, erzählt der wissenschaftliche Leiter von Rentokil, Christian Klockhaus. Er merkt das an der Auftragslage. »Sie wandern langsam in den Norden.«

Seit den Neunzigerjahren breiten sich die Eichenprozessionsspinner in Deutschland aus – dank der milderen Winter und höheren Frühlingstemperaturen. Besonders die Trockenheit in den Jahren 2018 und 2019 nutzte den wechselwarmen Insekten, die äußerst sensibel auf ihre Umgebungstemperatur reagieren: Sie kamen über den Winter, schlüpften zeitiger im Frühling und vermehrten sich massenhaft bis in den Herbst hinein. Immer wieder müssen Friedhöfe, Parks und Badeseen schließen und Kindergartenfeste ausfallen, weil Jungen und Mädchen plötzlich mit Hautausschlag, roten Pusteln am Arm und brennenden Augen auftauchen.

Bis Anfang Juli fressen sich die Raupen satt, dann verpuppen sie sich und schlüpfen als Nachtfalter. Diese legen im Herbst jeweils bis zu zweihundert Eier in den Eichenkronen ab, aus denen im nächsten Frühling wieder Raupen schlüpfen. Und der Zyklus beginnt von Neuem.

Nur im äußersten Norden Deutschlands, dem größten Teil Skandinaviens und dem Norden der britischen Inseln verschonen die Prozessionsspinner noch die Trauben- und Stieleichen. Allerdings dürfte sich das Revier der Prozessionsspinner bis zur Mitte des Jahrhunderts weiter nach Norden verschieben.[121] In Südeuropa zeigt sich ein gegenläufiger Trend: Dort könnte es den Faltern aus der Familie der Zahnspinner (*Notodontidae*) schon bald zu heiß werden.

Während in Deutschland der Eichenprozessionsspinner nach Norden rückt, ist es in Frankreich sein Verwandter, der Pinienprozessionsspinner. Die Raupen des Nachtfalters haben es, wie ihr Name schon sagt, auf Kiefern abgesehen und verbreiten sich, vom Mittelmeerraum kommend, übers ganze Land. Ausgerechnet die Hauptstadt blieb lange verschont, denn das Klima im Süden des Pariser Beckens sagte den Raupen nicht zu. Dieser thermische Riegel hielt die Insekten südlich der Metropole zurück. Bis sich Mitte der Neunzigerjahre die Gegend erwärmte und die Prozessionsspinner die unsichtbare Barriere überwanden. Seither wandern sie mit einer Geschwindigkeit von 5,6 Kilometern pro Jahr weiter gen Norden.[122]

Mithilfe des Menschen kommen die Raupen sogar noch schneller voran: Vor ein paar Jahren wurde eine große Kolonie von Pinienprozessionsspinnern im Elsass entdeckt – rund 190 Kilometer nördlich ihrer Verbreitungsgrenze. Wahrscheinlich kamen sie aus dem Süden mit Lastern angefahren, die Zierkiefern transportierten und dabei auch Erde verfrachteten. Darin könnten die Puppen überdauert haben.

Immer mehr Insekten und andere Arthropoden stoßen aus dem Süden nach Mitteleuropa vor. Laubheuschrecken und Gottesanbeterinnen zum Beispiel, die sich in Süddeutschland ausbreiten. Bis vor nicht allzu langer Zeit wurden solche Arten »durch die zu kurze Vegetationszeit davon abgehalten, hier heimisch zu werden«, schreiben französische Waldforscher um Christelle Robinet vom nationalen Forschungsinstitut für Landwirtschaft, Ernährung und Umwelt in Orleans. »Das ändert sich jetzt.«

Unter den acht- und sechsbeinigen Einwanderern befinden sich auch einige, mit denen man nicht unbedingt in Kontakt geraten möchte. Im Sommer 2018 wurden mehrere tropische Zecken der Gattung Hyalomma in Deutschland entdeckt, die das Zecken-Fleckfieber oder das Krim-Kongo-Fieber übertragen können. Sandmücken wandern aus dem Mittelmeerraum nach Baden-Württemberg und Rheinland-Pfalz ein und haben sich schon nördlich von Kaiserslautern festgesetzt.[123] Sie können Leishmanien ins Blut des Menschen übertragen, Parasiten, welche die Haut schwer entzünden und innere Organe befallen; allerdings wurden bislang noch keine infizierten Sandmücken gefunden.

Mücken aus den Subtropen und Tropen gelten als die gefährlichsten Tiere auf dem Planeten, sind sie doch für schätzungsweise achthunderttausend Todesfälle pro Jahr verantwortlich (nicht mal der Mensch erreicht mittels Krieg und Mord diese Marke).[124] Unter den mehr als dreieinhalbtausend Mückenarten bereiten den Epidemiologen hierzulande gerade mal eine Handvoll besondere Sorgen. Diese Mückenarten schaffen es, fernab ihres angestammten Gebiets neue Orte zu erobern, und können allerlei gefährliche Viren und andere Pathogene übertragen, darunter Dengue, Zika oder Gelbfieber. Unter diesen Mücken stechen wiederum zwei Arten besonders in ihrem Expansionsdrang hervor: Die Asiatische Tigermücke (*Aedes albopictus*) und die Gelbfiebermücke (*Aedes aegypti*). Die Gattungsbezeichnung leitet sich aus dem Altgriechischen ab und bedeutet »lästig«, was wie eine Untertreibung wirkt, können sie doch Plagen biblischen Ausmaßes übers Land bringen.

dafür, dass sie über den ganzen Planeten zirkulieren und dabei genügend Blutmahlzeiten und Brutstellen finden. Außerdem schlüpfen die Larven nicht alle gleichzeitig, sondern versetzt, um zu vermeiden, dass eine einzige Trockenphase die gesamte Population ausrottet. Seine rund hundert Eier legt das Weibchen nicht nur in *einer* Wasserstelle ab, sondern verteilt sie an allen möglichen Plätzen: ein paar in die Gießkanne, ein paar in den Wassereimer, ein paar ins Schwimmbecken. Somit erhöht sie die Überlebenschance für ihren Nachwuchs.

Anfangs kämpfte Becker nur gegen die heimischen Stechmücken: Die KABS, ein gemeinnütziger Verein, arbeitet mit hundert Kommunen von Bingen bis Breisach zusammen, um sie vor Mückenplagen zu schützen. Inzwischen ist die Oberrheinische Tiefebene aber auch zum Einfallstor für tropische und subtropische Insekten geworden, die per Anhalter auf Zügen oder Lkws aus Italien über die Autobahn A5 nach Deutschland einreisen und dort auf günstige Bedingungen treffen. »Bei uns herrscht ja fast mediterranes Klima«, merkt der Biologe an, der im Jahr 2020 nach fast vierzig Jahren seinen Posten als Kabs-Chef abgegeben hat und sich seither mit drei Dutzend Mitstreitern ganz den Tigermücken widmen kann. Das ist auch nötig, denn sie verbreiten sich in Windeseile: 2014 tauchten sie erstmals in Freiburg auf. 2015 in Heidelberg, 2016 in Sinsheim, 2017 in Lörrach und Karlsruhe, 2019 in Stuttgart. Auch in Jena und Fürth bewohnen sie schon Kleingärten. Und nun auch in der Melm.

Dabei wird es nicht bleiben: Neue Mückenarten und ihre Pathogene werden sich bis nach Nordeuropa ausbreiten, sagen Forscher um Moritz Kraemer von der Abteilung für Zoologie der Universität Oxford voraus.[125] Das internationale Team von Wissenschaftlern hat mithilfe von statistischen Verfahren die Ausbreitung von Mückenarten mit Klimamodellen und der

Entwicklung der Bevölkerung gekoppelt. Das Ergebnis: Lange bremsten die Alpen ihren Vorstoß, aber seitdem diese Barriere genommen ist, dringt die Asiatische Tigermücke mit 150 Kilometern pro Jahr nach Norden vor. In den kommenden dreißig Jahren dürfte sie flächendeckend in Deutschland und Frankreich zu finden sein.[126]

Die Wärme liebende Gelbfiebermücke (*Aedes aegypti*), die Gelbfieber übertragen kann und der wichtigste Vektor für das Dengue-Fieber ist, braucht da noch etwas mehr Zeit. Während sie in den USA und China besonders schnell Raum gewinnt und bis zur Mitte des Jahrhunderts Chicago und Shanghai erreicht haben könnte, dürfte sie es in Europa in vielen Jahrzehnten höchstens bis nach Süditalien und in die Türkei schaffen.[127]

Beide Arten unterscheiden sich in ihrer Ökologie: Während die subtropischen Tigermücken in Vororten oder ländlichen Gebieten Gärten besiedeln, weil sie dort Wasseransammlungen für ihre Eier finden und neben Menschen auch Hasen, Hunde und Kühe für eine Blutmahlzeit, halten sich die tropischen Gelbfiebermücken am liebsten in Stadthäusern auf.[128] Sie saugen bevorzugt das warme Blut der Menschen und brüten in sauberen Wasserbehältern.[129]

In den kommenden fünf bis fünfzehn Jahren, so vermuten die Forscher aus Oxford, könnten Gelbfiebermücke und Asiatische Tigermücke ihre ökologischen Nischen mehr und mehr ausgereizt haben.[130] Ab 2020 und 2030 dürften sie dann ihre Reichweite in erster Linie durch den Klimawandel erweitern. Europa liegt genau an dieser vordersten Front, an der die Mücken gerade noch überleben können. Die beiden Arten dürften sich dann ausgerechnet in Gebieten etablieren, in denen die Bevölkerung überproportional zunimmt: in den Metropolen Europas, im Süden Chinas, im Süden der USA. »Wenn wir keine Maßnahmen ergreifen, um die derzeitige Erwärmungsrate des

Klimas zu verringern, dann dürfte sich ihr Lebensraum über viele Städte erstrecken«, sagt Kraemer. »Mit einer großen Menge an Personen, die anfällig für Infektionen sind.«

In einem wärmeren und feuchteren Europa wird es demnach den weltweit größten Zuwachs an Menschen geben, die erstmals mit Krankheiten durch die Asiatische Tigermücke oder die Gelbfiebermücke in Berührung kommen. Bis zum Jahr 2080 könnten es bis zu 450 Millionen Menschen sein. Und wo die Menschen erstmals den neuen Erregern ausgesetzt sind, ist die Gefahr für Epidemien und schwere Symptome am größten.

All das erklärt die Leidenschaft, mit der Norbert Becker die Tigermücke aufhalten will. Nach jenem Anruf im August 2019 fuhr er zusammen mit einem Kollegen nach Melm, betrat den Garten hinterm Haus und löste eine Tablette in der Regentonne auf, die Eiweiße des Sporen bildenden Bakteriums BTI (*Bacillus thuringiensis israelensis*) enthielt. Es stammt aus toten Mückenlarven und bildet Eiweißkristalle, die von den Mückenlarven gefressen werden und diese dann umbringen. Allerdings ahnte er schon, dass das nicht reichen würde.

Tatsächlich bekam er im Laufe des Sommers Dutzende weitere Anrufe aus dem Ortsteil – die Tigermücke hatte sich bereits festgesetzt. Becker musste sich etwas einfallen lassen, denn er konnte nicht darauf zählen, dass der Winter das Problem von alleine löst. Ein paar Jahre zuvor hatte die Tigermücke nämlich sogar im Schwarzwald überwintert.[131]

Im nächsten Frühjahr stellte er also schon mal vorsorglich ein Team zusammen, zu dem auch seine Nichte und eine Heidelberger Studentin von ihm gehören. Diese rückten im Mai 2020 ins Neubaugebiet aus und verteilten Faltblätter in mehr als eintausendachthundert Haushalten, die davor warnen, unnötig Wasser in den Gärten stehen zu lassen. Außerdem bekamen die Bewohner BTI-Tabletten in die Hand gedrückt, die sie beim leisesten Verdacht in den Schwimmbecken, Regenfässern oder Blumenuntersetzern auflösen sollten. Drei Tage nachdem sie begonnen hatten, meldete sich der erste Anrufer. Die Tigermücke hatte in der Melm erfolgreich überwintert.

Neue Verbindungen werden geknüpft, alte unterbrochen

Die Corona-Krise hat uns gelehrt, wie problematisch unser Umgang mit der Natur ist: Wir haben uns auf der ganzen Welt ausgebreitet und wilde Tiere und Pflanzen in ihre letzten Refugien gedrängt. Und selbst in diese dringen wir noch ein, um Schleichkatzen, Schlangen oder Fledermäuse herauszuzerren und damit (vermeintlich) unsere Potenz zu steigern oder unserem Essen eine »wilde Note« beizufügen.[132] Wir sind der Wildnis so nahe gekommen, dass es Erreger leicht haben, den Wirt zu wechseln und auf den Menschen überzuspringen.

Der Klimawandel verschärft diesen Befund noch, indem er den Spieß umdreht: Nicht mehr wir kommen zur Wildnis, sondern die Wildnis kommt zu uns. Tiere und Pflanzen treten massenweise aus ihren letzten tropischen Zufluchtsorten heraus, weil es ihnen dort zu heiß oder zu trocken wird. Sie flüchten sich in die umliegenden Dörfer und Felder, und mit der Zeit arbeiten sie sich auch bis in unsere Breiten vor.

Weil sich Tiere und Pflanzen mit unterschiedlicher Geschwindigkeit in Richtung der Pole bewegen, treffen Arten zusammen, die sich noch nie zuvor begegnet sind. Das erhöht auch in Europa die Gefahr, dass Krankheitserreger von Tier zu Tier überspringen und dass sich neue Viren entwickeln, prognostizieren US-Ökologen.[133] »Die Wanderung der Arten sorgt dafür, dass ganz neue Krankheiten erwachsen können«, sagt auch Gretta Pecl, die Direktorin des Zentrums für marine Sozioökologie an der Universität von Tasmanien. »Es werden so viele neue Verbindungen geknüpft und alte unterbrochen, die einst die Ökosysteme und ihre Pathogene unter Kontrolle gehalten haben, dass so ziemlich alles auf dem Spiel steht.«

Zwei Tiergruppen breiten sich besonders schnell in Richtung der Pole aus und können dabei Krankheiten auf den Menschen übertragen. Das eine sind Fledermäuse, die gewaltige Distanzen überwinden und aufgrund ihrer Populationsgrößen hervorragende Wirte für Viren aller Art abgeben.[134] »Wenn Fledermäuse durch ihren Flug schneller ihre Reichweiten verschieben als andere Säugetiere, dann erwarten wir, dass sie der Treiber für die Mehrzahl der neuen Virenübertragungen zwischen verschiedenen Arten sein werden und wahrscheinlich zoonotische Viren in neue Regionen bringen werden«, schreiben die Ökologen. Erste Wissenschaftler spekulieren bereits über einen direkten Zusammenhang zwischen der Corona-Krise und dem Klimawandel. Dieser habe die Vegetation in der südchinesischen Provinz Yunnan verändert und damit 40 neue Fledermausarten angelockt, die ihrerseits 100 zusätzliche Coronaviren in die Region mitgebracht hätten, so eine Studie aus dem Februar 2021. Und das könnte die Übertragung von SARS-CoV-2 auf den Menschen begünstigt haben.[135]

Die zweite Tiergruppe sind Mücken. Als Vektoren können sie die Viren nur indirekt von Wirt zu Wirt übertragen, kommen aber mithilfe des Menschen noch schneller voran als die Fledertiere. Global sagen Forscher die größte Zunahme von Krankheitsübertragungen durch die Tigermücke bei einer Erwärmung von über 3,4 Grad Celsius bis Ende des Jahrhunderts voraus. Insgesamt könnten fast eine halbe Milliarde mehr Menschen in den nächsten dreißig Jahren theoretisch mit Mücken in Kontakt kommen, die Krankheiten wie Gelbfieber, Zika, Dengue-Fieber und Chikungunya übertragen. Und bis 2080 sogar bis zu einer Milliarde Menschen.[136]

»Wollen die uns abzocken?«

An einem schwülen Julitag im Jahr 2020 tingeln Hanna Becker, Patricia Hipp und Sophie Langentepe-Kong im Melmer Wohngebiet von Haustür zu Haustür, alle in den gleichen azurblauen T-Shirts mit Mückenlogo darauf. Wie eine »Mückenpolizei«, scherzt die Gruppe.

»Wir kommen noch mal wegen der Tigermückenbekämpfung«, erklären sie, wenn sich ihnen eine Tür öffnet.

Seit Mai befragen sie die Anwohner, ob sie schon gestochen worden seien, und untersuchen die Gärten auf potenzielle Brutplätze hin, die sie mit BTI besprühen. Alle drei, vier Wochen wiederholen sie das Prozedere. Nicht alle Bewohner führen sie so freundlich in ihre Gärtchen hinterm Haus wie an diesem Tag. In einer lokalen Facebook-Gruppe wurde schon davor gewarnt, dass drei junge Frauen in der Siedlung klingeln würden. »Wollen die uns abzocken?«, schrieb einer. Doch ein anderer beruhigte: »Die sind seriös!«

In den ersten Gärten scheint alles in Ordnung zu sein. Die Blumenkübel, Untersetzer und Eimer sind trocken – keine Spur von Tigermücken. Dann aber entdecken die Frauen ein gefülltes Schwimmbecken. »Wechseln sie das Wasser regelmäßig?«, fragt Patricia Hipp einen korpulenten Mann mit lichtem Haar und Stoppelbart.

»Alle vier, fünf Tage«, erwidert dieser kleinlaut.

Hipp nähert sich dem Becken. »Da ist was drin«, sagt sie. »Der ganze Rand ist voll.«

Hanna Becker beugt sich über das Becken und erkennt Mückenlarven, die sich im Wasser schlängeln. »Sehen Sie das hier?«, fragt sie den Mann. »Am besten das Wasser rauslassen, so schnell wie möglich!«

»Ich töte sie mal alle ab«, sagt Patricia Hipp und gibt mit einer lässigen Geste ein paar Spritzer BTI aus einer gelben Sprühflasche ins Becken.

Tigermücken sind es allerdings nicht, dafür ist der Rüssel nicht dunkel genug; auch die Form, in der sich die Mücken schlängeln, passt nicht. »Normale Schnaken«, urteilt Hanna Becker.

Noch eine letzte Ermahnung, dann treten die drei jungen Frauen wieder auf die Straße, wo sich Norbert Becker zu ihnen gesellt. Aus dem Kabs-Büro in Speyer hat er einen Kasten abgeholt, der erst am Mittag per Spezialfracht aus Italien angekommen ist. Darin befinden sich Tigermücken, die er nun zu Tausenden im Neubaugebiet freilassen will. »Ich hab die Mücklein im Auto!«, sagt er freudig; seine drei Mitstreiterinnen nehmen es ungerührt zur Kenntnis.

Auf die Mückendichte kommt es an

Manche Epidemiologen warnen davor, angesichts der Tigermücken in Panik zu verfallen. »Ja, diese Mücken sind auf dem Weg, und sie können theoretisch Krankheiten übertragen«, sagt Christina Frank von der Abteilung für Infektionsepidemiologie am Robert-Koch-Institut in Berlin. »Aber das Risiko dafür dürfte sich auf absehbare Zeit in Grenzen halten.«

Frank will dem Eindruck entgegenwirken, dass Europäer, die nahe jener Mücken leben, das gleiche Infektionsrisiko haben wie Menschen in den tropischen Endemieländern. »Das Risiko für Ausbrüche oder das starke endemische Auftreten ist überall dort hoch, wo die Mückendichte besonders hoch ist.« Und in Europa ist das noch nicht der Fall.

Genau da will Norbert Becker ansetzen: Er will die Vektorkapazität der Asiatischen Tigermücken in Deutschland kleinhalten. Während er durchs Neubaugebiet in der Melm stapft, röhren Rasenmäher, in einem der Vorgärten stehen Palmen, ein schwaches Lüftchen sorgt für ein bisschen Abkühlung. Becker öffnet den Kofferraum seines mattgrauen Mercedes E300de Hybrid und greift sich einen von dreizehn weißen Kunststoffbechern heraus, in dem tausend Tigermücken wirbeln.

Der Biologe betritt damit eine begrünte Verkehrsinsel, verfolgt von den skeptischen Blicken zweier Mädchen, die im Schatten eines Reihenhaus-Eingangs sitzen. Vorsichtig zieht er das Gummiband vom Becher und lüpft das Netz. Eine kleine Wolke wirbelt auf und verteilt sich in der Luft, während die meisten Mücken auf den Boden plumpsen und einen schwarzen Haufen bilden, als hätte dort jemand hingeascht. Nach und nach wird dieser kleiner, und immer mehr Tigermücken schwirren in die Luft. »Sssssssss«, macht es am Ohr. Aber Becker bleibt ungerührt stehen und schüttelt den Becher, bis auch die letzte Mücke heraus ist. Er weiß: Diese Tigermücken können nicht stechen, es sind allesamt Männchen. Sterilisierte Männchen.

In einem Speziallabor in Bologna haben die Mitarbeiter die Mückeneier millionenfach vermehrt, die männlichen Puppen ausgesiebt und anschließend bestrahlt. Neunzehn Minuten lang mit einer Dosis von 1,9 Gray. Sie sind die Geheimwaffe von Becker, ein Trojanisches Pferd: Wenn sie genügend Wildmännchen ausstechen, legen die Wildweibchen fast nur noch unbefruchtete Eier in den Blumenkübeln, Vogeltränken und Gießkannen ab.

Diese »sterile Insekten-Technik« (SIT) ist alles andere als neu. Vor vierzig Jahren haben Kollegen von Becker die Methode schon mal ausprobiert, um die Rheinschnaken in Mainz zu dezimieren – ohne Erfolg. Es waren einfach zu viele. Auf eine sterile Mücke kamen eine Milliarde Wildmücken. Die Menge an Tigermücken hingegen ist derzeit noch kontrollierbar. »Je früher wir mit der Bekämpfung anfangen und je kleiner die Population ist, desto besser können wir sie in den Griff kriegen«, sagt Becker.

Für eine Endemie müsste in Deutschland schon viel zusammenkommen: Ein Reiserückkehrer, der in seinem Blut beispielsweise das Zika-Virus trägt, müsste von einer Tigermücke oder Gelbfiebermücke gestochen werden, die dann eine weitere Person sticht. Diese müsste sich infizieren. Und damit sich das Virus weiter ausbreitet, müsste auch diese Person ebenfalls von einer der beiden Mückenarten gestochen werden, die sich abermals ein neues Opfer sucht. Und so weiter. Bis vor Kurzem wiesen Experten noch darauf hin, dass die Dauer der Übertragungssaison hierzulande allerhöchstens für Einzelübertragungen oder wenige Fälle reichen würde.

Aber ist das Risiko für einen ernsthafteren Ausbruch wirklich so fern? Ein Blick über die Alpen ins Lieblingsland der Deutschen lässt Zweifel daran aufkommen.

Chikungunya und Dengue kommen in Europa an

Adriaküste, Italien, 2007

Castiglione di Cervia ist ein Zweitausend-Einwohner-Dörfchen, 10 Kilometer südlich von Ravenna. An den Sonntagen pilgern die Alten unter dem Schatten der Pinienkiefern zur Kirche des heiligen Antonio Abate. Wenn die Jugendlichen zur Schule schlendern, müssen sie eine der beiden Brücken überqueren, die über den Savio führt, ein Flüsschen, in dessen Schleifen das Wasser träge vor sich hin kriecht und an dessen anderes Ufer sich der Nachbarort Castiglione di Ravenna schmiegt. Die zweigeschossigen Häuser der beiden Orte sind von Gärtchen umgeben, in denen Blumen in Töpfen sprießen. Vor Jahren noch hätte man in den Untersetzern Wasser gefunden, genauso wie in den Eimern und Regentonnen. Niemand im Ort wäre auf den Gedanken gekommen, dass das ein Problem sein könnte. Genau genommen war es auch nur die Vorbedingung für eine Plage, die im Jahr 2007 über den Ort kam und ihn weltbekannt machen sollte.

Der Auslöser war ein anderer: Mitte Juni traf ein Mann im Dorf ein, der seine Familie besuchen wollte, wie Epidemiologen später herausfanden. Er war gerade erst mit Fieber aus Kerala in Indien gekommen, wo er seinen Urlaub verbracht hatte. In dem südasiatischen Land hatten sich zu dem Zeitpunkt mehr als eine Million Menschen mit einer Krankheit angesteckt,[137] von der die meisten Bewohner von Castiglione di Cervia bis zu jenem Jahr nie etwas gehört hatten: Chikungunya. Der Begriff stammt aus einer ostafrikanischen Sprache und bedeutet so viel wie »der gebeugte Mann«.[138]

Ungefähr zehn Tage nach dem Besuch des Reiserückkehrers begann es auch seinem Cousin schlecht zu gehen. Und nach ihm mehr und mehr Dorfbewohnern. Vom Kleinkind bis zum Greis klagten sie über hohes Fieber, Erschöpfung und Hautausschlag. Einigen schwollen die Gelenke so stark an, dass jede Berührung unerträglich wurde. »Irgendwann konnte ich einfach nicht mehr aufstehen oder aus dem Auto aussteigen«, erzählte Antonio Ciano, ein Rentner aus dem Ort, der *New York Times*.[139] »Ich fiel hin. Ich dachte: Okay, meine Zeit ist abgelaufen. Ich werde sterben.«

Mitte August waren über hundert Bewohner erkrankt, aber die Ärzte konnten sich einfach keinen Reim darauf machen. Im Dorf gingen alle möglichen Theorien um: Mal war der Fluss schuld, mal die Regierung, mal die Einwanderer. Irgendwann gab es in fast jedem Haushalt einen Kranken. Das Merkwürdige aber war: Die Familienmitglieder schienen sich untereinander nicht anzustecken. Und das lenkte den Verdacht auf Insekten. Womöglich waren die Sandfliegen im Ort schuld?

Die Mitarbeiter des Gesundheitsamts in Ravenna unterbrachen ihren Ferragosto, den für Italiener fast heiligen Sommerurlaub, um Epidemiologen zu kontaktieren, Blutproben zu verschicken und Fallen aufzustellen. Als sie die kleinen schwarzen Becher mit den Holzstäbchen darin leerten, war die Überraschung groß: Sandfliegen fanden sich keine. Dafür Tigermücken. Und zwar zuhauf.

Bis zum Jahr 1990 hatte es in Italien keine Tigermücken gegeben. Dann aber landete in Genua ein Schiff an, das gebrauchte Autoreifen aus den USA transportierte, in denen Wasserreste schwappten. Darin wiederum schwammen 0,5 Millimeter lange schwarze Mückeneier.

Die ersten Tigermücken in der italienischen Hafenstadt tauchten in einem Klassenzimmer auf.[140] Über die Jahre breitete sich die invasive Art in Italien aus, über Rom bis hinunter nach Sizilien. Im Jahr 2006 fielen dann auch den Bewohnern von Castiglione di Cervia die Insekten mit der schwarz-weißen Musterung auf.

Anfangs waren sie nur lästig. Im Jahr 2007 aber entstand eine Konstellation, in der sie ihre Fähigkeit zur Krankheitsübertragung voll entfalten konnten. Nach einem besonders milden Winter begannen sie schon am 15. April aus ihren Eiern in den Blumenuntersetzern, Eimern und Pfützen zu schlüpfen, deutlich früher als gewohnt.[141] Und damit genau rechtzeitig, um den Reiserückkehrer aus Indien zu stechen und sein Blut weiterzutragen, in dem sich das gerade 70 Nanometer große Virus (0,00007 Millimeter) aus der Familie der Togaviridae angereichert hatte.

Das Gesundheitsamt informierte in Ravenna das Nationale Gesundheitsinstitut über eine fieberhafte Krankheit, die ganz ähnliche Symptome zeigte wie bei einem Ausbruch zwei Jahre zuvor auf La Réunion, einer französischen Insel im Indischen Ozean. Dort waren ein Drittel der damals siebenhundertsiebzigtausend Einwohner am Chikungunya-Virus erkrankt und über zweihundert gestorben.[142]

Nach Analysen im Labor Ende August 2007 bestätigte sich auch für die beiden Adriaorte der Verdacht auf Chikungunya.[143] Es war der erste Ausbruch einer Tropenkrankheit im modernen Europa.

Insektenbekämpfer strömten daraufhin in die Gärten der beiden Dörfer, versprühten Insektizide und leerten die Wasserrückstände in Eimern, Untersetzern und Springbrunnen, um die Brutstätten der Moskitos trockenzulegen. Anfang September war der Ausbruch eingedämmt. Die Bilanz: Fast dreihundert Italiener hatten sich infiziert. Drei von ihnen, die bereits vorerkrankt waren, starben; viele der Genesenen litten in der Folge unter Arthritis.

Erste Dengue- und Zika-Fälle in Europa

2010 erwischte es auch Frankreich: Tigermücken hatten im Süden des Landes das Chikungunya-Virus übertragen. Bei dem einen Mal blieb es nicht: 2014 und 2017 traten neue Fälle auf.

Und im Jahr 2017 brach das Virus auch in Italien wieder aus: Während eines besonders trockenen Sommers infizierten die Mücken über dreihundert Italiener in und um Rom sowie in Kalabrien.[144] Soweit zu Chikungunya.

Im August 2010 klagte ein älterer Mann aus Nizza über Fieber, Muskelschmerzen und Abgeschlagenheit. Außerdem spürte er Schmerzen hinter den Augäpfeln, die schlimmer wurden, wenn er seine Augen bewegte. Es waren die typischen Symptome für das Dengue-Fieber, das seit den Achtzigerjahren in den Tropenländern wieder aufgeflammt war und dort seither »eine der Hauptursachen für Krankheit und Tod« darstellt, wie es die Weltgesundheitsorganisation formuliert.[145]

In Europa tauchten bis zu jenem August 2010 nur Einzelfälle von Reisenden auf, die das Virus aus den Tropen mitbrachten, ohne es an andere Menschen weiterzugeben. Der ältere Mann aus Nizza aber hatte Frankreich seit Wochen nicht verlassen. Dafür hatte er Freunde von den Westindischen Inseln zu Besuch gehabt.

Nach ein paar Tagen erholte er sich wieder, doch ein paar Tage später tauchte ein achtzehnjähriger Mann mit den gleichen Symptomen in einem Krankenhaus auf. Er wohnte in der Nachbarschaft des ersten Dengue-Falles. Und wer sich ebenfalls im Viertel aufhielt, waren Tigermücken.[146]

Tigermücken stehen auch im Verdacht für die erste autochthone Übertragung des Zika-Virus, das im August 2017 in Südfrankreich ausbrach.[147]

Die Einschläge kommen offenkundig näher, weshalb sich die Frage stellt, ob solche Ausbrüche auch in Deutschland möglich sind. »Ja«, sagt der Biogeograf Carl Beierkuhnlein von der Universität Bayreuth. »Schon jetzt herrschen im Sommer immer mal wieder Bedingungen, die eine Übertragung erlauben.«

Für eine Infektion braucht es wie gesagt zweierlei: genügend aggressive Tigermücken, die ihre Saugrüssel von Mensch zu Mensch wandern lassen. Und es muss über Monate heiß genug sein, damit die Viren in den Insektenkörpern auf Betriebstemperatur kommen und sich in anderen Wirten entwickeln können. »Der Klimawandel sorgt dafür, dass sich solche Zeitfenster erweitern und auch hierzulande lokale Ausbrüche möglich sind«, sagt Beierkuhnlein. »Keine Massenausbrüche, aber vielleicht ein paar Hundert Fälle.«

Nehmen wir Freiburg: Dort haben sich seit ein paar Jahren Tigermücken eingenistet, und dort ist es in manchen Sommermonaten schon ähnlich heiß wie in Südfrankreich, und dort bringen Reiserückkehrer aus den Tropen auch immer mal wieder Dengue mit. Dass sich diese Einzelteile bis jetzt noch nicht zu einem unheilvollen Ganzen verkettet haben, ist wohl einfach dem Glück geschuldet.

Ende 2015 feierte die Welt einen Durchbruch im Kampf gegen das Dengue-Fieber: Ein erster, wenn auch umstrittener Impfstoff gelangte auf den Markt.[148] Auch die Suche nach einem Vakzin gegen das Zika- und Chikungunya-Virus läuft inzwischen auf Hochtouren.[149] Manche glauben, dass es kein Zufall ist, dass die Pharmafirmen ausgerechnet jetzt aufs Tempo drücken, da Insekten und ihre Pathogene aus den Tropen auswandern und in unsere Städte und Dörfer einfallen. Bisher hatten die Pharmafirmen wenig Interesse, Impfstoffe gegen die Tropenviren zu entwickeln, vermutet Beierkuhnlein, beschränkten sich Dengue & Co. seit fast hundert Jahren doch nur auf die ärmeren Tropenländer. »Jetzt, da diese Krankheiten in den globalen Norden rücken, entsteht auch ein Markt.«

Schlagzeilen über neue Impfstoffe verdecken allerdings, dass Deutschland alles andere als gut auf die Invasion der Tigermücken vorbereitet ist. »Die Politiker nehmen das hin, als wäre es ein Schicksal, das sich ohnehin nicht aufhalten lässt«, sagt der Biogeograf. »Sie handeln erst, wenn das Kind schon in den Brunnen gefallen ist.« Dabei ließe sich einiges unternehmen: Zum Beispiel den Warenverkehr in Europa kontrollieren. Oder die Überwachung der Tigermücken verbessern. Beierkuhnlein hat eine App für Allgemeinärzte entwickelt, die anzeigt, in welchen Gebieten Deutschlands zu welcher Zeit eine Übertragung diverser Tropenkrankheiten möglich gewesen wäre. Kommt ein Patient mit unklaren Symptomen in die Praxis, die auf Chikungunya oder Dengue hindeuten, ohne dass der Patient verreist war, kann der Arzt überprüfen, ob ihn eine Tigermücke infiziert haben könnte.

Ein solches Frühwarnsystem könnte verhindern, dass Fälle unbemerkt bleiben, und damit lokale Ausbrüche frühzeitig unterbinden. Das geht aber nur, solange sich die Zahl der Tigermücken in Deutschland noch im Rahmen hält.

In den Tropen wird es der Tigermücke zu heiß

Damit das so bleibt, müssten wir den Klimawandel praktisch von heute auf morgen stoppen. Das würde den Vorstoß in Europa unterbinden. Anderen Weltteilen dürfte die Erwärmung hingegen sogar helfen, ihre Tropenmücken wieder loszuwerden. So überträgt die Malariamücke *Anopheles gambiae* bei einer Temperatur von 25 Grad Celsius am besten die gefährliche Infektionskrankheit, an der allein 2018 228 Millionen Menschen erkrankt und über 400.000 gestorben sind.[150]

Schon heute breitet sich Malaria über ihren Vektor, die Anophelesmücke, nach Norden hin aus, wo Menschen keine Resistenzen aufweisen, während die Krankheitshäufigkeit in Regionen wie Zentral- und Südamerika abnimmt.

Auch die subtropische Asiatische Tigermücke dürfte sich zunehmend vom Äquator entfernen, haben US-Biologen und Geografen herausgefunden.[151] Bei einer stärkeren Erwärmung würden Regionen wie Südostasien, Westafrika oder die Karibik profitieren, da es der Tigermücke und ihren Pathogenen (das thermische Optimum liegt bei 26 Grad Celsius) dort schlicht zu heiß werden könnte.[152]

Die schlechte Nachricht: Die Lücke, die sich auftut, könnte die Gelbfiebermücke schließen, die es bekanntermaßen wärmer mag und sich bereits großflächig südlich der Sahara ausgebreitet hat. Ihre Arboviren überträgt sie am besten bei 29 Grad Celsius. Und das macht sich schon heute bemerkbar – mit einem rapiden Anstieg an Dengue-, Chikungunya- und Zika-Fällen.[153]

Für die afrikanischen Gesundheitssysteme ist das eine große Herausforderung, sind sie doch vor allem auf Malaria ausgerichtet. Und für die europäischen Gesundheitssysteme sind größere Ausbrüche von Tropenkrankheiten sogar komplettes Neuland.

Im Melmer Wohngebiet lassen Norbert Becker und seine Mitstreiterinnen die letzten sterilen Tigermücken-Männchen frei. Eine Mutter zieht ihre Kinder ins Haus, man weiß ja nie. Aber die Mücken sind keine Gefahr – im Gegenteil. »Wir hoffen, die Population damit gänzlich auszumerzen«, sagt der Pfälzer. In den Kontrollfallen ist die Zahl der entwicklungsfähigen Eier massiv geschrumpft. Auch melden die Bewohner des Ludwigshafener Stadtteils im Jahr 2020 gerade noch zwei Funde.

Die Chancen stehen also gut, dass Becker die Blutsauger zumindest in seinem Nachbarort in den Griff bekommt. Sie in ganz Deutschland aufzuhalten – diese Hoffnung hat er längst aufgegeben.

Kapitel 9
Das Hummelparadox

Um das Bild von Horden an blutrünstigen tropischen Insekten, die bei uns einfallen, ins rechte Licht zu rücken: Keine Mücke, Zecke oder Raupe verfolgt eine böse Absicht – sie nutzen ganz einfach alle Möglichkeiten, die Klimawandel und Globalisierung ihnen bieten. Ja, im Endeffekt sind wir es, die die Grenzen ihres Lebensraums verschieben und sie zu uns locken. Und längst nicht alle Insekten, die aus dem Süden zu uns einwandern, richten Schaden an. Viele sind überaus nützlich und tragen zur Artenvielfalt bei. Mehrere Entomologen haben mir erklärt: Ohne die Hunderte von Insektenarten aus Nordafrika und Asien würde die Welt der kleinen Krabbler und Flieger hierzulande noch stärker verarmen, als sie es durch die Intensivlandwirtschaft ohnehin schon tut. Noch wirke sich der Klimawandel insgesamt eher positiv aus, die Gründe für den Insektenrückgang seien woanders zu finden: auf den Äckern, die Landwirte aufgrund der an Flächengröße gebundenen EU-Agrarhilfen bis an die Straßen- und Waldränder auswalzen und mit Pestiziden einnebeln.

Der Hummelpapst macht eine Entdeckung

Auch Pierre Rasmont hat das lange geglaubt. Der Direktor des zoologischen Instituts der Universität Mons in Belgien beschäftigt sich seit den Achtzigerjahren mit Hummeln. Er liebt diese friedlichen Wesen, die wegen ihres Pelzmantels von manchen Zoologen »fliegende Teddybären« genannt werden. Egal welche Art – er kann sie schon im Vorbeifliegen bestimmen. Unter Kollegen gilt er als »Hummelpapst Europas«.

Lange konnte sich Rasmont nicht mal vorstellen, dass der Klimawandel überhaupt eine spürbare Wirkung auf Mensch und Tier haben würde. Was bedeuteten schon ein oder zwei Grad mehr im Laufe eines Jahrhunderts?

Im Sommer 2003 änderte er seine Meinung. Eine Hitzewelle hatte weite Teile Europas im Griff – mit einer Heftigkeit, wie es noch nie zuvor beobachtet worden war. In Paris starben so viele alte Menschen, dass die Bestattungsinstitute aus allen Nähten platzten und auf dem Großmarkt Rungis ein Kühllager für Lebensmittel eilig zur Leichenhalle umgewidmet werden musste.[154]

Rasmont befand sich in jenem Sommer – wie all die Jahre zuvor – in den Pyrenäen. Zusammen mit einer Studentin wollte er die genetische Vielfalt der dortigen Hummeln untersuchen und mit anderen Gebirgsregionen Europas vergleichen. Das Bergdorf Eyne in den Pyrenäen schien der ideale Ausgangspunkt dafür zu sein: Auf den weiß-gelb-lila blühenden Wildblumenwiesen der Hochebene wimmelte es normalerweise nur so von Berghummeln, Steppenhummeln und Küstenhummeln. Fast die Hälfte der neunundsechzig Hummelarten Europas versammelte sich hier auf einem Fleck.

Im Jahr 2003 aber präsentierte sich Rasmont ein anderes Bild: Im vertrockneten Gestrüpp fand sich nur noch ein Bruchteil der sonst üblichen Insektenmenge. Ihre Kescher ließen die Wissenschaftler die meiste Zeit hängen, statt sie wie sonst unaufhörlich über die Grasnarben zu schwingen. Rasmont wurde klar, dass irgendetwas »Kummervolles« und »Wichtiges« passiert war, und zwar mit einer unerwarteten Plötzlichkeit.

Zwei Wochen später flog er in die finnische Ortschaft Kevo in den äußersten Norden Europas, denn auch diese Bergregion gilt als Hummel-Eldorado. Binnen zwanzig Minuten hatte Rasmont dort früher einmal vierhundert Hummeln eingefangen. Aber auch hier stimmte etwas nicht. Bis auf 34 Grad Celsius war das Thermometer geklettert – unglaubliche 9 Grad mehr als der bisherige Rekordwert. Unter seinen Wanderschuhen knisterten und zerpulverten die verdorrten Moose und Flechten. Von den Hummeln war nichts zu sehen. »Da verstand ich, dass Hitzewellen Hummeln einfach umbringen können«, erzählt Rasmont.

Der Wildbienenspezialist sitzt auf einer Holzbank auf einer Wiese vor dem Zoologischen Institut der Universität Mons in Belgien. Ein warmer Herbstwind weht Lindenblätter in sein Barett herab, das umgedreht vor ihm auf dem Holztisch liegt. Weil erst am Morgen zwei Covid-19-Fälle im Institut gemeldet wurden, sind wir aus dem Backsteingebäude nach draußen geflüchtet. Dort winkt der Institutsleiter nun alle paar Minuten vorbeilaufende Kollegen oder Studenten aus seiner Forschungsgruppe zu sich heran, die ihm mal ein Döschen mit Tabletten für seine kranke Schildkröte hinstellen, mal eine Dose Muffins, oder die Details ihrer Arbeit erklären. Ohne sie könnte Rasmont sein Pensum gar nicht bewältigen, dafür hat er zu viele Fragen, die er noch klären will, vor allem die nach der Zukunft der Hummeln in Europa. Sein Lehrstuhl gleicht einer Hummelkolonie mit zahlreichen Arbeiterinnen (Studenten) und ein paar Drohnen (Kollegen), die einer Königin (Rasmont) zuarbeiten.

Zu den Hummeln sei er einst gekommen, weil er mit ihnen die Liebe zu den Bergen teile, erzählt Rasmont. Die mehr als zweihundertfünfzig Arten, die heute auf der Erde herumsummen, begannen sich im Übergang vom Eozän zum Oligozän vor 34 Millionen Jahren in den Bergen Asiens zu entwickeln, in einer Periode, als sich unser Planet dramatisch abkühlte. Womöglich zwang die Kaltphase die Hummeln im jungen Himalaja die Täler hinab, von denen sie sich über die kühleren Gefilde der Welt ausbreiteten.[155] Heute stellen Hummeln in vielen Gebirgsregionen die einzigen Bestäuber dar, die es dank ihrer dichten Behaarung noch in der Kälte aushalten. Für Rasmont ein Glücksfall – um zu den Hummeln zu gelangen, »musste« er durch die französischen Pyrenäen wandern, durch das schottische Hochland und das Köroğlu-Gebirge in der Türkei. Aber die Hummelrefugien waren nach 2003 nicht mehr die gleichen. Überall dort, wo Hitze und Trockenheit geherrscht hatten, war die Dichte an Hummeln je nach Ort um ein bis zwei Größenordnungen eingebrochen. Allesamt relativ unberührte Gebiete, weder bebaut noch beackert noch mit Pestiziden besprüht. In heißen und trockenen Jahren, so fand Rasmont heraus, waren die Hummeln viermal seltener zu finden als in kalten und feuchten Jahren. Der Ökologe gab dem Phänomen einen Namen: das »Hummel-Mangel-Syndrom«.

Bis dahin hatte der Klimawandel in der Debatte ums Insektensterben nur eine obskure Rolle gespielt. Nun aber warfen Rasmont und seine Mitarbeiterin Stéphanie Iserbyt die Frage auf, ob sich die Folgen der Erderwärmung nicht längst zeigen würden – in Form von Extremereignissen wie Stürmen, Dürren und Hitzewellen. »Ist es möglich, dass solche Ereignisse, die in den globalen Statistiken nicht berücksichtigt werden, in das Schicksal der Hummel-Fauna eingreifen?«, fragten beide im Jahr 2012 in einem Fachjournal.[156]

Noch wusste Rasmont nicht genau, was die Hummeln umgebracht hatte. Anfangs nahm er an, dass sie verhungert oder verdurstet waren, weil die Blütenpflanzen vertrocknet oder verbrannt und das Wasser verdampft war. Allerdings müssten dann alle Arten überall gleichermaßen eingebrochen sein – was nicht der Fall war. Eine andere Möglichkeit: Die Hitze hatte die Hummeln direkt erledigt. Rasmont hatte schon beobachtet, wie Hummeln an besonders heißen Tagen einfach tot aus der Luft tropften.

Um die Hypothese zu überprüfen, steckten Rasmont und sein Schützling Baptiste Martinet eine Hummel nach der anderen in einen Wärme-Inkubator, wie er normalerweise für die Aufzucht von Reptilieneiern verwendet wird. In Mons zeigte er mir solch ein Gerät: Es gleicht einer Mikrowelle und ist mit einer Temperaturanzeige ausgestattet. Die Männchen werden darin so lange einer Temperatur von 40 Grad Celsius ausgesetzt,[157] bis sie nach hinten kippen und mit den Beinen zucken – ein Anzeichen für Hitzeschock. Für jede Art haben Rasmont und Martinet durchgespielt, wie lange die Insektenkörper die Hitze ertragen: Die polaren Arten hielten gerade mal zwanzig Minuten durch, viele Arten aus der gemäßigten Zone zwei oder drei Stunden und eine Allerweltsart wie die Dunkle Erdhummel sogar ganze zwölf Stunden.

Der Versuch mit dem Inkubator hatte gezeigt, dass die Hummelarten ganz unterschiedlich auf Hitze reagierten. Überraschenderweise stellte Rasmont aber fest, dass sich verschiedene Populationen ein und derselben Art auf exakt dieselbe Weise verhielten, egal ob sie am Nordkap unterwegs waren oder in Spanien. Das heißt: Sie konnten sich an ihrem südlichen Ausbreitungsrand nicht an die heißeren und trockeneren Bedingungen anpassen. Die Hitzeresistenz war jeder Art fest eingeschrieben.[158] Diese Entdeckung alarmierte Rasmont, denn sie war keine gute Nachricht für die Hummeln: Wenn der Klimawandel die Sommer heißer und trockener macht, dann dürfte das die Hitzetoleranz der meisten Arten besonders am südlichen Ausbreitungsrand immer öfter überschreiten. Sie würden dort früher oder später verschwinden.

Um dieser Sorge auf den Grund zu gehen, schloss er sich in einem EU-Projekt mit Instituten aus sechzehn Ländern zusammen, die mehr als vier Millionen Verbreitungsdaten von Wildbienen und Hummeln in Europa sammelten und in einer Datenbank vereinten.

Parallel verfolgte auch ein Makroökologe in Nordamerika dieses Ziel: Jeremy Kerr von der Universität Ottawa hatte schon vor Jahren nachgewiesen, dass Schmetterlinge in Kanada ihre Lebensräume nach Norden hin verschoben. Nun wollte er das auch für Hummeln testen. Auf einer Konferenz in Pisa traf er im Jahr 2010 auf Pierre Rasmont.

»Ich komme gerade aus dem Norden von Alberta, wo es fünfzehn Grad wärmer ist als gewöhnlich«, erzählte Kerr seinem Kollegen aus Mons. »Und keinerlei Hummeln waren zu finden.«

»Ich komme gerade aus Nordfinnland«, erwiderte Rasmont. »Und ich habe die gleiche Beobachtung gemacht.«

Die langjährige Forschung in der Arktis verband die beiden und schärfte ihren Blick für die Auswirkungen des Klimawandels. Noch in Pisa planten sie eine gemeinsame Studie zur Frage: Wie reagieren Hummeln auf beiden Kontinenten auf den Klimawandel? Dafür bauten sie eine Datenbank auf, die sie mit über vierhundertzwanzigtausend Beobachtungen von insgesamt siebenundsechzig Hummelarten aus Europa und Nordamerika aus über hundert Jahren fütterten. Die ältesten stammten aus Museen. Als Nächstes überprüften sie, wo sich zu welchem Zeitpunkt welche Hummelarten aufgehalten hatten: Einmal für die Jahre 1901 bis 1974 und noch einmal für die Jahre danach, in denen die Erderwärmung bereits Fahrt aufgenommen hatte. Das Ergebnis ergab ein klares Muster: Die Hummelarten büßten ihre südlichsten Lebensräume ein und zogen sich im Schnitt um 300 Kilometer nach Norden zurück.[159] Besonders heftig fielen die Verluste in Spanien und Mexiko aus, wo ganze Hummelgemeinschaften verschwanden oder in die Berge hinauf flüchteten. Am nördlichen Ausbreitungsrand hingegen konnten die Tierchen kaum Land gewinnen. Anders als zum Beispiel Vögel und Schmetterlinge, die ihre Habitate in Europa im Schnitt um 37 und 114 Kilometer nach Norden verlagerten und trotzdem noch dem Klimawandel hinterherhinkten.[160] Kerr vergleicht das Verbreitungsgebiet der Hummelarten deshalb mit einem Teppich, der sich von Süden nach Norden einrollt.

Suche nach dem Schuldigen

Wer ist schuld am Rückzug? Um das herauszufinden, verglichen Kerr und Rasmont die Arealverschiebungen mit Langzeitdaten zu Maximaltemperatur, Pestizideinsatz und Landschaftsumbau. Eine direkte Korrelation fand sich nur bei einem der Faktoren: dem Klimawandel.

Rasmont und Kerr wollten ihre Ergebnisse im renommierten Fachmagazin *Nature* veröffentlichen, aber nach einem Jahr und drei Prüfrunden verweigerten die Gutachter die Annahme. »In den USA gibt es ein Paradigmenproblem«, beschwert sich Rasmont. Viele Ökologen seien davon überzeugt, dass Pestizide, die Zerstörung von Habitaten und die Fragmentierung der Landschaft eine große Rolle spielen würden – was ohne Zweifel auch so sei. »Das Problem ist aber, dass sie sich deshalb zu akzeptieren weigern, dass Hummeln *auch* Opfer des Klimawandels sein können.«

Nachdem die Studie im nicht weniger angesehenen Fachjournal *Science*[161] erschien, meldeten sich einige Kritiker zu Wort. Ja, der Klimawandel habe die Hummelpopulationen an ihrem südlichen Ende wegbrechen lassen, aber die eigentlichen Ursachen dafür lägen noch im Dunkeln. Womöglich konnten sich ja Parasiten dank der Erwärmung besser ausbreiten und den Hummeln zusetzen.[162] Oder die Erwärmung habe den Arten lediglich den Todesstoß versetzt, nachdem sie zuvor schon massiv durch die Intensivlandschaft geschwächt worden waren. Beispiel Cullumanushummel: Der schwarz-hellgelb behaarte Flieger hatte seit 2010 einen Großteil seiner Habitate eingebüßt, weil sich immer mehr Wildblumenwiesen in Ackerland verwandelten.[163] Irgendwann fanden sie sich nur noch im französischen Zentralmassiv. Und als dort im Jahr 2003 eine Hitzewelle für Temperaturen von bis zu 10 Grad über dem Normalwert sorgte, verschwand *Bombus cullumanus* auch noch aus ihrem letzten Lebensraum.[164]

Rasmont und Kerr waren auf ein Muster gestoßen, aber noch nicht auf den Mechanismus dahinter. Also plante Kerr noch im selben Jahr eine Folgestudie. Mit seinem Mitarbeiter Peter Soroye sah er sich an, wo und wann Hitzeperioden und Dürren seit Beginn des letzten Jahrhunderts überall die historische Wärmeschwelle der verschiedenen Hummelarten geknackt hatten. Das, so fanden sie heraus, deckte sich mit den Orten, wo die Insekten verschwanden.[165] Mit anderen Worten: Überall, wo der Klimawandel die Arten über ihre thermische Toleranzgrenze gedrängt hatte, nahm die Wahrscheinlichkeit ab, dass Hummeln eine bestimmte Fläche besetzen. Demnach sei ihr Lebensraum in Europa im Schnitt um 17 Prozent geschrumpft, in Nordamerika sogar um fast die Hälfte.

Kerr und manche seiner Kollegen gehen davon aus, dass die Hummeln dabei erst den Anfang darstellen: Je häufiger Hitzewellen und Dürren an Stärke zunehmen, desto häufiger dürften auch die Toleranzschwellen von anderen Insektenarten überschritten werden und auch sie Teile ihres südlichen

Verbreitungsraums verlieren. Nicht wegen langsam ansteigender Temperaturen, sondern wegen Extremereignissen, die an Zahl und Stärke zunehmen.[166] »Was die meisten Arten erleben, ist eben nicht Klima«, sagt Kerr. »Was sie erleben, ist Wetter.«

Wo sind all die Hummeln hin?

An einem sonnigen Spätsommertag fahre ich nach Friedeburg, einem Örtchen in Sachsen-Anhalt, das sich vom Ufer der Saale einen Hügel hinaufzieht. Dort treffe ich Oliver Schweiger vom Helmholtz-Zentrum für Umweltforschung in Halle. Der Makroökologe mit den schulterlangen Haaren führt mich zu einer Dauerbeobachtungsfläche, deren Daten in die Studie von Jeremy Kerr und Peter Soroye eingeflossen sind. Aus einem Baum fliegt eine Eule davon. Kolkraben und Mäusebussarde kreisen über Schäferberg und Galgenberg und senden ihre Schreie durchs Tal. Es ist ein besonderer Ort: Im Regenschatten vom Harz können sich Tiere und Pflanzen ansiedeln, denen es in diesen Breiten eigentlich zu kalt und nass ist. Bienenfresser zum Beispiel, die in den Höhlen der Lösswände brüten – so weit im Norden wie nirgendwo sonst. Allerdings war es seit drei Jahren selbst für diesen regenarmen Ort zu trocken. »Im Jahr 2018 haben wir mit 250 Millimeter nur die Hälfte des Niederschlags im langjährigen Mittel erreicht«, sagt Schweiger. »Das ist der Wert für eine Steppe.«

In den beiden Folgejahren besserte sich die Situation nur geringfügig, es fiel immer noch zu wenig Regen. Und das zeigt sich überall: Die Wiesen, auf denen sonst Schafe weiden, sind verdorrt, nur spärlich blühen noch Schafgarbe und Natternkopf, Thymian und Salbei. Am Telefon hat mich Schweiger noch beruhigt: Um diese Jahreszeit würden wir noch allerlei

Hummeln finden. Doch abgesehen von ein paar Honigbienen schwirren heute keine Bestäuber herum. Vielleicht ist es zu windig. Vielleicht ist die Vegetation schon zu ausgetrocknet. Mehr Erkenntnisse dürfte die Auswertung der vergangenen Jahre liefern, aber die steht noch aus. Ausschließen mag Schweiger jedenfalls nicht, dass manche Hummelarten früher als erwartet in besonders warmen Orten Deutschlands ihren klimabedingten Rückzug antreten. Von den dreißig Hummelarten stehen heute rund die Hälfte auf der Roten Liste – und sind entsprechend anfällig für Hitzewellen, Dürren und Stürme. Für den Bauern, der das benachbarte Rapsfeld pflügt, wäre das keine gute Nachricht.

Am Ende unserer Runde um den Hügel herum bleibt Schweiger auf einer mit Pferdeäpfeln besprenkelten Wiese stehen und geht in die Hocke. »Da haben wir eine!« Eine orange-schwarze Ackerhummel fliegt von Blüte zu Blüte. Schon brummt sie in einer Diagonalen wieder ins Himmelsblau davon: *Bombus pascuorum*, die häufigste Hummelart Europas. Selbst sie dürfte bis zum Ende des Jahrhunderts aus Deutschland verschwunden sein, sagen die Modelle voraus. Genauso wie die Erdhummel dürfte sie sich aber zumindest ins kühlere Nordeuropa retten können. Den Großteil der Hummelarten aber scheint eine unsichtbare Barriere aufzuhalten, wie in einem Albtraum, in dem ein Verfolger hereineilt, man selbst aber nicht vom Fleck kommt. »Warum das so ist, wissen wir nicht«, sagt Schweiger.

Erinnern wir uns ans »BioShift«-Projekt von Jonathan Lenoir, der aufgedeckt hat, dass Meeresbewohner ihren Isothermen dicht auf den Fersen sind, während Landbewohner weit hinter den ihren zurückfallen. Das, so erklärte Lenoir, liege auch daran, dass der Verlust ihrer Habitate und die Fragmentierung der Landschaft sie daran hindern, sich nach Norden hin auszubreiten. Für die Hummeln trifft das seltsamerweise nicht zu: Nicht nur in stark bewirtschafteten und fragmentierten Landschaften verharren sie, sondern auch in relativ unberührten Umgebungen. Was sie tatsächlich aufhält, lässt sich nur vermuten: Viele Hummelarten schwärmen einfach kaum aus. Und selbst wenn sie in der Lage sind, sich zu zerstreuen, müssen sich an den neuen Orten erst mal Populationen aufbauen, aus denen sich genügend Königinnen abermals in neue Gebiete aufmachen. Vielleicht wachsen dort aber keine geeigneten Blütenpflanzen. Oder nach ein paar warmen Jahren schlägt doch wieder ein kaltes Jahr ein, und die neue Kolonie erfriert.

Nicht nur Honigbienen braucht es für die Bestäubung

Ein paar wenigen Arten gelingt der Umzug dann aber doch: Die Dunkle Erdhummel ist nicht wählerisch in ihrer Futterwahl und schafft es, weite Strecken nach Norden zurückzulegen. Pierre Rasmont nimmt an, dass das mit ihrem Nachtverhalten zu tun hat. Nach Sonnenuntergang fliegen die Königinnen kilometerlange Bahnen, die sie mit Duft markieren, um so die Männchen anzulocken.[167] »Und das könnte der Moment sein, in dem sie sich ausbreiten«, vermutet der Zoologe aus Mons.

Den Polarkreis hat die Erdhummel schon überschritten. Vor ein paar Jahren entdeckte Rasmont den Generalisten 800 Kilometer nördlich seiner einstigen Verbreitungsgrenze an einer Uferböschung in den Bergen Norwegens. Dort nutzen ihre riesigen Kolonien alle möglichen Blütenpflanzen und verdrängen die kleinen Kolonien der Polarhummeln. »Es ist vollkommen klar, dass *Bombus terrestris* in der nahen Zukunft die arktische Fauna ersetzen wird«, sagt Rasmont.

Trotzdem will der Ökologe nicht auf die Erdhummel schimpfen, schließlich hilft sie uns Menschen: Millionen an gezüchteten Hummelvölkern bestäuben Tomaten, Äpfel und Kirschen, aber auch Kiwis, Pfirsiche und alle möglichen Beerenarten. In Gewächshäusern, auf Feldern oder Obstbaummwiesen. Drei Viertel aller Feldfrüchte, von denen sich der Mensch ernährt, sind auf Bestäuber angewiesen.[168] Manche sehen die Erdhummel schon als Alternative zum derzeit wichtigsten kommerziellen Bestäuber: der Europäischen Honigbiene, *Apis mellifera*. Deren Populationen befinden sich seit ein paar Jahren im Niedergang. Allein im Winter 2018/2019 starben unfassbare 50 Milliarden Bienen, die eigentlich für die Bestäubung von Mandelbäumen in Kalifornien vorgesehen waren,[169] womöglich aufgrund eines Zusammenspiels aus Pestiziden und der eingeschleppten Varroa-Milbe.[170] Das aber treibt die Mietkosten für Honigbienen in die Höhe, die in Millionen von Stöcken auf Tieflastern quer durch die USA gekarrt werden, um nacheinander Mandelbäume in Kalifornien zu bestäuben, Apfelbäume in Washington und Blaubeeren in Maine.[171]

Für eine Reihe von Feldfrüchten wie Wassermelonen, Gurken oder Kürbisse haben sich Hummeln in Experimenten als mindestens ebenbürtige, wenn nicht gar effektivere Bestäuber erwiesen.[172] Während Honigbienen nur die Blüten anfliegen, die sie leicht bestäuben können, lassen Hummeln so gut wie keinen Blütentrichter aus. Dabei kommen ihnen ihre langen Zungen zugute, die sie in den Nektar tunken und nebenbei die feuchte und klebrige Narbe des Fruchtblattes mit fremdem Pollen bestäuben. Außerdem wenden sie eine besondere Technik an, die sich Vibrationsbestäubung nennt: Mit ihrem Flügelschlag erzeugen sie bestimmte Frequenzen und schütteln damit die Pollen aus den Staubbeuteln bestimmter Blüten heraus, die nur schwer zugänglich sind, wie im Fall von Tomate, Kartoffel und

Blaubeere. Selbst bei Wind und Regen, bei Zwielicht und zehn Grad Celsius machen sie sich an die Arbeit. Das erklärt, warum Hummeln vielerorts die Hauptbestäuber mancher Feldfrüchte sind, unabhängig davon, ob Honigbienen im Einsatz sind oder nicht.[173] Dort, wo sie zugange sind, erreichen die Früchte oft eine bessere Qualität, und der Ertrag steigt. »Hummeln sind die besten Bestäuber, die wir in wilden Landschaften haben, und die effektivsten Bestäuber für Feldfrüchte wie Tomaten, Kürbisse und Beeren«, sagt Peter Soroye. »Unsere Ergebnisse zeigen, dass wir einer Zukunft entgegensehen mit viel weniger Hummeln und viel weniger Vielfalt, sowohl im Freien als auch auf unseren Tellern.«

Schon heute sind viele Bestände an Feld- und Baumfrüchten unterbestäubt.[174] Die Ausbeute, so fanden US-Umweltökonomen heraus, ist immer dort besonders mager, wo es an Wildbienen fehlt.[175] Sei es, weil Bauern ihre Habitate in Maisfelder umwandeln und mit Pestiziden besprühen oder weil die zunehmende Hitze und Trockenheit sie vertreiben. Pierre Rasmont hat mithilfe von Computersimulationen berechnet, dass die Erdhummel bis zum Ende des Jahrhunderts große Teile ihres Verbreitungsgebiets in Europa preisgeben muss, weil es ihr dort zu heiß wird. Derzeit grenzt ihr Verbreitungsraum im Süden noch an die Sahara. Diese Linie dürfte sich im ungünstigsten Klimaszenario bis nach Paris und Mainz hinauf verschieben, im mildesten immerhin noch bis nach Madrid und Rom. »Für Südeuropa ist Landwirtschaft dann ohnehin praktisch nicht mehr möglich«, sagt Rasmont.[176]

Der Hummelschwund hat nicht nur für die Bauern Folgen: 85 Prozent der Wildpflanzen können sich nur mithilfe von Bestäubern fortpflanzen; ohne sie würden ganze Landschaften nicht mehr blühen. Ohne Wildpflanzen aber finden viele Tiere keine Beeren mehr, Ökosysteme brechen zusammen, und auch der Mensch bekommt Probleme, wenn Böden kaum noch Wasser aufnehmen, abrutschen und mit dem Regen davonschwemmen.

Während das weltweite Artenkarussell unsere Bestäuber nach Norden versetzt, bringt es uns zugleich allerlei Schädlinge aus dem Süden, die mit dem Menschen um Nahrung konkurrieren. Schon heute verleiben sich Pilze, Insekten, Schnecken und Nagetiere ungefähr die Hälfte des Getreides auf der Welt ein.[177] Biowissenschaftler von der Universität Oxford haben Hunderte von Schädlingen auf der Nordhalbkugel untersucht und berechnet, dass sie seit einem halben Jahrhundert im Schnitt um knapp 3 Kilometer pro Jahr in Richtung Arktis gewandert sind.[178] Mit den steigenden Temperaturen kommen nicht nur mehr von ihnen, sie können sich hier auch besser vermehren und ihren Stoffwechsel hochfahren. All das dürfte dazu führen, dass wir in Zukunft noch mehr Getreide verlieren, am meisten in den produktivsten Anbauregionen der Welt: Frankreich, USA und China.[179]

Die Bauern müssen sich also etwas einfallen lassen, wollen sie der Schädlinge Herr werden und gleichzeitig zwei Milliarden Menschen mehr auf der Erde ernähren, wie sie die Vereinten Nationen bis zur Mitte des Jahrhunderts erwarten.[180] Eine Lösung könnte in neuen Anbaufolgen liegen. Auf intensiv bewirtschafteten Flächen helfen womöglich mehr Pestizide, schätzen Experten. Schon heute geben Landwirte jedes Jahr 30 Milliarden Dollar für Insektizide, Herbizide und Fungizide aus. Von Jahr zu Jahr müssen sie die Dosis steigern, weil die Schädlinge Resistenzen entwickeln. Das Dumme ist nur: Die Pestizide bringen nicht nur Schädlinge um, sondern auch allerlei Bestäuber sowie die Fressfeinde der Schädlinge: Nagetiere, Vögel, Spinnen, Wespen, Fliegen und Wanzen. Aufgrund des Pestizideinsatzes können sogar einst harmlose Arten überhaupt erst zu Schädlingen werden, da sie sich ohne Konkurrenz nun ungehemmt entfalten.[181] Zwar dürften manche Länder im Norden auch von neuen Fischarten, Bestäubern & Co. profitieren. Insgesamt aber gilt: Je stärker wir die Erde erwärmen, desto komplizierter und unkontrollierbarer wird es, die Weltbevölkerung zu ernähren.

»Das ist das Gegenteil unserer Politik«

Am 14. November 2016 betrat Pierre Rasmont ein Glasgebäude in Brüssel. Dreizehn Jahre nach seinem Schockmoment in den Pyrenäen hatte der Ökologe genug Erkenntnisse gesammelt, um prognostizieren zu können, was mit den Hummeln in Europa in einer wärmeren Welt passieren wird. Also stimmte er die Mitglieder eines Fachausschusses des EU-Parlaments auf die Abwanderung der pelzigen Tierchen ein. Insgesamt könnten über drei Viertel der Arten bis zum Ende des Jahrhunderts den Großteil ihrer Habitate einbüßen und ein Drittel sogar ganz aussterben, wenn der Klimawandel weiter wie bisher voranschreitet, so Rasmont. Lediglich ein paar Orte würden ihnen im Süden noch bleiben, wo ein besonderes Mikroklima herrscht. Solche Orte, wie den Forêt de la Sainte-Baume nahe Marseille, gelte es besonders zu schützen: Der zweitausend Jahre alte Buchenwald in Südfrankreich liegt auf einer Gebirgsflanke, die ihn von der Hitze im Umland abschirmt. Der Wald gewährt zahlreichen Hummelarten Unterschlupf und Abkühlung, während sich auf der Westflanke trockene mediterrane Vegetation ausbreitet. Gleichzeitig, so Rasmont, würden aus dem Süden neue Arten zu uns vordringen, Holzbienen zum Beispiel. Ein paar der großen Brummer haben sich bereits in Deutschland etabliert.

Im fränkischen Garten meiner Eltern gehören sie seit ein paar Jahren zu den Stammgästen, die in einem Holzstapel überwintern und nisten. Sie sehen aus wie übergroße Hummeln mit pechschwarzen Körpern und blau schillernden Flügeln. Sie können auch stechen, aber uns haben sie bisher immer in Ruhe gelassen. Doch auch unter den Hummelarten gibt es ein paar, die vom Klimawandel profitieren. Die Tonerdhummel *Bombus argillaceus* zum Beispiel. Diese im Mittelmeerraum verbreitete Riesenhummel dürfte in den nächsten Jahrzehnten ganz Deutschland und Frankreich kolonisieren.[182] »Wir sollten sie nicht aufhalten«, erklärte Rasmont in Brüssel und empfahl den Parlamentariern, die Wanderung der Wildbienen in kühlere Lebensräume sogar zu unterstützen. Wenn ganze Arten zu verschwinden drohen, dann wären begleitete Umsiedlungen ein Mittel der Wahl.[183]

Als die Ausschussvorsitzende das hörte, blickte sie Rasmont an. Ein paar Monate zuvor hatte die EU eine Liste von unerwünschten invasiven Arten verabschiedet.[184] Im Prinzip sind es Steckbriefe für nunmehr sechsundsechzig Tier- und Pflanzenarten, die aus anderen Kontinenten nach Europa eingeführt wurden, sich rasant ausbreiten und heimische Ökosysteme beeinträchtigen, darunter Bisam, Waschbär und Amerikanischer Ochsenfrosch. Und nun erzählte ihnen ein belgischer Zoologieprofessor, dass sie die Eindringlinge aus dem Süden auch noch hofieren sollten? Das sei doch das Gegenteil der Politik, die Europa seit zwei Jahren eingeschlagen habe!, erwiderte sie.

Rasmont bestreitet gar nicht, dass exotische Arten von anderen Kontinenten zum Problem werden können. In den allermeisten Fällen stören sie kaum oder nutzen den heimischen Ökosystemen sogar, aber hin und wieder schlägt eine neue Art ein wie ein Meteorit. In Kanada hat die Zebramuschel aus Eurasien einige Wasserökosysteme nahezu sterilisiert. Das Grauhörnchen aus Nordamerika wiederum verdrängt das heimische Eichhörnchen, und die Nordamerikanische Rippenqualle hat im Schwarzen Meer Sardelle und Sprotte beinahe ausgerottet.[185] Insekten wie die Asiatische Tigermücke könnten in Zukunft außerdem unsere Gesundheitssysteme auf eine schwere Probe stellen. Was Rasmont kritisiert, ist die Grundhaltung gegen jede Form der Einwanderung. Genauso wie der Glaube, die Bastion Europa abriegeln zu können. Er sieht Parallelen zur Flüchtlingsdiskussion.

Tatsächlich schwingt ein xenophober Ton im Einführungstext zur EU-Broschüre[186] für die «Schwarze Liste» mit; manche Ökologen sprechen von »Bioxenophobie«:[187] «Ökologische Barrieren wie Ozeane und Gebirgszüge haben den Ökosystemen ermöglicht, sich unabhängig entwickeln zu können, weshalb die Arten innerhalb dieser Grenzen aneinander angepasst sind und in einem empfindlichen Gleichgewicht interagieren. Die Arten über diese Grenzen zu bringen kann diese Balance ernsthaft stören und könnte diese Ökosysteme sogar vollständig verändern.«

Dahinter verbirgt sich eine Denkweise, die bis heute in der Ökologie vorherrscht: Die Arten leben in einem stabilen Gleichgewicht. Dann kam der Mensch und hat dieses gestört. Nun gelte es, den alten Zustand wiederherzustellen, damit sich die Tiere und Pflanzen erholen können. »Nichts ist im Gleichgewicht!«, empört sich Rasmont. »Der Klimawandel hat dazu geführt, dass wir in einem kompletten Ungleichgewicht leben.« Während die Arten aber versuchen würden, darauf Antworten zu finden, indem sie ihre Habitate verschieben, würden Naturschützer und Politiker sie mit aller Gewalt in festgelegte Räume zu pressen und dort zu schützen versuchen – innerhalb von Naturschutzgebieten, in den Grenzen Deutschlands oder Europas.

»Wir müssen diese statische Idee aufgeben«, fordert Rasmont. Immerhin haben sich Millionen an Tieren und Pflanzen auf dem Globus aus eigener Kraft auf den Weg gemacht. Sie verlassen ihre Schutzgebiete, sie überqueren Ländergrenzen und wandern von Kontinent zu Kontinent. In den Köpfen vieler Politiker scheint das allerdings noch nicht angekommen zu sein. In vielen Ministerien, Parlamentsbüros und Amtsstuben herrscht nach wie vor der Glaube, das Eindringen neuer Arten beherrschen zu können.[188]

Rasmont empfiehlt, den beschränkten Fokus auf invasive Arten zu überdenken. Denn was in den meisten Fällen passiere, sei eine natürliche Wanderung – wie im Fall von Feuerlibelle und Wespenspinne, die sich in Deutschland ausbreiten. Und selbst im Fall von eingeführten Tierarten sei es oft nur eine Vorwegnahme ihrer bevorstehenden klimabedingten Einwanderung – wie im Fall des Halsbandsittichs aus Indien[189] oder des Heiligen Ibis aus Afrika, einem Riesenvogel mit weißem Gefieder, schwarzem Kopf und Hakenschnabel, den Jäger in der Bretagne zu Tausenden abschießen, weil er angeblich Seeschwalbenkolonien bedroht.[190] Für den Ägyptischen Otter, der in Libyen und Ägypten seine Habitate aufgrund des Klimawandels verliert, kann sich Rasmont gar eine begleitete Umsiedlung ins Département Var in Südfrankreich vorstellen, wo ein vergleichbares Klima herrscht. »Aber derzeit ist es einfach unmöglich, so etwas zu fordern«, sagt er. »Die Politik lehnt alles ab, was nach Invasion aussieht.«

Ohne die Arten, die aus dem Süden zu uns gelangen, würden wir und unsere Ökosysteme in Zukunft große Probleme bekommen. Wir brauchen sie, weil sie die Lücken füllen, welche die abwandernden Arten reißen. »Wir müssen das akzeptieren und organisieren, nicht verhindern«, sagt der Hummelforscher aus Mons. Denn aufhalten lasse sich der Strom der Arten aus dem Süden ohnehin nicht mehr. Es treibt sie eine Kraft, die stärker ist als alle Grenzen.

»Sie werden kommen«, sagt Rasmont.

Kapitel 10
Bedrohtes Kulturgut: Japan und sein Kelp

Mit seiner Erfahrung, die er in Brüssel gemacht hat, steht der Hummelpapst nicht allein da. Biologen aus aller Welt berichten, dass sie gegen eine Wand rennen, wenn sie Politikern von der Wanderung der Arten erzählen. Es gebe einen regelrechten Widerwillen, das Phänomen überhaupt wahrzunehmen. Woher kommt die Ignoranz? Womöglich wird das Problem als nicht drängend genug betrachtet, zumal der Klimawandel schon so viele Baustellen aufmacht, die es zu bearbeiten gilt. Vielleicht erscheinen die möglichen Antworten darauf auch einfach zu komplex und überwältigend.

Vielleicht gibt es aber auch einen tieferen Grund. Die Wanderung der Arten wirft uns auf uns selbst zurück und zwingt uns zum Nachdenken: Indem Tiere und Pflanzen massenhaft in Richtung der Pole strömen, Berge erklimmen und Ozeane wechseln, geben sie unsere Grenzen der Lächerlichkeit preis samt unserer Illusion von Kontrolle. Genauso wie den Glauben, dass wir die Natur zum Kalkül degradieren und die Wildnis in ein paar letzte Refugien auslagern könnten. Bis zum Ende des Jahrhunderts könnten neuesten Prognosen zufolge Zehntausende von Arten die Grenzen von Nationalstaaten überschreiten und manche Länder ganz verlassen.[191] Damit erinnern uns die Tiere und Pflanzen nicht nur an unseren fragwürdigen Umgang mit der Natur, sondern auch unablässig an den Klimawandel, den sie mit ihrem Mahnmarsch über den Globus verkörpern, und machen es uns schwerer, das Problem auszublenden.

All das erklärt, warum es keine internationale Verständigung oder überhaupt nur eine Anerkennung des Phänomens gibt und warum die Länder, statt sich diesem gemeinsam zu widmen, jedes für sich auf das Verrücken der Artenwelt reagieren. Von Fall zu Fall. Je nachdem, ob eine einwandernde Art einem Land nützt oder dort als bedroht gilt, je nachdem, ob sie heimische Ökosysteme schädigt oder einfach kaum auffällt, wird sie geschützt, verfolgt oder ignoriert.[192] »Wir können das Schicksal der biologischen Vielfalt, das entscheidend ist für das Überleben des Menschen, nicht der Willkür überlassen«, fordert die Meeresbiologin Gretta Pecl.

Wie hilflos solche Versuche sein können, zeigt der Fall der Kelpwälder vor der japanischen Küste.

Tosa-Bucht, Japan, 1997

Am Anfang waren es nur Einzelfälle, aber zusammen ergaben sie irgendwann ein konsistentes Bild: Japanische Fischer kehrten mit immer weniger Fischen in den Netzen von ihren Ausfahrten zurück; dafür berichteten sie von einer rätselhaften Entdeckung: Die Kelpwälder abseits der Küsten verschwanden rasend schnell.

Kelpwälder bestehen aus Großalgen und gleichen tatsächlich Wäldern, nur eben unter Wasser: Wer in ihre Welt eintaucht, kann förmlich durch einen Unterwasserwald schweben: vom Meeresgrund, an dem ihre Haftorgane aufliegen, den seilartigen Stiel hinauf, der bis zu 60 Meter nach oben wachsen kann, bis zu den Thalluslappen, die dank Schwimmblasen in der Wassersäule stehen und nahe der Wasseroberfläche das einfallende

Licht in Energie umwandeln. Kelpwälder erstrecken sich über mehrere Ebenen und bilden ein Kronendach, das, wenn Licht hereinbricht, Schatten auf die darunter liegenden braungoldenen Algen wirft, was diese Kälte liebenden Lebensgemeinschaften zu einem ähnlich bezaubernden Ort macht wie Korallenriffe. Kelpwälder beherbergen zwar nicht so viele Arten wie Korallenriffe, dafür aber mehr endemische Arten, die es nur an ganz bestimmten Orten gibt, wie die märchenhaften Fetzenfische im Süden von Australien.

Für die Japaner haben die Kelpwälder nationale Bedeutung, sogar Schreine haben sie für die Braunalgen erbaut.[193] Reich an Jod und anderen Spurenelementen, dürfen diese in kaum einem Essen fehlen. Die Enden der Thalluslappen werden von Booten aus abgeschnitten und wahlweise für Suppen (»Kombu«) oder die Ummantelung für Sushi (»Nori«) genutzt.[194] Außerdem beherbergen die Kelpwälder wichtige kommerzielle Fisch-, Schnecken- und Krebsarten, die auf den Tellern der Japaner landen und die lokalen Fischereien am Leben halten.

Entsprechend besorgt war das Land, als ihnen ihre Kelpwälder abhandenkamen. Ganz neu war das Phänomen zwar nicht, schon in den Achtzigerjahren hat ein Überwachungsprogramm des Umweltministeriums einen Rückgang ausgemacht, der den Turbulenzen im Meer und den Seeigeln zugeschrieben wurde. Aber im Jahr 1997 beschleunigte sich das Phänomen auf dramatische Weise: In der Tosa-Bucht verfiel ein Kelpwald auf einer Fläche so groß wie Helgoland. Von der einst dominanten Braunalge *Ecklonia cava* blieben nur noch zerrupfte und zerfressene Restbestände übrig, ehe ein paar Jahre später viele der Felsen ganz nackt oder nur von einem kümmerlichen Algenkleid überzogen waren. Diesem Phänomen gaben die Japaner einen eigenen Namen: Isoyake. Der Begriff setzt sich aus den beiden Wortteilen »felsige Küste« und »verbrannt« zusammen.

Was aber war der Grund für den Kollaps der Kelpwälder? Die Küstenpräfekturen spekulierten zunächst über Sedimentablagerungen am Meeresgrund, Taifune oder die Abwasser von Atomkraftwerken.[195] Da die Kelpwälder aber fast überall einbrachen, bis fast die Hälfte von ihnen verschwunden war, konnte auch die Ursache nicht lokal begrenzt, sondern musste überall zu finden sein. So wie die Ozeanerwärmung, die vor Japan besonders stark ausgeprägt war: Seit den Achtzigerjahren hatten sich die Gewässer im Südwesten Japans um 0,3 Grad Celsius pro Jahrzehnt erwärmt. In der Tosa-Bucht zum Beispiel waren die Winter inzwischen 1,7 Grad Celsius wärmer als noch vor drei Jahrzehnten.[196] Für die wurzellosen Braunalgen ist das ein Problem: Indirekt, weil sie Nährstoffe benötigen, um zu wachsen, aber diese abnehmen, je wärmer das Wasser wird. Direkt, weil sie verwelken, wenn es zu heiß wird. So geschehen im Westen Australiens: Mit einem Schlag eliminierte eine extreme marine Hitzewelle im Jahr 2011 die Kelpwälder entlang eines 100 Kilometer langen Küstenstreifens, womit diese den nördlichen Teil ihres Verbreitungsgebiets verloren und zunehmend an den südlichen Schelfrand Australiens gedrängt werden.[197] Aber war die Erklärung wirklich so einfach?

Sydney, Institut für Meereswissenschaften, 2011

Im November 2011 flog der Meeresökologe Yohei Nakamura nach Australien, um an einem Workshop zum Thema Tropikalisierung von gemäßigten marinen Ökosystemen teilzunehmen. Abgehalten wurde er von Adriana Verges, ebenfalls einer Meeresökologin, die an der Universität New South Wales arbeitete und einem neuen Phänomen auf der Spur war: Sie hatte festgestellt, dass mit dem Bau des Suez-Kanals in Ägypten allerhand pflanzenfressende Tropenfische vom Roten Meer ins

Mittelmeer eingedrungen waren und die dortigen Kelpwälder abgrasten. Verges hatte sich gefragt, ob sich nicht dasselbe auf natürliche Weise abspielen könnte? Also dort, wo warme Ozeanströmungen pflanzenfressende Tropenfische in subtropische und gemäßigte Gewässer spülen. An sich war das nichts Neues, allerdings könnte der Klimawandel diesen Prozess nun verstärken, da sich die Gewässer entlang jener Warmwasserströmungen zwei- bis dreimal stärker als im Weltdurchschnitt erhitzen. Aus sporadischen Vorstößen einzelner Tropenfische könnte eine dauerhafte Tropikalisierung werden. Auf dem Workshop in Sydney richtete sie sich an die Meeresökologen aus aller Welt und fragte: »Gibt es irgendeine Evidenz, dass das schon heute passiert?«

In den Jahren darauf machten sich die Wissenschaftler daran, diese These zu überprüfen. Zum Beispiel im Osten Australiens an der Verbreitungsgrenze der Kelpwälder im Übergangsbereich zwischen der tropischen und gemäßigten Zone im Pazifik. Wenn sich etwas verändern würde, dann hier. Glücklicherweise waren dort schon vor längerer Zeit Unterwasserkameras am Meeresgrund postiert worden. Als Verges die Aufnahmen aus zehn Jahren auswertete, bemerkte sie einen kontinuierlichen Rückgang der Kelpwälder, bis diese ganz verschwunden waren. An einigen Stellen hatten die Forscher außerdem einzelne Exemplare der dominanten Kelpart *Ecklonia radiata* auf nackten Felsen ausgesetzt, um zu testen, was passieren würde. Am Bildschirm sah Verges, wie mal ein Schwarm Kaninchenfische beim Vorbeischwimmen die Thalluslappen eines Kelps anknabberte, mal ein grauer Döbel an ihnen nagte und sich mal ein Pfaffenhut-Seeigel an ein Kelpblatt heranpirschte, um sich an dieses anzuheften und sich an ihm gütlich zu tun. Innerhalb von Stunden waren die ausgesetzten Braunalgen verzehrt.

Ähnliche Beobachtungen machten Wissenschaftler auch in anderen Weltgegenden. Besonders in Japan:[198] In der Tosa-Bucht konnte Yohei Nakamura verfolgen, wie der Kaninchenfisch *Siganus fuscescens* und der japanische Papageienfisch *Calotomus japonicus* die Kelpwälder umso mehr überweideten, je stärker sich die Meere aufheizten. Mehr und mehr festigte sich die Gewissheit, dass die Fische den entscheidenden Faktor darstellten, um die hitzegeschwächten Kelpwälder endgültig aus dem Gleichgewicht zu bringen und dafür zu sorgen, dass sich jene nach einer Hitzewelle nicht mehr erholen können.[199]

Aber lange blieben die Felsen nicht blank. An die Stelle des Kelp trat etwas Neues: Korallen.

Korallen in Japan? Korallen in Japan!

Tosa-Bucht, Japan

Eigentlich sind diese Doppelwesen aus Korallenpolyp und Alge der Inbegriff für sesshafte Arten. Korallen sind an das Substrat unter ihnen gebunden. Anders als Fische können sie nicht einfach wegschwimmen; wenn sich ihre Umwelt verschlechtert, müssen sie das über sich ergehen lassen. Ihr Nachwuchs allerdings kann sich günstigere Orte suchen: Einmal im Jahr stoßen Korallen gleichzeitig Ei- und Samenzellen aus. Nach der Befruchtung bilden sich Larven in so großer Zahl, dass sie einer rosafarbenen Wolke gleichen. Sie treiben manchmal über Wochen oder Monate an der Meeresoberfläche. Dabei folgen sie den warmen Meeresströmungen, die Wassermassen an den Ostküsten der Kontinente entlang in Richtung der Pole leiten. Wie der Golfstrom im Nordatlantik, der Ostaustralstrom in Australien oder der Kuroshio in Japan, der wegen seiner dunklen Farbe auch Schwarze Strömung genannt wird und warmes Wasser aus den Tropen einführt. Und mit diesem auch Tropenfische und Korallenlarven.

Waren sie dort lange nur Irrgäste, die spätestens wieder gingen, wenn die kalten Winter einsetzten, so änderte sich das, seitdem sich die Gewässer vor der Südküste Japans in den Achtzigerjahren aufheizten. Daraufhin explodierte ihr Vorkommen, bis sich in den Sommern über hundert Korallenarten in der Tosa-Bucht aufhielten. Vor einigen Jahren überschritten die Wassertemperaturen dann auch die Schwelle, ab der bestimmte Korallenarten überwintern können (15 bis 18 Grad Celsius).[200] Einige von ihnen wie die Steinkorallen *Acropora muricata* und *Acropora latistella* setzten sich permanent fest. Dabei profitierten sie von der Vorarbeit der pflanzenfressenden Fische, die den Korallen den Boden bereiten: Weil sie die Kelpwälder kurz halten, können diese die Korallen nicht mehr überwachsen. Andersherum bieten die Korallengemeinschaften den bislang vagabundierenden Tropenfischen Unterschlupf und Fressgründe, in denen sie sich dauerhaft ansiedeln können. Wo Korallen auftauchen, haben sie die Fische meist schon im Schlepptau. Nakamura war der Erste, der einen Beweis für einen solchen Regimewechsel erbracht hat. Wenn er in der Bucht tauchen geht, sieht er die neonblauen Demoisellen aus der Familie der Riffbarsche und die fast kreisförmigen bunten Falterfische um die Steinkorallen herumschwimmen, dafür kaum noch Kelp.

Inzwischen mehren sich auch aus anderen Weltteilen Berichte über neue Korallenriffe außerhalb der Tropen: Im Hafen von Sydney wurden Steinkorallen gesichtet, die vor den Türen der australischen Hauptstadt überwintern; rund 300 Kilometer haben sie sich entlang der Strömung die Ostküste Australiens hinuntergearbeitet, gemeinsam mit Tropenfischen wie dem Gestreiften Sergeanten *Abudefduf saxatilis* oder dem Schwarzen Falterfisch *Chaetodon flavirostris*.[201]

Abseits der Westküste Australiens, wo die Kelpwälder einer Hitzewelle zum Opfer gefallen waren, übernahmen Korallen, Tropenfische und andere Warmwasserarten die degradierten Meeresgründe. Aus der Karibik expandieren Hirschgeweihkorallen und Elchgeweihkorallen in den Golf von Mexiko und 50 Kilometer die Küste Floridas hinauf, so weit in den Norden wie nie zuvor beobachtet.[202] Rund um die Welt verlagern Korallen ihre Areale bis hinauf in die 33. und 34. Breitengrade der Nord- und Südhalbkugel. Die warmen Meeresströmungen gleichen einer Autobahn, auf der die Korallen mit einer Höchstgeschwindigkeit von 14 Kilometern pro Jahr in Richtung der Pole brausen.[203]

Die Japaner sind allerdings wenig begeistert über die neuen Gäste, so schön die Korallen und ihre Schlägertruppe, die Tropenfische, auch sein mögen und so viele Touristen sie auch anlocken. Zumal in der Folge auch die Bestände der Abalone-Schnecken kollabierten, auch Seeohren genannt, die in den Kelpwäldern ihr Habitat fanden. Noch 1996 holten die Fischer 1,7 Tonnen an Seeschnecken aus der Tosa-Bucht, im Jahr 2000 war es keine einzige mehr. Auch Langusten und Tintenfische verschwanden, woraufhin Fischer mit einem Schlag ihr Einkommen einbüßten.

Mehr als tausend Jahre haben die Japaner von ihren Kelpwäldern gelebt, und nirgendwo sonst auf der Welt haben diese mehr Arten – achtunddreißig – hervorgebracht. Das erklärt, warum das Land sie nicht einfach so kampflos aufgeben will. Die nationale Fischereibehörde hat einen Leitfaden veröffentlicht, wie mit dem Isoyake-Problem umzugehen sei, das nun fast alle Küstengebiete betrifft. Fünfundzwanzig Techniken werden darin aufgelistet, um sich gegen den Niedergang der Kelpwälder zu stemmen, darunter das Aussetzen von Seetang-Sporen, das Ausbringen von Betonklötzen oder Steinen, auf denen sich die Großalgen ansiedeln können, sowie den Schutz durch Metallspitzen oder Gitternetze. Das Wichtigste ist aber eine Aufforderung an die Fischer: Sie sollen die pflanzenfressende Tropenfische und Seeigel »entnehmen« und »reduzieren«.[204] Im Klartext heißt das: Ausmerzen sollen sie die Invasoren gefälligst!

Was aber sollten die Fischer mit all den Kaninchenfischen in ihren Netzen anstellen? Auch dafür hatten sich die Behörden eine Lösung ausgedacht: Die Japaner sollten ihre Ernährungsweise anpassen und die Fische einfach aufessen. Allerdings müssen die Exoten den Menschen erst noch schmackhaft gemacht werden, worauf ein Konferenzpapier aus dem Jahr 2019 hinweist, da viele der »Geruch« und die »giftigen Stacheln« an der Rückenflosse abstoße.[205] Experten bezweifeln allerdings, dass diese Strategie Erfolg haben wird. »Das Problem ist, dass die Fischer altern und immer weniger werden«, erzählt Nakamura. »Es mangelt also an Arbeitskräften, um die Maßnahmen umzusetzen.«

Langfristig dürften die japanischen Kelpwälder auch ohne die Konkurrenz aus dem Süden keinen Bestand mehr haben: Das Zentrum der Kelp-Produktion selbst befindet sich zwar vor der Insel Hokkaidō im äußersten und damit kühleren Norden Japans – jenseits der Reichweite von Kaninchenfisch & Co. Aber auch dort erwärmt sich das Meer und sorgt für einen Rückzug der Kelpwälder. Die Kombu-Ernte hat sich in den letzten drei Jahrzehnten halbiert, woraufhin sich der Preis verdoppelt hat. Langfristig könnte sich die japanische Küche damit radikal verändern. Forscher der Hokkaidō Forschungsorganisation haben berechnet, dass sich das Meer rund um

Hokkaidō bis zum Ende des Jahrhunderts um 10 (!) Grad Celsius erwärmen und die Kelpwälder damit drei Viertel ihrer Habitate verlieren könnten, vielleicht sogar alle.

Ganz müssen auch die kommenden Generationen freilich nicht auf Kombu verzichten, denn schon heute wird dieser mehr und mehr in künstlichen, mit Ozeanwasser gefüllten Becken an Land kultiviert. Für viele traditionsbewusste Kombu-Produzenten ist das allerdings keine Alternative, da die Qualität gegenüber dem natürlichen Kombu abfalle.[206]

Eine andere Frage ist, ob es überhaupt ethisch vertretbar ist, die Einwanderung von Seeigeln,[207] algenfressenden Tropenfischen und riffbildenden Korallen zu unterbinden, sosehr sie auch die alten Ökosysteme bedrohen. »Oft werde ich auf Veranstaltungen gefragt: ›Was ist mit einer Art, die in eine andere Umgebung wandert und sich negativ auf die dortigen Ökosysteme auswirkt, sei es als Jäger oder Konkurrent?‹«, erzählte mir Lesley Hughes, die mit ihrer Übersichtsstudie vor mehr als zwanzig Jahren die beginnende Wanderung beschrieben hat. »Ich frage dann zurück: ›Erschießt du's, oder verleihst du ihm einen Orden?‹ Man könnte es erschießen aufgrund der negativen Auswirkungen. Aber man könnte ihm auch einen Orden verleihen, weil es sich anpasst an den Klimawandel.«

Die Korallen und Tropenfische in der Tosa-Bucht sind das beste Beispiel: Einerseits tragen sie dazu bei, die Kelpwälder zurückzudrängen, andererseits versuchen sie nur, in ihrer thermischen Nische zu bleiben, und passen sich damit an die Umweltveränderungen an, die wir ihnen eingebrockt haben.

In gewisser Weise sind sie Helden: Sie haben es geschafft, dem Inferno zu entkommen, und haben ihre Art an einen neuen, lebensfreundlicheren Ort gerettet, wo sie überleben kann.

III
Exodus aus den Tropen

Kapitel 11
Ein dunkles Geheimnis

Wenn sich Mücken und Wildbienen, Vögel und Fische, ja selbst Korallen massenhaft vom Äquator in höhere Breiten aufmachen, von Mexiko und der Karibik in den Süden der USA und von Nordafrika in den Süden Europas, dann stellen sie unsere Gesellschaften vor neue Herausforderungen, so viel ist klar. Was aber passiert dann eigentlich in den Tropen selbst, wenn deren Bewohner abwandern?, fragte ich mich. Andere Arten aus noch heißeren Regionen können ja kaum nachrücken und die Lücken schließen, da es schon die heißeste Zone der Erde ist.

Womöglich sind die Tropenbewohner ja resistent, weil sie seit Millionen von Jahren an die Wärme angepasst sind. So hat es sich schon Alfred Wallace vorgestellt: Den Tropenwäldern schrieb der britische Naturforscher vor fast hundertfünfzig Jahren eine »extreme Gleichförmigkeit und Beständigkeit des Klimas« zu. »Jede Art der Vegetation hat sich gleichermaßen an die freundliche Hitze und die reichliche Feuchtigkeit angepasst, die sich wahrscheinlich sogar über geologische Perioden hinweg kaum verändert hat.«[208]

Und was, wenn nicht? Ein Schreckensszenario tauchte vor meinen Augen auf, in dem sich die artenreichste Region der Welt nach und nach auflöst und die Menschen in den Tropen verhungern. Ich beschloss, der Frage nachzugehen, und fand eine erste Antwort tief in der Vergangenheit.

Erlangen, Geozentrum Nordbayern, 2018

Schon auf dem Weg ins Büro von Wolfgang Kießling unternimmt man eine Reise durch die Erdgeschichte: Im Garten liegen Ammoniten, die Treppe hinauf führt an einer Tafel aus versteinerten Korallen vorbei, die 200 Millionen Jahre alt sind, und in seinem Zimmer im ersten Stock des Altbaus hängt eine Nachbildung des Archäopteryx.

Der Paläobiologe hat 2017 ein kühnes Experiment gemacht: Er untersuchte die Wanderung der Meeresbewohner seit ihrer Entstehung vor 450 Millionen Jahren mithilfe von Millionen von Fossiliendaten. Mit statistischen Verfahren errechnete der Franke die einstige Verbreitung und ordnete sie der jeweiligen Plattentektonik zu. Als Nächstes überprüfte er mittels Isotopenanalyse der Fossilien, wie sich die Schwankungen der Temperaturen in den Ozeanen im Laufe der Erdgeschichte dazu verhielten. Die Deutlichkeit des Fossilienberichts war für Kießling und seine Kollegen eine Überraschung: Das Signal des Klimawandels ließ sich klar aus ihm ablesen.[209] Die Korallen, Muscheln und Schwämme hatten sich immer wieder in Richtung der Pole ausgedehnt und wieder zurückgezogen, je nachdem, ob sich das Klima erwärmte oder abkühlte. »Die polwärtigen Schübe der Lebewesen dürften in der Vergangenheit etwas Gewöhnliches gewesen sein«, sagt der Professor für Paläoumwelt.

Unter den Fallbeispielen der Vergangenheit suchte Kießling nach einer Analogie zur Gegenwart. Und stieß auf die Zeit vor 125 000 Jahren. Auch damals erwärmte sich das Klima; die globale Durchschnittstemperatur lag sogar 1 Grad Celsius höher als die heutige. Der Paläobiologe untersuchte, wie Korallen damals wanderten, von denen gute Fossilien erhalten sind. Bis zu 800 Kilometer dehnten sie damals ihre Reichweite in Richtung der Pole aus – allerdings über einen Zeitraum von zweitausend Jahren.[210] Zwar erwärmte sich der tropische Gürtel im Gegensatz zu den höheren Breiten nur leicht, um weniger als 1 Grad Celsius, dennoch strebten die Nesseltiere massenhaft vom Äquator in die mittleren Breiten. Dort nahm die Vielfalt zu, während sie in den Tropen abnahm.

Die Konsequenz daraus gab Kießling zu denken: Wenn Abwanderung schon immer die erste Wahl war, um dem Klimawandel zu begegnen, und nicht etwa die Anpassung daran, dann stünden die Tropenarten heute vor einer riesigen Herausforderung. Denn sie haben es schon heute mit Klimabedingungen zu tun, wie es sie seit Hunderttausenden von Jahren nicht mehr gegeben hat. »Der Temperaturrückzug in hohe Breiten kann nicht ausreichen, um dem Verlust der äquatorialen Vielfalt in einer sich erwärmenden Welt entgegenzuwirken«, bilanziert der Paläobiologe. Mit anderen Worten: Nur ein Teil der Arten wird sich aus den Tropen in höhere Breiten retten können.

Ich frage mich, ob dieser Exodus aus den Tropen erneut bevorsteht? Hat er womöglich schon eingesetzt?

Kießling kräuselt die Stirn. Schon möglich, entgegnet er, allerdings sei es schwierig, auf diese Frage eine Antwort zu geben. Denn im Gegensatz zu unseren Breiten fehle es ausgerechnet in der artenreichsten Region der Welt an Daten. Die Tropen glichen in weiten Teilen einem weißen Fleck auf der Forschungslandkarte.

Ich finde das ungeheuerlich. Das, was auf dem Spiel steht, ist gewaltig, aber es wird einfach kaum untersucht! Wie ein dunkles Geheimnis kommt mir das vor.

Einen Kandidaten gibt Kießling mir noch mit auf den Weg: Als Erstes dürfte sich der Rückzug im Ozean abspielen und dort die wärmeempfindlichsten Organismen betreffen: die Korallen. Ihre zarten Vorstöße in die gemäßigten Ozeane könnten so etwas wie die Speerspitze einer Massenflucht darstellen.

Kapitel 12
Der Auszug der Korallen

Great Barrier Reef, 2017

Als Terry Hughes im März 2017 das Great-Barrier-Reef überflog, traute er seinen Augen kaum: Unter dem Schatten seines kleinen Flugzeugs sah der Direktor des Zentrums für Korallenriffstudien der James-Cook-Universität in Townsville ein Riff nach dem anderen vorbeiziehen. Doch anstelle der sonst so leuchtenden Farben zeichneten sich unter Wasser nur weiße Skelette ab. Zwei Drittel des Riffs vor der Nordostküste Australiens waren von der Korallenbleiche betroffen. Nur das südliche Drittel war in einem normalen Zustand.

Hughes, einer der bekanntesten Korallenforscher der Welt, begann seine Karriere in der Karibik. Nachdem die Korallenriffe dort Anfang der Neunzigerjahre mehr und mehr verfallen waren, zog er nach Australien, um am Great Barrier Reef zu forschen, dem größten Korallenriff der Welt. Es war noch in einem guten Zustand. »Ich bin eine Art ökologischer Flüchtling auf der Suche nach unberührten Korallenriffen«, erzählte er mal in einem Interview.[211] Allerdings musste er lernen, dass man sich nirgendwo vor dem Klimawandel verstecken kann. Seit 1998 gab es vier große Korallenbleichen am Great Barrier Reef.

Korallenriffe sind einzigartige Lebensräume. Die riesigen Riffe werden von wirbellosen Organismen erschaffen, die oft nicht mal einen Zentimeter groß sind: Korallenpolypen, deren zylinderförmiger Körper in einer Mundöffnung endet, die Tentakel umgeben. Die Kolonien dieser Nesseltiere sondern stetig Kalk ab und errichten damit über Jahrtausende das Grundgerüst für ihre Unterwasserszenarien. Meereswissenschaftler schätzen, dass sich im Schutz der Korallenriffe bis zu eine Million Tier- und Pflanzenarten angesiedelt haben. Ein Viertel aller Tierarten der Weltmeere hängt von den Riffen und ihren Rückzugs- und Nahrungsangeboten ab.

Doch überleben können die Korallen nur in Symbiose mit winzigen Algen, sogenannten »Zooxanthellen«, die sich an der Haut der Polypen einnisten und dort Kohlendioxid abzapfen. Das benötigen die Einzeller, um Fotosynthese zu betreiben. Dabei entstehen Sauerstoff und Zucker, was wiederum die Korallenpolypen versorgt. Erst die Algen verleihen den Korallenriffen ihr leuchtendes Rot, Grün oder Blau.

Erwärmt sich das Wasser für längere Zeit um mehr als 1 Grad Celsius über den höchsten durchschnittlichen Sommerwert, beginnen die Algen Radikale zu produzieren, und die Polypen setzen ihre Untermieter irgendwann vor die Tür. Zurück bleibt das weiße Kalkskelett. Eine Zeit lang können die Polypen ohne die Algen leben, doch auf die Dauer verhungern sie.

Nach seinen Kontrollflügen schlüpfte Terry Hughes in seinen Taucheranzug und begutachtete hundertvier Riffe aus nächster Nähe, um sich ein genaueres Bild der Lage zu machen. Vor allem im Nordteil dominierten Skelettwüsten, an denen teils noch verrottendes Korallengewebe haftete und die bereits von ersten Fadenalgen in Beschlag genommen wurden. Der Südteil des Riffs hingegen war so gut wie unbeschadet davongekommen – wahrscheinlich dank des Zyklons Winston, der für Abkühlung gesorgt hatte. Trotz aller Bestürzung: Für Hughes als Wissenschaftler war das eine spannende Versuchsanordnung. Sie half ihm, eine entscheidende Frage zu beantworten: Wie viel Hitze können Korallen überleben?

Die Auswertung ergab: Solange sich das Wasser nicht um mehr als 3 Grad Celsius über dem langjährigen Durchschnitt erwärmt, ändert sich die Korallenbedeckung kaum. Über diesem Wert allerdings beginnt das Massensterben. Ab einem Hitzestress von über 4 Grad nimmt die Bedeckung um 40 Prozent ab, ab 8 Grad um zwei Drittel und ab 9 Grad um 80 Prozent. Den entscheidenden Schwellenwert machte Hughes bei plus 6 Grad aus. Oberhalb dieser Grenze stellte er Änderungen in der Zusammensetzung der Korallenarten fest: Der Stress hatte eine rapide Auslese zwischen den unterschiedlich hitzeresistenten Korallen in Gang gesetzt. Besonders stark geschädigt waren die Geweihkorallen und die lilafarbenen Griffelkorallen, genannt »Milka-Korallen«. In den stark von der Bleiche betroffenen Gebieten nahmen diese schnellwüchsigen, filigran verzweigten Arten um bis zu drei Viertel ab, während robustere und langsamer wachsende Korallen fortan dominierten. »Das Korallensterben hat die Zusammensetzung der Korallenarten in Hunderten von Riffen radikal verändert«, sagt Hughes.

In allen tropischen Gewässern rund um die Welt greifen Korallenbleichen nun um sich. Forscher aus Australien, Großbritannien und Kanada haben diese zwischen 1980 und 2016 in hundert Riffen aus aller Welt untersucht und kamen zu dem Ergebnis, dass Korallenbleichen fünfmal wahrscheinlicher geworden sind: Lag die Wahrscheinlichkeit in einer Region im Jahr 1980 noch bei durchschnittlich einmal alle fünfundzwanzig bis dreißig Jahre, so erhöhte sich das Risiko für das Jahr 2016 auf einmal alle sechs Jahre. Besonders stark gebeutelt war die Karibik, während in jüngster Zeit die Meere im Indischen Ozean und im Osten Australiens am stärksten betroffen sind. »Für die tropischen Riffsysteme beginnt eine neue Ära, in der die Zeiträume zwischen wiederkehrenden Korallenbleichen zu kurz sind, um sich vollständig zu erholen«, schrieb Hughes 2018 in einer aufsehenerregenden Studie im Fachjournal *Science*.[212]

Der Australier bangte, wie lange es dauern würde, bis die nächste Bleiche am Great Barrier Reef einsetzen würde. Denn entscheidend für das Überleben der Korallen ist die Zeit dazwischen: Eine Bleiche allein kann ein Riff nicht umbringen. Mit jeder neuen schwindet aber seine Widerstandskraft, vor allem, wenn sie dicht aufeinanderfolgen. Wie bei einem Boxer, der einen Schlag einstecken kann, aber irgendwann zu Boden geht, wenn eine ganze Hiebsalve auf ihn einprasselt.

Eigentlich benötigen Korallen gut zehn Jahre, um die Lücken zu füllen, welche die toten Korallen hinterlassen haben. So viel Zeit hatte das Great Barrier Reef nach der Bleiche im Jahr 2017 allerdings nicht: Schon Anfang 2020 überflog Hughes in einem Leichtbauflugzeug erneut das 344.000 Quadratkilometer große Riff an der Westküste Australiens und sah, wie es schneeweiß durch die Wasseroberfläche schimmerte, mit vereinzelten gelben und grünen Tupfern. Nicht mehr nur im Norden, wie bei der letzten Bleiche, sondern auch im Süden. So eine Ausbreitung hatte es nie zuvor gegeben.

Langfristig rechnet Hughes damit, dass die Riffe so lange degradieren, bis sich der Klimawandel stabilisiert hat und sich die übrig gebliebenen Korallen zu neuen, hitzetoleranten Riffgemeinschaften umformen. Vorausgesetzt, sie können sich gegen ihren epischen Gegenspieler – den Seetang – durchsetzen, der die Korallen seinerseits zu überwuchern versucht und auch chemische Waffen gegen sie einsetzt.[213] »Was derzeit unter Wasser passiert, ist nichts anderes als chemische Kriegsführung«, sagt der US-Meeresökologe Mark Hay vom Georgia Institut für Technologie in Atlanta.

Bis zum Ende des Jahrhunderts könnten so gut wie alle Korallenriffe verschwunden sein, selbst wenn die Weltgemeinschaft es schafft, die Erderwärmung auf 2 Grad Celsius zu beschränken, wie es der Pariser Klimavertrag vorsieht, warnt ein Sonderbericht des Weltklimarats.[214] Eine Begrenzung auf 1,5 Grad Celsius würde zumindest noch 10 bis 30 Prozent retten. Aber auch nach drei Massenbleichen des Great Barrier Reef in vier Jahren weigert sich selbst die Regierung von Australien, weniger Kohlendioxid auszustoßen und weniger Kohle zu exportieren. Stattdessen beschränkt sie sich auf absurde Alibi-Maßnahmen wie das Verteilen von Sonnenschutzmitteln auf der Wasseroberfläche oder die Installation von Unterwasser-Klimaanlagen an einzelnen Riffen.[215]

Eine massive Ernährungslücke droht

Im Mai 2017 war ich auf den Fidschi-Inseln, um über die Klimafolgen für den pazifischen Inselstaat zu berichten, der am Ende des Jahres die Weltklimakonferenz leiten sollte. Dort habe ich zum ersten Mal ein Korallenriff gesehen. Nicht im Entferntesten hatte ich mir vorstellen können, was für eine magische Welt unter der Meeresoberfläche parallel zu unserer besteht. Die Riffe waren überzogen mit Korallen in allen möglichen Farben, Seesterne bogen ihre Arme und zeigten ihre puppenhaften Gesichter, weiß-orange gestreifte Nemofische kamen neugierig angeschwommen, und eine Schule aus Schwertfischen kreuzte eine Armlänge vor meiner Taucherbrille den Weg. Es herrschte emsiger Betrieb. Ich war von dem Zauber in den Bann geschlagen und wollte gar nicht mehr auftauchen.

Korallenriffe entfalten eine ungeheure Anziehungskraft. Sie sprechen etwas tief in unserem Inneren an, eine Sehnsucht nach Vielfalt und Natur. Aber hat ihr Verlust auch praktische Konsequenzen, die darüber hinausreichen, dass Touristen aus dem Norden nicht mehr um die halbe Welt fliegen können, um die Schönheit der Riffe zu bewundern? »Die Folgen werden sehr ernsthaft sein«, erklärte mir Alistair Jump, ein britischer Ökologe. »Jeder, der denkt, dass er unabhängig von Ökosystemen und der Artenvielfalt existieren kann, ist heillos übergeschnappt und irre. Der Verlust der Biodiversität wird einfach jeden beeinträchtigen.«

Und das gilt auch für die Korallenriffe: Sie bergen ein Reservoir an Arzneimitteln gegen Krankheiten aller Art. Nirgendwo auf der Erde herrscht so viel geballte Konkurrenz wie hier, wo unzählige Arten um ihren Platz kämpfen müssen und Schwämme, Korallen und Seetang chemische Bestandteile produzieren, die sich auch im Kampf gegen antibiotikaresistente Bakterien, Viren und Krebs einsetzen lassen.[216] Inzwischen interessieren sich die Pharmazeuten auch für die Millionen von Mikroorganismen auf den Polypen der Korallen und dem Schlammboden darunter. »Es ist eine wahre Bibliothek an Lösungen«, schwärmt Hay. »Allerdings wissen wir in den meisten Fällen noch nicht, wozu sie gut sind.«

Ungefähr 850 Millionen Menschen an den Küsten leben unmittelbar von den Fischen in den Korallenriffen, die sie essen oder verkaufen. Oder von den Einnahmen durch Touristen. Die Formel ist einfach: Geht es den Korallenriffen gut, geht es auch den Menschen gut, die in ihrer Nähe leben. Ohne die Riffe bleiben irgendwann auch die Fische aus. Das haben Forscher um Morgan Pratchett von der James Cook University in Australien vor einigen Jahren nachgewiesen, indem sie Orte beobachtet haben, an denen Korallen verschwunden waren. Zunächst sah es so aus, als könnten die Fische auch ohne das Riff weiterleben. Aber als die Forscher nach zehn Jahren erneut nachsahen, waren auch die meisten Fische verschwunden.[217] Ohne die Fischerei würde die Wirtschaft vieler kleiner Inselstaaten einbrechen, und ein Teil der Landbevölkerung müsste hungern. Bis 2050 dürfte die Fischproduktion aus den Korallenriffen Modellen zufolge um ein Fünftel schrumpfen. Zugleich aber wächst die Bevölkerung in den pazifischen Inselstaaten wie Samoa oder Vanuatu stark an. Eine massive Ernährungslücke droht.

Viele setzen ihre Hoffnung deshalb auf den Thunfisch. Er lebt im freien Ozean und könnte die wegfallenden Rifffische teilweise kompensieren. Allerdings wandern seine beiden bedeutendsten Arten, der Gelbflossen-Thun und der Echte Bonito, infolge des Klimawandels ebenfalls ab – nach Osten. Und kehren den Malediven im Indischen Ozean genauso den Rücken wie den Cook- und Fidschi-Inseln im Südpazifik. »Sie lassen Nationen hinter sich zurück, die bislang einen erheblichen Teil ihres Einkommens mit den Fischen verdient haben«, sagt Ove Hoegh-Guldberg, der Direktor des Instituts für globalen Wandel an der Universität von Queensland. Vor allem durch die Lizenzgebühren, die ausländische Fischdampfer entrichten. Für manche Inselstaaten sind sie fast die alleinige Einnahmequelle.[218] Eine Fischfabrik auf der Insel Lovoni, die zu den Fidschi-Inseln gehört und etwa tausend Menschen Arbeit bietet, musste Ende 2019 bereits die Produktion von Weißem Thunfisch drosseln.[219]

Nach und nach wird der Thunfisch die exklusiven Wirtschaftszonen der pazifischen Inselstaaten verlassen und in internationale Gewässer vordringen. Dort stehen schon heute die großen Fischdampfer aus Ländern wie China bereit, um die Fische auszubeuten. Derzeit zahlen sie meist noch Fischfanglizenzen, aber mit der Wanderung des Thunfischs nach Osten haben sie völlig freie Hand. Innerhalb der nächsten dreißig

Jahre, haben Fischereiexperten berechnet, könnten den pazifischen Inselstaaten 60 Millionen Dollar pro Jahr entgehen.[220] Für viele Bewohner insbesondere auf den abgelegenen Inselchen im Südpazifik sind Fische die einzige Proteinquelle. Wenn den lokalen Fischern der Thunfisch abhandenkommt, fahren sie mit ihren Booten häufiger in die Korallenriffe hinein, um dort zu fischen – bis auch an diesen Orten die Fische knapp werden. »Einige Gemeinden sind so verzweifelt, dass sie die letzten Fische aus den Riffen ziehen«, erzählt Hoegh-Guldberg. »Sie sammeln die Riffe zu Tode.«

Vor ein paar Jahren war der Meeresbiologe in Indonesien. Dort hörte er Berichte über Küstenbewohner, die Riffe mit Dynamit in die Luft jagen, um noch die letzten Fische zu ergattern. »Viele Küstenbewohner haben keine andere Wahl«, erklärt der Korallenforscher. »Gerade von den Armen, Hungernden erwarten wir, dass sie es anders machen als wir und den ökologischen Wohlstand der Welt schützen, während wir die fossilen Energiereserven der Erde weiter leer pumpen und den Klimawandel anheizen, der die Inselbewohner in den Tropen vor unlösbare Probleme stellt.« Um ihren Proteinbedarf in Zukunft zu decken, empfehlen Experten nun ausgerechnet den Inselstaaten, die von Meer umgeben sind, im Inland zu fischen – in Teichen und Flüssen.[221]

Liegt die Rettung in den höheren Breiten?

Und die Korallenriffe? Schaffen sie es, sich in höhere Breiten und kühlere Ozeane abzusetzen, bevor sie ihr Kerngebiet am Äquator verloren haben? Dieser Frage haben sich Meeresbiologen um Nichole Price vom Bigelow-Labor für Meereskunde in East Boothbay im US-Bundesstaat Maine angenommen. Dafür haben sie sich einen wichtigen Indikator für die Gesundheit der Korallenriffe angesehen: den Nachwuchs. Erstmals überhaupt haben sie die Rekrutierung neuer Korallen für alle tropischen und subtropischen Gewässer für die vergangenen vierzig Jahre berechnet – mithilfe von Terrakotta-Kacheln. Zu Hunderten wurden diese seit dem Jahr 1974 in den tropischen und subtropischen Ozeanen versenkt, um zu überprüfen, ob sich neue Korallen darauf ansiedeln. Das Ergebnis: Insgesamt ging die Neubesiedlung durch die Korallen um 82 Prozent zurück – was die Krise dokumentiert, in der sie sich befinden. Denn wenn sie massenhaft absterben oder krank sind, können sie sich weniger fortpflanzen. Aber nicht überall war der Rückgang gleich: Während in den Tropen die Zahl der jungen Korallen um 85 Prozent einbrach, nahm sie in den Subtropen um mehr als zwei Drittel zu. Im nördlichen Teil des Golfs von Mexiko, auf Hawaii, am südlichen Great Barrier Reef oder in Ägypten, also dort, wo zuletzt auch neue Korallenriffe entdeckt worden waren.

Price sieht darin zumindest »einen Hoffnungsschimmer«. Die höheren Breiten könnten zumindest einigen Korallenarten »einen ökologisch bedeutenden Zufluchtsort gegen die zunehmend widrigen Umstände in den tropischen Meeren bieten«, schreibt sie in einer Studie im Fachblatt *Marine Ecology Progress Series*.[222] Schon in wenigen Jahren, so sagen es Verbreitungsmodelle voraus, dürften die besten Habitate für Korallen nicht mehr am Äquator liegen, sondern über dem 20. Breitengrad.

Der Weg dorthin ist allerdings alles andere als ein Spaziergang: Die Larven müssen lange genug von ihren Fettreserven zehren können, um die weiten Strecken zu überbrücken. Als Nächstes müssen sie einen geeigneten Meeresuntergrund finden, vorzugsweise Felsen im seichten Wasser, die das ganze Jahr genügend Licht abbekommen. Haben sie sich dort niedergelassen, müssen sie auch noch auf ihre symbiotischen Partner warten – die Mikroalgen. Unmöglich ist das nicht, das haben die Steinkorallen bewiesen, die sich vom gebeutelten Great Barrier Reef bis vor die Küste Sydneys haben driften lassen, und von den degradierten Riffen in der Karibik bis vor die Küste von Fort Lauderdale in Florida. Irgendwann ist aber selbst für die wanderfreudigsten Korallen Schluss. Denn nicht nur die Temperatur entscheidet über die Lebensfähigkeit der Korallen, sondern auch das Licht und damit auch die Meerestiefe. Ohne Licht können die Algen keine Fotosynthese betreiben. Korallen überleben deshalb nur, wenn sie sich nicht zu weit vom flachen Wasser oder vom Äquator entfernen. Je weiter es in Richtung der Pole geht, desto dunkler wird es im Winter, und desto saurer wird das Wasser, da sich Kohlendioxid besser in kaltem Wasser löst. Price vergleicht die Situation der tropischen Korallenriffe deshalb mit einem Sandwich: Ihre Zukunft könnte in einer relativ engen Zone zwischen den Tropen und Subtropen liegen. Dort könnte etwas Neues entstehen. Bis sich allerdings wieder Korallenriffe von der Größe des Great Barrier Reef aufbauen, würde es ein wenig dauern: ungefähr eine halbe Million Jahre.[223]

Kapitel 13
Abrupte Regimewechsel

Ein internationales Team aus Ökologen und Klimaforschern hat kürzlich zum ersten Mal versucht, einen Zeitplan aufzustellen, wann es in welchen Teilen der Welt den Artengemeinschaften zu heiß werden dürfte, wenn der Klimawandel so weitergeht wie bisher. Die Computersimulation spuckte eine Jahreszahl aus: 2074.

In gut fünfzig Jahren also dürften die von den Forschern ausgewählten dreißigtausend Arten an Land und im Ozean Umbrüche erfahren und in ihrer Vielfalt abnehmen, so das Ergebnis der Studie im Fachblatt *Nature*.[224] Natürlich bildet die Zahl nur einen Durchschnittswert ab. Das heißt: Einige Regionen erwischt es später, andere dafür deutlich früher. Besonders hoch schätzen die Forscher das Risiko für die Tropen ein. Sie sind nicht nur reich an Arten und haben entsprechend viel zu verlieren, sondern dort fehlt es auch an Arten, die an wärmere Umgebungen angepasst sind. Schon heute dürften erste Tiere und Pflanzen Temperaturen ausgesetzt sein, die sie nie zuvor erlebt haben, schreiben die Autoren, und das weniger durch einen graduellen Temperaturanstieg als durch plötzliche Hitzewellen, die Steigbügelhalter des Klimawandels.

In den zurückliegenden dreißig Jahren hat die Zahl und Dauer von Hitzewellen um 50 Prozent zugenommen. Besonders in den Gewässern der Karibik und vor Australien haben sie gewütet und damit die Abwanderung von Arten in Richtung der

Pole beschleunigt[225] – wie im Fall der Kelpwälder im Westen Australiens und der Korallenriffe im Osten Australiens. »Es ist kein glatter Abhang, sondern eine Abfolge von Felskanten, was unterschiedliche Gegenden zu unterschiedlichen Zeiten trifft«, erklärt Mitautor Alex Pigot vom University College London.

Um die Jahrhundertmitte dürften die Verwerfungen vom Ozean auf die Landsysteme überspringen und ikonische Ökosysteme wie die Regenwälder Indonesiens, des Kongo-Beckens oder des Amazonas-Regenwalds erodieren lassen, sagen die Forscher voraus. Vielleicht aber auch schon früher.

Ich malte mir aus, wie Tropenarten in Massen in Bewegung geraten, wie sie die Berge hinaufflüchten und auf dem Globus nach Süden und Norden abwandern, um Abkühlung zu finden. Ein wahrer Exodus, verbunden mit einem massiven Verlust an Artenvielfalt.

Aber kann das wahr sein? Die Verlagerung von Fischen aus den Tropen in höhere Breiten konnte ich mir noch vorstellen, müssen Meeresbewohner doch viel unmittelbarer auf Temperaturveränderungen reagieren. Aber wie bitte sollte der Amazonas-Regenwald samt seinen Bewohnern in höhere Breiten umziehen? Und was träte an seine Stelle?

Das alles passte nicht in mein Bild vom immergrünen Regenwald, den es schon seit mindestens 55 Millionen Jahren gibt und der bis heute den größten Artenschatz auf der Welt beherbergt. In Europa haben wir uns an den Schwund von Pflanzen und Tieren schon fast gewöhnt, allerdings in dem Wissen, dass es anderswo auf der Welt wie in den Tropenwäldern oder den Korallenmeeren noch ein großes Refugium der Artenvielfalt gibt. Sollte auch dieses einbrechen, würde die Welt unwiederbringlich verarmen und mit ihr die Vorstellung, die wir von ihr haben. Der Gedanke erschien mir unfassbar.

Ich beschloss, an den Ort mit der größten Artenvielfalt der Welt zu reisen, um dort nach Antworten zu suchen: in die Berge des Manú-Nationalparks in Peru.

Kapitel 14
Der Bergwald klettert nach oben

Kosñipata-Tal, Peru, Sommer 2019

Schon vom Flugzeug aus wird mir klar, was den Ort so einzigartig macht. Ein scheinbar endloser Wald zieht sich vom Tiefland bis in die Anden. Flüsse mäandern in wilden Schleifen, manchmal spiegeln sie sich zur anderen Seite, es gibt sie sozusagen zweimal. So viel ungebändigte Natur überwältigt mich, sind meine Augen doch an strenge Formen wie Kanäle, begradigte Flüsse und Waldquadrate gewohnt.

Irgendwo in einem der Täler unter mir wandert zu dieser Zeit Kenneth Feeley in seiner ockerfarbenen Tropenkleidung durch den Amazonas-Regenwald. Seine Sommer verbringt der US-Ökologe von der Universität Miami im Manú-Nationalpark, um Bäume zu umarmen. Er macht das nicht aus spirituellen Gründen, sondern um mit einem Maßband die Dicke der Stämme zu bestimmen. Im Jahr 2003 begann die Untersuchung im Südosten Perus. Auf einer Höhe von 950 bis 3.400 Metern kartierten US-Biologen vierzehn Waldplots, jedes größer als ein Fußballfeld. Nach vier Jahren wiederholten sie das Prozedere. Feeley drängte nach der zweiten Erhebung im Jahr 2007 seinen Doktorvater Miles Silman, die Daten gleich auszuwerten. Zwar rechneten sie für diese kurze Zeitspanne nicht mit einer signifikanten Änderung in der Verteilung, aber sie konnten ja schon mal für spätere Analysen üben. Trotzdem stießen

sie ziemlich schnell auf ein Muster: Die Baumarten waren nach oben gewandert, im Schnitt um 2,5 bis 3,5 Höhenmeter.[226] »Wir hatten durchaus erwartet, dass so etwas eintritt«, erzählt Feeley. »Aber erst in fünfzig Jahren.«
Natürlich können die Bäume ihre Wurzeln nicht einfach in die Hand nehmen und den Berg hinaufwandern. Aber sie können ihre Samen mithilfe von Schwerkraft, Wind und Waldtieren verteilen. In Zeiten des Klimawandels ist die Richtung in aller Regel vorgegeben: Gelangen die Samen zu weit bergab, sterben sie, da es dort inzwischen zu heiß für sie geworden ist; gelangen sie bergauf in kühlere Gefilde, können sie überleben, da dort heute eher Temperaturen herrschen, an die sie angepasst sind. Auf diese Weise klettern viele Baumarten in die Höhe. Besonders gut schaffen das Pflanzen der Gattung Schefflera – bei uns eine typische Haus-Zierpflanze –, die schnell wächst und ihre Samen verteilt, auch dank Vogelarten wie den Tangaren, die die Pflanzensamen aufpicken und in höheren Lagen wieder ausscheiden. Bäume hingegen, die ihre Samen einfach fallen lassen, können mit dem Klimawandel kaum mithalten.

Feeley und seine Kollegen wollten wissen, ob sich das Phänomen auf den Manú-Nationalpark beschränkte. Sie vernetzten sich mit Forschern aus aller Welt und nahmen immer weitere Plots auf, in Kolumbien, Ecuador, Nordargentinien. Insgesamt zweihundert umfasst der Zensus heute. Und überall zeigt sich das gleiche Phänomen: Die Kälte liebenden Waldarten wandern in die Höhe, wo es kühler ist.[227] Peru war also keine Ausnahme.

Ganz so einfach, wie es klingt, ist der Aufstieg für die Bäume allerdings nicht. Denn über ihr Wohlergehen entscheidet nicht nur die Temperatur, sondern auch die Luftfeuchtigkeit und Wolkenbedeckung. Und diese Faktoren verändern sich nicht synchron mit der Erwärmung. Nehmen wir die Luftfeuchtigkeit: Die nimmt im Gegensatz zur Temperatur nämlich zu, je höher ein Berg ist. Wenn sich also die Luft im Zuge des Klimawandels dauerhaft erwärmt und entsprechend mehr Wasser aufnehmen kann, dann müssen die Arten nach unten wandern und nicht nach oben, um mit der gleichen Feuchtigkeit versorgt zu werden wie früher. Das stellten US-Biologen in der Sierra Nevada fest, als sie Berg-Transekte, die bereits vor hundert Jahren kartiert worden waren, erneut auf die dort lebenden Vogelarten untersuchten: Die Mehrzahl der Tiere hatte die Verbreitung ihres Brutgebiets tatsächlich verlagert – aber nur gut die Hälfte von ihnen nach oben. Während die Erwärmung sie nach oben bugsierte, zog die zunehmende Luftfeuchtigkeit einen kleineren Teil wieder nach unten.[228]

Und selbst wenn manche Arten schnell genug hinaufklettern können, herrschen dort womöglich Bedingungen, die sie nicht überstehen. Die Waldgrenze illustriert das ganz gut: Statt mit nach oben zu wandern, erwies sie sich für die zweihundert Plots erstaunlich stabil, erzählt Feeley. Ein Vergleich von alten Fotos, Luftaufnahmen des US-Militärs und Feldbeobachtungen ergab: Dort, wo vor fünfzig Jahren die Bäume am höchsten standen, stehen sie auch heute noch am höchsten. Der Biologe vermutet, dass das an den Temperaturen liegen könnte, die auf den Tropenbergen stark zwischen Tag und Nacht schwanken. Verwehen Baumsamen über die Waldgrenze hinaus in die Graslandschaft, so sind sie nachts der kalten Luft ausgesetzt und sterben ab. Unter dem Kronendach des Waldes aber finden sie Schutz und können überleben. »Eine Zwickmühle«, sagt Feeley. »Ohne Wald kein Samen und ohne Samen kein Wald.«

Solche sogenannten Ökotone wie die Waldgrenze gibt es an verschiedenen Übergangsstellen im Bergwald. Für viele Arten ist also nicht erst am Gipfel Schluss mit dem Aufstieg, sondern schon vorher. »Die von unten kommenden Baumarten werden dort regelrecht zusammengepresst«, sagt der US-Biologe.

Mit bloßem Auge kann er die Verschiebung des Tropenwalds noch nicht erkennen. Aber eine andere Veränderung nimmt er seit einigen Jahren sehr wohl war: Auf den Berggipfeln bemerkt er schwarze, verkohlte Flächen, die im Vorjahr noch grün gewesen sind. Und jedes Jahr kommen neue hinzu. »Ein großer Teil des Hochlands ist abgebrannt«, sagt Feeley. Dort weiden jetzt Rinder, oder Bauern pflanzen Getreide an. »Die Wälder wollen hinaufwandern, aber die Leute drängen sie sogar noch weiter nach unten.«

Verarmen die Wälder, wirkt sich das aber auf die gesamte Nahrungskette aus. Bäume beherbergen Unmengen an Tieren, Pilzen, Moosen und Flechten. Viele Insekten sind auf ganz bestimmte Bäume spezialisiert, und von den Insekten wiederum leben bestimmte Vögel. Im Manú-Nationalpark gibt es besonders viele davon; jede zehnte Vogelart der Welt ist hier zu Hause. Wegen der Vögel bin ich nach Peru gereist. Sie sollen mir etwas darüber verraten, was mit den Tropen gerade passiert.

Kapitel 15
Aufzug ins Aussterben

Cusco, 2019

In der alten Hauptstadt der Inkas, 3.400 Meter hoch in den Anden, habe ich mich mit Alex Wiebe verabredet, einem Biologiestudenten des Labors für Ornithologie der Cornell-Universität in Ithaca im US-Bundesstaat New York, kurz »Lab of O«, einer Kaderschmiede der besten Ornithologen der Welt. Unser Plan: einen entlegenen Andenausläufer im Südosten des Landes besteigen. Dort auf der Cordillera del Pantiacolla soll sich ein Phänomen ereignet haben, das die Fachwelt »Rolltreppe ins Aussterben« nennt, aber nie zuvor zweifelsfrei dokumentieren konnte.

Die Geschichte dieser Entdeckung beginnt mit einer abenteuerlichen Reise im Jahr 1985. Ein paar US-Ornithologen, heute allesamt Legenden in ihrem Feld, machten sich nach Peru auf, um einen unberührten Berg zu erklimmen und die dortige Vogelwelt zu beschreiben. Darunter John Fitzpatrick. Der heutige Direktor des »Lab of O« ist für Wiebe ein Idol. Sitzungen läutet der heute Neunundsechzigjährige ein, indem er die Hand an seinen grauen Schnauzer hält und den Ruf eines Streifenkauzes ausstößt. Er war so alt wie Wiebe heute, als er erstmals nach Peru aufbrach, um die Vögel im Manú-Nationalpark zu bestimmen. Es war eine Zeit, als sich Vogelkundler lange Bärte wachsen ließen und in die entlegensten Winkel der Erde ausströmten, um unbeschriebene Tier- und Pflanzenwelten zu entdecken – wenn es sein musste auch mit der Schrotflinte (in den Dokumenten firmieren die abgeschossenen Vögel am Pantiacolla als »eingesammelt«, englisch: »collected«). »Alles, was wir über tropische Vögel in Peru wissen, verdanken wir ihm und ein paar seiner Kollegen«, sagt Wiebe.

Dreißig Jahre später brach Fitzpatrick erneut zur Cordillera del Pantiacolla auf, diesmal in Begleitung eines Schützlings von ihm namens Benjamin Freeman. Vom Fluss aus hielten sie ein Schwarz-Weiß-Foto von 1985 in die Höhe und glichen es mit den Uferstellen ab, bis sie den Einstieg fanden. Kein Mensch hatte in der Zwischenzeit den Berg bestiegen. Und doch hatte sich hier etwas Grundsätzliches verschoben, wie die Biologen feststellten: Die Vögel hatten ihren Lebensraum nach oben verlagert, im Schnitt um 68 Meter den Berg hinauf.

Während der Höhenwanderung schrumpfte mit ihrem Lebensraum auch die Zahl an Individuen. Oben angekommen, verschwanden die Vögel irgendwann ganz. Fitzpatrick und Freeman konnten das für acht Arten nachweisen. Die Ursache dafür war kaum merklich: eine Erwärmung der Luft um 0,42 Grad Celsius. Damit hatten sie das erste Mal dokumentiert, dass ganze Artengemeinschaften über die Bergspitze hinaus verloren gehen, weil sich das Klima erwärmt.

Alex Wiebe will diese unglaubliche Entdeckung nun überprüfen. Wenn es einer schaffen sollte, Vögel zu finden, die es eigentlich gar nicht mehr geben dürfte, dann er: Im Juli 2018 hatte der Biologiestudent mit der Statur eines Footballspielers und dem Gesicht eines Buben im Manú-Nationalpark an einem »Big Day« teilgenommen, einem Wettbewerb unter achtundfünfzig Vogelbeobachtern, die vierundzwanzig Stunden Zeit haben, um zu Fuß möglichst viele Vögel aufzuspüren. Wiebe hatte vorher studiert, welche Arten es dort gab, wo sie lebten und zu welcher Tageszeit sie sangen. Darauf stimmte er seine Route ab. Frühmorgens um 2.45 Uhr marschierte er los und kehrte um 22.30 Uhr abends in die Biologische Station Los Amigos zurück. Dreihundertsiebenundvierzig Vogelarten hatte er in seinem Block notiert – Weltrekord.

Er liebt den Wettbewerb, erzählt er mir, während wir in Cusco auf dem Balkon eines Restaurants im Sonnenschein *Pollo a la brasa* essen, Grillhähnchen. Von der Straße tönt das Hupen der Roller und Autos, die Rußwolken ausstoßen und uns das Atmen noch mehr erschweren, als es die Höhenluft auf 3400 Metern ohnehin schon tut. Eintausendachthundertzwei Vogelarten besitzt Peru; die meisten davon kennt Wiebe schon, zumindest die im Tiefland. Nun will er die Tropenberge besteigen, angefangen mit der Cordillera del Pantiacolla.

Von Cusco aus fährt uns ein Mercedes-Sprinter sieben Stunden auf Schotterstraßen die Anden hinunter ins Tiefland im Landesosten; an Hängen vorbei, auf denen Peruanerinnen in bunten Trachten Ochsen antreiben, die ihrerseits einen Pflug durchs Feld ziehen; an Jungen vorbei, die entgegen unserer Reiserichtung Esel die Serpentinen hinaufführen; und, als es schon dunkel ist, an Motorrädern und Geländewagen vorbei, die bevorzugt ohne Licht fahren oder dem Schein einer Taschenlampe folgen, um Sprit zu sparen. Die Siedlungen im Regenwald heißen »Kreuz«, »Drei Kreuze« oder »Heiliges Kreuz«. Wir übernachten im Dorf »Erlösung«.

Am nächsten Tag holen uns drei junge Männer der Palatoa-Gemeinschaft, einer Gruppe Indigener, die hier siedeln, in einem Holzkahn mit Außenbordmotor an einem Flussbett ab. Sie gehören zur größten indigenen Gruppe Perus, den Machiguengas, die meist unter sich bleiben, aber durchaus Trikots der Fußball-Nationalmannschaft tragen und einfache Handys besitzen. Vom Río Alto Madre de Dios hinauf, der so breit ist wie ein See, biegen wir in den Río Pantiacolla ein, der sich durch Regenwald schlängelt. Dann taucht sie vor uns auf: die Cordillera del Pantiacolla. Die Gebirgskette ist geformt wie eine Pyramide und mit Wald überwachsen. Besser gesagt: mit Wäldern. Am Fuße des Bergrückens auf 470 Metern dominieren Guadua-Bambus, Palmen und Baumriesen. Steigt man höher, kühlt es alle 100 Meter um ein gutes halbes Grad Celsius ab, und die Bäume schrumpfen. Ganz oben am Steilhang verkrüppeln sie im Wind und tragen in der feuchten Höhenluft einen Mantel aus Moosen und Schlingpflanzen. »Die Vegetation bestimmt, wo wir welche Vögel finden werden«, erklärt mir Wiebe. So leben am Fuß des Berges komplett andere Vogelgemeinschaften als auf der Bergspitze. Eine solche Vielfalt auf engstem Raum gibt es nur auf diesen Gebirgskämmen.

Am erdigen Ufer vor dem Tropenberg, genau dort, wo einst auch Fitzpatrick und Freeman ausgestiegen waren, gleitet unser Kahn aus. Die Gummistiefel von Wiebe klatschen ins Uferwasser. »Hier könnt ihr euch waschen«, erklärt uns César, unser Koch und Reisehelfer. Allerdings empfiehlt er uns, vorher mit Stöcken den Grund nach Stachelrochen abzutasten und beim Baden auf Kaimane zu achten. Die Uferböschung führt hinauf zu einer Lichtung. Dort kampieren wir zwei Tage, bis Angél und Kevin, zwei Palatoa-Jugendliche, uns den Pfad zum Gipfel mit ihren Macheten freigeschlagen haben.

Ein Schweißfilm überzieht unsere Haut; es ist so schwül, dass sich der Körper anfühlt, als schwimme er davon, als wir die Gebirgsflanke in Angriff nehmen. Über halb zersetzte Stämme und vertrocknete Palmwedel, die unter unseren Sohlen knistern und knacken; unter Bambusrohren hindurch, die sich über den Pfad biegen und Dornen an ihren Zweigen tragen. Ein Wollbaumgewächs fächert seinen Stamm am Boden zum

Dreieck auf, eine Stelzenpalme trägt ihre Wurzeln zwei Meter frei über dem Boden, was der Belüftung dienen soll. Würden wir einen beliebigen Baum fällen und seinen Querschnitt betrachten, dann würden wir sofort erkennen können, warum der Regenwald und seine Bewohner durch den Klimawandel so bedroht sind: Die Jahresringe fehlen.

In unseren Breiten wachsen die Bäume vom Frühjahr bis zum Winter langsamer; so entstehen das helle Frühholz und das dunkle Spätholz. In den Tropen aber gibt es keine Jahreszeiten, die Bäume können bei annähernd gleichen Temperaturen über das ganze Jahr wachsen. Für die Vögel heißt das: Sie können über das ganze Jahr hinweg brüten. Diesem Prinzip folgt auch die größere Entwicklung: Über Millionen von Jahren konnte sich hier Regenwald behaupten, während bei uns in Europa noch vor zwanzigtausend Jahren Eispanzer von Norden bis nach Potsdam vorstießen und sich Hunderte von Metern auftürmten. Die Arten in den Tropen hatten Zeit, so eine Theorie, sich in alle erdenklichen Formen und Farben auszudifferenzieren und Nischen zu besetzen. Sie konnten sich im Paradies einrichten.

So auch auf der Cordillera del Pantiacolla. Immer wieder sehen wir Klumpen in den Ästen hängen, wie Medizinbälle, die jemand mit schwarzer Farbe bemalt hat: Termitennester. Selbst dort nisten Trogone. Andere Vögel wie die Blaukopf-Aras leben in Baumhöhlen. Und wieder andere wie die Rotrücken-Oropendel hausen in Nestern, die wie Taschen von den Ästen hängen.

In nur einer halben Stunde hat Wiebe drei Seiten seiner Kladde mit Abkürzungen beschriftet, immer vier Buchstaben, die für die Artnamen stehen, daneben Striche für die Anzahl der Individuen. Alles Vögel, die bis jetzt zu den Gewinnern des Klimawandels zählen, erklärt er. Sie kommen mit den Bedingungen am Fuße des Berges noch zurecht, können sich aber auch in höhere Schichten ausbreiten, die sich erwärmt haben. Wie der Schuppenmantel-Ameisenwächter, ein unscheinbarer Vogel, der nicht besonders gut fliegen kann und hüpfend auf die Jagd nach Wanderameisen, Spinnen und Schlangen geht.

Auf 770 Meter Höhe halten Angél und Kevin an und mähen mit ihren Macheten Farne und Sträucher zu einer Freifläche ab, damit wir unsere Zelte aufschlagen können. Stachellose Bienen nehmen unseren Wasserkanister in Beschlag. Bromelien breiten ihre Blätter wie Trichter aus, Orchideen blühen, es riecht bald süßlich, bald muffig wie nach Raubtier. Über Nacht beginnt es, auf unsere Zelte zu tröpfeln.

Im Morgengrauen leuchtet Wiebe mit seiner Stirnlampe den Bergpfad hinauf. Schon bald überziehen Moose, Flechten und Farne jeden Stein und jedes Stück Holz, das sich dafür anbietet. Selbst zwischen Lianen spannen sich Moosmatten. Nebel zieht auf. Nach ein paar Hundert Höhenmetern bleibt Wiebe vor mir stehen und lauscht einem Ruf im Wald, der langsam anschwillt: »Ruuuu-duu-du-du-du-du!« Er dreht seinen Kopf und blickt mich an. »Der Schuppenkopf-Ameisenpitta«, sagt er. »Er ist viel weiter oben, als er sein sollte.«

Wiebe formt seine Hand zum Trichter und hält sie sich an den Mund, um den Ruf des kleinen Vogels mit dem roten Bäuchlein, dem Stummelschwanz und den Stelzbeinen zu imitieren. Genauso tönt es zurück, ein wenig unterhalb von uns und noch einmal aus der Ferne. »Da befindet sich ein weiteres Exemplar am Rande meiner Horchreichweite«, stellt er fest.

Der Biologiestudent rekapituliert, welche Habitat-Ausdehnung Fitzpatrick und Freeman festgestellt hatten: 700 bis 800 Höhenmeter im Jahr 1985. Knapp dreißig Jahre später, im Jahr 2017, lag die Ausdehnung schon um 170 bis 190 Meter höher. Und heute, im Jahr 2019? Wiebe zieht sein Smartphone aus der Hosentasche, öffnet die »e-bird«-App und ortet per GPS unsere Höhe: 1170 Meter. »Das ist ein ziemlicher Unterschied«, merkt er an.

Noch ist nicht geklärt, wie sich Vogelarten überhaupt zum Gipfel hinauf verschieben. Für den Schuppenkopf-Ameisenpitta nimmt Wiebe Folgendes an: Werden die Jungen flügge, müssen sie sich selbst ein Territorium suchen. Und die Wahrscheinlichkeit ist groß, dass das eher in Zonen gelingt, die höher liegen. Denn dort herrschen inzwischen die Temperaturen, an die sich ihre Art angepasst hat.

Die Bergvögel selbst könnten mit der Erwärmung womöglich sogar noch zurechtkommen, weil sie ihre Körpertemperatur unabhängig von ihrer Umwelt regulieren können, auch wenn sie dafür mehr Energie aufwenden müssen. Allerdings wandern auch Insekten die Berge hinauf, wie Biologen auf dem Kinabalu auf Borneo für Nachtfalter nachgewiesen haben.[229] Selbst den Sesshaften wie den Ameisenvögeln, die sich im Unterholz verstecken, bleibt dann nichts anderes übrig, als ihrer Beute hinterherzuwandern.

Als wir uns dem Gebirgskamm auf 1370 Höhenmetern nähern, lockert der Raum zwischen den Bäumen auf, und das Weiß des Himmels tritt hervor. Der Regen macht den Pfad zur Rutschpartie. Immer wieder zieht es uns die Beine weg, und wir greifen in den Lehmboden, der einen feuchten, erdigen Geruch verströmt. Als wir den Grat erreichen, sind wir klatschnass von Regen und Schweiß. Die ständige Feuchte der Luft macht es noch schlimmer: Wir frieren in der Höhe, während wir das erste Mal einen Blick auf den ebenfalls bewaldeten Nachbargebirgskamm, den Teparo Punta, erhaschen.

Nach einer Pause wandern wir den Kamm entlang – bis Wiebe stehen blieb und lauscht. Sein Mund bleibt offen, als er sich mir zuwendet. »Das war ein weiterer Ameisenpitta!«

Wir steigen hinab in eine v-förmige Senke. Sandsedimente zeugen von einem einstigen Fluss. Den Gegenhang hinauf weist uns eine Schneise aus Ast- und Blätterresten den Weg. Aber als wir die mit Steinen durchsetzte, glitschige Rampe fast erklommen haben, endet der Pfad. Wiebe blickt sich um, schlägt sich durchs nasse Dickicht bis auf die Anhöhe hinauf – doch auch dort ist alles verwachsen. Was gerade jetzt um uns herum im Gestrüpp alles kreucht und fleucht, wollen wir gar nicht wissen.

Gerade mal ein paar Dutzend Höhenmeter trennen uns noch vom Gipfel, aber er bleibt unerreichbar. Als weigere sich der Berg, sein Geheimnis endgültig preiszugeben. Er will wohl sein Mysterium bewahren.

Was dort oben am höchsten Punkt geschieht, darüber kann Wiebe nur spekulieren. Stimmen die Bedingungen nicht mehr, zerstreuen sich die Vögel womöglich den Gebirgskamm entlang, vielleicht sogar bis zu den Anden, zu denen es eine Verbindung gibt. Es kann aber auch sein, dass die Vögel einfach nicht mehr genug zu fressen finden, ihre Jungtiere nicht mehr ernähren können und keine Eier mehr legen, bis sie irgendwann selbst sterben. Auch die Vögel selbst dürften diesen Prozess mit antreiben; auf einer Rolltreppe kann niemand anhalten und einfach stehen bleiben, denn dann würden die Hinterleute in einen hineinkrachen. Drängen Rivalen von unten nach und konkurrieren mit den Alteingesessenen um Nahrung und Nistplätze, beginnt die Auslese: Wer sich am besten angepasst hat, setzt sich durch.

Der Abstieg wird zum Balanceakt, jeder Schritt auf die nassen Steine und Wurzeln ein Wagnis. Als der Regen ein wenig nachlässt, setzen wir uns auf der Höhe von 1000 Metern aufs Moospolster eines Baumstamms und essen Putenschnitzel, die uns César zubereitet hat. »Das war nicht zu erwarten«, resümiert Wiebe über den Aufstieg des Ameisenpittas, der nun oben am Gebirgskamm lebt. Ob er damit ein Kandidat sei für ein baldiges Aussterben, frage ich.

»Ja«, nickt Wiebe. Er denkt laut darüber nach, dass innerhalb seiner eigenen Lebenszeit an diesem Ort ganze Arten verschwunden sind. Arten mit Namen von Kriegern und dem Aussehen von Sonderlingen:

- der Kammtrogon
- das Hochlandmotmot
- der Südliche Tropfenameisenwürger
- der Ockerbrauen-Blattspäher
- der Rotstirn-Tyrann
- das Dreifarbenklarino
- das Andenklarino
- der Ockerbrust-Breitschnabeltyrann

Wiebe stiert ins Geäst und spricht vor sich hin: »Es wäre ziemlich cool, hätten wir sie noch hier.«

Es mag sie anderswo noch geben in den Anden. Aber auf diesem Berg sind sie aller Wahrscheinlichkeit nach ausgelöscht. »Wird ein Wald abgeholzt, ist so etwas zu erwarten«, sagt Wiebe. »Aber hier ist alles bedeckt mit Regenwald, und der ist nahezu unberührt.«

Der junge Ornithologe rekapituliert, was er gesehen hat. Vögel wie den Carmioltangar, den Südlichen Nachtigallzaunkönig und den Schuppenkopf-Ameisenpitta, die nicht dorthin gehören, wo er sie vorfand. Andere Vögel hat er gesucht und nicht gefunden, wie den Goldscheitel-Waldsänger, der 1985 knapp unterhalb des Berggrades noch am häufigsten mit seinem Köpfchen aus den Netzen der Forscher gelugt hatte, dessen Population aber in drei Jahrzehnten um drei Viertel geschrumpft war und dessen Restbestände sich bis knapp unter den Gipfel geflüchtet haben.

Die Vorgänge an der Cordillera del Pantiacolla spiegeln den Klimawandel wider, sie sind keine Vorhersage mehr. »Du kannst es hier sehen«, sagt Wiebe, hebt beide Hände und blickt zu den Baumkronen hinauf. »Genau jetzt.«

Kapitel 16
Vom Regenwald zur Savanne

Es mag merkwürdig klingen, doch trotz all der Widrigkeiten sind die Vögel, Insekten und Bäume im Manú-Nationalpark in einer vergleichsweise komfortablen Lage. Schließlich liegt der Park auf einer Schrägfläche, die sich vom Tiefland des Amazonas 4.000 Meter hinauf bis auf die schneebedeckten Gipfel der Anden erstreckt. Regenwald, Bergregenwald, Hochgebirge. Wer einen Tropenberg vor der Haustür hat, kann sich schon nach einem kurzen Aufstieg in kühlere Gefilde retten. »Die Möglichkeit zu haben, einen Berg hinaufzuwandern, ist eine privilegierte Situation«, sagt Gunnar Brehm vom Institut für Zoologie und Evolutionsbiologie der Friedrich-Schiller-Universität Jena.

Im Tiefland müssen Tiere und Pflanzen ungleich längere Strecken zurücklegen, um weiter im Süden oder Norden auf dem Globus Abkühlung zu erfahren. Während sich in den Bergen die Luft alle 500 *Höhenmeter* hinauf um 3 Grad Celsius abkühlt, tut sie das im Tiefland nur im Schnitt alle 500 *Kilometer* in Richtung der Pole.[230] In den Tropen ist die Lage besonders prekär, denn rund um den Äquator herrschen relativ gleichmäßige Temperaturen, wie es schon Humboldt in seinen Isothermen-Karten eingezeichnet hat. Wer vom Äquator drei Breitengrade nach Norden wandert, den umgibt immer die gleiche warme Luft. Erst außerhalb der Tropen sinken die Temperaturen mit dem Breitengrad spürbar: Um rund 1 Grad

Celsius alle 200 Kilometer. Ein Amazonasbewohner müsste sich also, wenn er eine nördliche Richtung eingeschlagen hat, durch die Landenge von Panama schlagen, durch die Wüsten hindurch bis nach Mexiko. Am Südrand des Amazonas-Regenwalds wiederum, also im Osten Boliviens, drängen schon heute Trockenheit und Feuer den Regenwald zurück und die Savanne voran.[231]

Das heißt: Der einzige Ausweg für die Tieflandarten sind die Tropenberge.

Was aber, wenn weit und breit keiner zur Verfügung steht? Nehmen wir das Einzugsgebiet des Kongo in Westafrika. Oder die Region um Manaus im Westen Brasiliens mitten im Amazonas-Regenwald, wo sich eine flache Ebene scheinbar bis ins Endlose verliert. »Bevor es signifikant kühler wird, müssen die Arten in Manaus gut zweitausend Kilometer zurücklegen«, sagt Brehm. »Und das ohne Migrationsplan oder bewusste Entscheidungen.«

Dem Klimawandel im Tiefland zu entfliehen ist also gelinde gesagt eine Herausforderung; aber ganz unmöglich ist es eben auch nicht, wie es die Tropenarten im Laufe der Erdgeschichte immer wieder bewiesen haben.

Affen in der Falle

Wenn auf den Bergen bereits der Ansturm auf die Gipfel begonnen hat, müssten sich dann nicht auch die Tieflandarten längst auf den Weg gemacht haben? Nur eben über viel gewaltigere Distanzen, um einen ähnlichen Abkühlungseffekt zu erzielen?

Vielleicht haben sie ihre Wanderung ja schon angetreten, nur hat es einfach keiner nachgewiesen. Für diese Nichtbeachtung gibt es gute Gründe: Zum einen gingen die meisten Wissenschaftler lange davon aus, dass sich das Klima in den Tropenwäldern nur sehr langsam erwärmen würde und es sich deshalb nicht lohne, dem nachzugehen, zumal es scheinbar drängendere Probleme wie Entwaldung und Wildtierjagd gab. Erst um das Jahr 2007 fand ein Meinungsumschwung statt, und die Fachwelt erkannte, dass sich der Klimawandel in den Tropen ebenso entfalten würde wie in anderen Erdteilen.[232] Weil man aber erst so spät zu forschen begonnen hatte, hinken die Erkenntnisse entsprechend hinterher.

Die Erforschung der Artenwanderung im Tiefland der Tropen ist zum anderen schlicht aufwendig und unattraktiv, da sie weniger offensichtlich und auch weniger vorhersehbar ist als auf den Tropenbergen[233], wo sie sich auf viel kleinerem Raum abspielt. Im Tiefland dürfte allein mehr als die Hälfte aller Tropenarten überhaupt nicht in der Lage sein, in kurzer Zeit die nötigen Gewaltmärsche zu vollbringen, um in ihrer Klima-Nische zu bleiben und sich auf den nächsten Tropenberg hinaufzuretten. Ihre Reichweite ist zu klein, und der Klimawandel schreitet zu schnell voran.[234] Das gilt selbst für Säugetiere, wie US-Umweltwissenschaftler vor einigen Jahren mithilfe von Computermodellen berechnet haben.[235] Fünfhundert Tierarten dieser Klasse haben sie in Nord- und Südamerika darauf untersucht, ob sie mit dem Klimawandel mithalten können. Die Auswertung ergab: Noch am besten dürfte das Paarhufern, Gürteltieren, Ameisenbären und Faultieren (!) gelingen. Über ein Drittel der Säugetiere könnten allerdings in großen Teilen des Amazonas-Regenwalds auf der Strecke bleiben, darunter Spitzmäuse, aber auch unsere Verwandten unter den Affen. Bis zum Ende des Jahrhunderts könnte das Verbreitungsgebiet für nahezu alle Primaten klimabedingt um durchschnittlich zwei Drittel schrumpfen.

Wenn mehr Arten infolge der Erwärmung aus einer Region auswandern oder aussterben als Arten einwandern, sprechen Biologen von »biotischer Abnahme«. In den tief liegenden Tropen droht genau das: Mit Einwanderung ist kaum zu rechnen, da es sich schon um die wärmste Region der Welt handelt. Dafür aber mit einer Flucht die Anden hinauf sowie einem Aussterben der wärmeempfindlichsten und unbeweglichsten Arten.[236] »Da es auf der Erde seit 14,5 Millionen Jahren laufend kühler geworden ist, fehlen in Zukunft im Tiefland einfach die Arten, die mit noch höheren Temperaturen zurechtkommen«, sagt Brehm. »Das könnte bedeuten, dass die Tieflandregenwälder mit der globalen Erhitzung immer mehr Arten verlieren, anfälliger gegen Störungen durch invasive Arten werden und schleichend eingehen, selbst in großen Schutzgebieten.«

Was für ein Horrorszenario. Zwei Fragen stellen sich mir: Lässt sich das alles noch umgehen? Und: Hat diese biotische Abnahme vielleicht sogar schon begonnen?

Der Wald verändert seinen Charakter

November 2016, Amazonas-Regenwald

Adriane Esquivel-Muelbert lief der Schweiß von der Stirn, und ihre Funktionskleidung heftete sich an ihren Körper. Wie in einem Dampfbad fühlte sich die Tropenökologin von der Universität Leeds, als sie zusammen mit ihrem Team aus Köchen, Kletterern und Biologen kilometertief in den Amazonas-Regenwald eindrang. Mal sahen sie Affen in den massiven Bäumen klettern, mal hörten sie einen Jaguar. Dazu all die verschiedenen Grüntöne des Waldes. »Diese Vielfalt haut einen einfach um«, schwärmt die gebürtige Brasilianerin. »Alle paar Meter tauchen neue Arten auf.«

War es vorstellbar, dass etwas mit diesem tropischen Urwald nicht stimmte? Dass hier etwas im Gange war, was bisher noch niemandem aufgefallen war? Genau das wollte Esquivel-Muelbert herausfinden. Als sie mithilfe ihrer GPS-Geräte die Waldparzelle erreicht hatten, suchten sie nach markierten Bäumen, an die sie ihre Metallleitern legten, um hinaufzuklettern und einen Stamm nach dem anderen mit einem Maßband zu umfassen. Hunderte Male. Und das war nur eine Parzelle von insgesamt hundertsechs, die sich über halb Südamerika verteilen.

Esquivel-Muelbert leitet eine Langzeitstudie, wie sie bislang noch niemand unternommen hat: Über hundert Biologen haben in den vergangenen dreißig Jahren die Bäume im Tiefland des Amazonas-Regenwalds regelmäßig vermessen. Sie identifizierten die Gattung, bestimmten den Stammdurchmesser und erhoben Klimadaten. Damit wollten sie überprüfen, ob sich der Wald in den niederen Ebenen aufgrund des Klimawandels verändert. Kritiker des Projekts hatten bezweifelt, ob sich der ganze Aufwand überhaupt lohne, zumal sich ja Veränderungen nicht so bald ablesen lassen würden. Doch genau das war der Fall. »Der Wald beginnt sich bereits zu wandeln«, sagt Esquivel-Muelbert. »Er nimmt allmählich einen anderen Charakter an.«

Das Wetter im Amazonas-Regenwald ist extremer geworden: Die Trockenphasen sind trockener, die Regenphasen nasser. In nur einer Dekade hat das Amazonasgebiet drei Jahrhundertdürren erlebt: 2005, 2010 und 2015/2016. Und im Süden des Waldsystems ist die Zahl der Regenfälle um ein Viertel eingebrochen. Die Folge: Ganze Waldabschnitte bleichen aus, und nur noch die Form ihrer Baumverästelungen weist auf den einst intakten Regenwald hin.

Frühere Dürren ließen sich bislang damit erklären, dass sich der Pazifik erhitzt hatte, eine Folge des alle fünf Jahre wiederkehrenden El Niño. Die Dürre 2015/2016 aber war anders. Sie war so heftig wie nie zuvor und ließ sich nicht mehr allein durch die hohen Meerestemperaturen vor der Küste Perus begründen.[237] Etwas anderes musste zusätzlich eine Rolle gespielt haben. Nach und nach wurde den Biologen klar, dass das mit dem Wald selbst zu tun hatte.

Das komplexe System aus Wald, Waldbewohnern und Wasserkreislauf scheint aus dem Lot zu geraten: Die feuchtigkeitsliebenden Bäume sterben unter den neuen Extrembedingungen ab, während trockenresistente Bäume ihren Platz einzunehmen versuchen. Selbst an vom Menschen unberührten Orten fand Esquivel-Muelbert offene Stellen im Wald, wo vereinzelt junge Paranuss- oder Ameisenbäume schnell in die Höhe wuchsen. Allerdings konnten diese an Dürre angepassten Bäume die Lücke nicht schnell genug füllen.[238] »Die Reaktion des Ökosystems hinkt der Geschwindigkeit des Klimawandels hinterher.«

Je trockener es wird, desto mehr Baumarten verliert der Regenwald, weil sie nicht an die neuen Bedingungen angepasst sind. Der Regenwald droht auszutrocknen und seine Funktion als Schutzschirm und Lebensbasis für viele Tropenarten zu verlieren. Und das liegt nicht nur am Klimawandel selbst, der Computermodellen zufolge den Amazonas-Regenwald eigentlich erst in ein paar Jahrzehnten über die Schwelle seiner historischen Wärmegrenze drücken dürfte. Sondern auch am Menschen, der alles dafür tut, diesen Prozess zu beschleunigen – indem er Wälder rodet und abbrennt.

Flüsse in der Luft

Der Amazonas-Regenwald ist mit seinen Tausenden Baumarten eines der wichtigsten Ökosysteme der Welt. Er speichert Unmengen an Kohlendioxid – 120 Gigatonnen, so viel wie die Welt in fünf Jahren an Treibhausgasen ausstößt. Existieren kann er nur, weil er sich selbst mit Regen versorgt: Luftströme vom Atlantik leiten Feuchtigkeit ins Amazonasgebiet, und es regnet herab. Gäbe es keinen Wald, würde das meiste Wasser einfach abfließen. Die Bäume aber saugen mit ihren Wurzeln das Wasser aus dem Boden und entlassen einen Teil davon über die Poren ihrer Blätter wieder in die Luft. Geschieht das milliardenfach wie im Amazonas-Regenwald, bildet sich eine eigene feuchte Atmosphärenschicht – Flüsse in der Luft.

Immer wieder neues Wasser steigt in die Luftmassen empor, die nach Westen bis an den Rand der Anden wandern, dort abregnen und damit den Großteil der Flüsse im Amazonasgebiet versorgen. Selbst Regionen bis nach Nordargentinien versorgt das Zirkulationssystem mit Feuchtigkeit. Von ihm profitieren beispielsweise die drei Millionen Bewohner im Umland von Boliviens Hauptstadt La Paz, die dank der oberirdischen Wasserzufuhr mit einem milden, feuchten Klima gesegnet sind, das ihre Ernährungs- und Lebensgrundlage bildet.[239] Allerdings ist es ein fragiles System. »Ab einem bestimmten Grad an Entwaldung bricht dieser Kreislauf zusammen«, sagt der US-Biologe Thomas Lovejoy.

Auf ihren Exkursionen musste sich Adriane Esquivel-Muelbert oft stundenlang zu ihrem Zielort durchschlagen, nur um festzustellen, dass schon jemand da gewesen war und Bäume gefällt hatte. Damit konnten sie gleich wieder umkehren, und das regenfeste Papier auf ihrem Klemmbrett blieb leer. Denn die Biologin interessierte sich nur für Waldstücke, die vom Menschen unberührt geblieben waren. Sie wollte ja alleine den Einfluss des Klimawandels auf den Wald untersuchen und musste deshalb alle anderen menschlichen Einflüsse ausschließen. Im Bundesstaat Mato Grosso, dem Zentrum der Entwaldung Brasiliens, fiel es ihr am schwersten, überhaupt noch Waldgebiete zu finden, die für ihre Untersuchungen geeignet waren. Dort schneiden sich immer mehr Straßen in den Regenwald hinein, fächern sich zu einem Fischgrätenmuster auseinander und befördern den Abtransport von Holzstämmen. Der Wald verwandelt sich in Weideland für Rinder oder Sojafelder. Und das war noch, bevor Jair Bolsonaro zum Präsidenten Brasiliens gewählt wurde. Der rechtsextreme Politiker ermutigte Rinderfarmer und Sojabauern, Regenwald zu besetzen, lässt Mitarbeiter der Umweltschutzbehörden einschüchtern oder entlassen, die gegen die Abholzungen vorgehen,[240] und setzt sich dafür ein, Schutzgebiete aufzulösen. Die Entwaldungsraten und Brandrodungen stiegen massiv an.

Zur Mitte des Jahrhunderts könnte der Regenwald in zwei Blöcke zerfallen – einen zusammenhängenden Block mit rund der Hälfte der Ursprungsfläche im Nordwesten und einen stark fragmentierten Block im Südosten. Biologen haben berechnet, was dann mit den gut sechstausend untersuchten Baumarten passiert, wenn ihre Klimazonen bis dahin im Schnitt um fast 500 Kilometer abwandern und gleichzeitig Rodungen Fluchtwege abschneiden und Habitat rauben: Die Artenzahl würde sich mehr als halbieren.[241]

Ein neues Phänomen: Feuer

Je stärker die Waldflächen zerstückelt sind, desto mehr Angriffsfläche bieten sie Wind und Sonne, und desto schlechter können sie sich gegen Dürren wehren. Umgekehrt hat sich die Trockenzeit im südlichen Amazonas-Gebiet durch den Klimawandel schon um rund einen Monat verlängert, wodurch die Wälder leichter entflammen.

Feuer sind ein relativ neues Phänomen für weite Teile des Amazonas-Regenwalds. Über Millionen von Jahren hat es dort fast gar nicht gebrannt, bis vor viertausend Jahren der Mensch kam und Waldflächen abfackelte, um Vieh weiden zu lassen und Getreide anzubauen. »Feuer verändert die Spielregeln für den Regenwald«, sagt der US-Paläobiologe Mark Bush vom Florida-Institut für Technologie. Schon kleinere Feuer können eine verheerende Wirkung auf den Wald und seine Bewohner haben, ganze Populationen von bodennistenden Vögeln umbringen und die Zusammensetzung des Waldes dauerhaft verändern.

Lange drangen die Flammen kaum in den Wald hinein, weil sie im feuchten Regenwald erloschen. Mit dem Klimawandel ändert sich das nun. Hitzewellen und Trockenperioden sorgen dafür, dass sich die Brände tiefer in die Wälder hineinfressen. Während einer heftigen Dürre im Südosten Amazoniens registrierten Wissenschaftler, dass fast fünfmal mehr Bäume abbrannten als während früherer Feuer. Nachdem die Zweige und Blätter ausgetrocknet und auf den Boden herabgefallen waren, dienten sie als Zunder, während die heißere und trockenere Luft es den Flammen erleichterte, von Baum zu Baum zu springen.[242]

Hat ein Feuer in einem tropischen Waldstück gewütet, ist dieses umso anfälliger fürs nächste: Weil das Blätterdach fehlt, trocknet der Wald aus, und leicht entflammbare Gräser und krautartige Pflanzen dringen in den Wald ein. »Das ist wie Treibstoff im System«, sagt Bush. »Das Risiko für ein zweites Feuer ist dann sehr hoch.«

Zehn oder zwanzig Jahre braucht der Wald, um sich nach einem Großfeuer zurückzubilden, aber er ist dann nicht mehr der gleiche. Er ähnelt den aufgeräumten Wäldern in unseren Breiten. Mit niedrigeren Gehölzen, die besser gegen Brände gewappnet sind, aber weniger Holz besitzen, Kohlenstoff binden und Arten beherbergen.[243] Und je mehr sich der geschlossene Urwald von einst in ein Mosaik aus Primär- und Sekundärwald verwandelt, in Steppen mit frei stehenden Bäumen sowie Acker- und Weideflächen, desto mehr heizt sich der Boden auf und trocknet aus. Irgendwann steigt nicht mehr genug Wasserdampf aus dem Wald auf, um die »Flüsse in der Luft« zu versorgen. Der Wasserkreislauf kommt ins Stottern, und das befördert Dürren, die den Regimewechsel im Amazonas ihrerseits ankurbeln. »Brandrodung, Abholzung und Klimawandel erzeugen eine negative Synergie und könnten große Teile des Regenwalds in eine Savanne verwandeln«, warnt Lovejoy.

Wissenschaftler beschäftigen sich inzwischen nicht mehr mit der Frage, wie wahrscheinlich solch ein Szenario ist. Was sie herauszufinden versuchen, ist, *wann* es dazu kommen wird. Lange galt die Marke von 40 Prozent Entwaldung und einer Erderwärmung von 3 bis 4 Grad Celsius. Aber dann wurde den Wissenschaftlern klar, dass sie nicht alle Faktoren berücksichtigt hatten. Anfang 2018 hat Tom Lovejoy mit dem brasilianischen Klimaforscher Carlos Nobre berechnet, dass schon eine Entwaldung von rund 20 Prozent genügen würde, um das ganze System aus dem Lot zu bringen, da Klimawandel und Brandrodung den Prozess noch einmal befeuern.[244] Und das ist nicht mehr weit weg von dem Punkt, an dem wir heute stehen: Der brasilianische Regenwald hat schon fast ein Fünftel seiner Waldfläche verloren und ist aus Sicht des US-Biologen an der gefährlichen Schwelle angelangt, ab der der Wasserkreislauf zu versagen beginnt. Gibt es schon Anzeichen dafür?

Aufflackern eines neuen Systems

Das Pantanal im Südwesten Brasiliens ist eines der größten Feuchtgebiete der Welt. Dort wütete im Jahr 2020 die schlimmste Dürre seit Jahrzehnten, woraufhin die Pegel der Flüsse und Seen abfielen und ein Riesenfeuer über Wochen ein Viertel des gesamten Ökosystems aus Wäldern, Inseln und Grasland zerstörte. Nun bangen viele Bewohner, die von der Viehzucht auf Ökotourismus umgestiegen waren, um ihr Geschäft. Dass sich in der Region die Regenzeit um 40 Prozent verkürzt hat, führen manche Forscher wie Carlos Nobre auch auf die ins Stocken geratenen »Flüsse in der Luft« über dem Amazonas-Regenwald zurück.[245]

Anderswo in Brasilien oder seinen Nachbarländern[246] fallen Getreideernten aus, das Trinkwasser wird knapp, die Stromversorgung durch die Wasserkraftwerke bricht zusammen. Selbst Pathogene wie das Zika-Virus können sich unter den trockenheißen Bedingungen leichter über große Teile des Kontinents ausbreiten.[247] All das könnte ein erstes Aufflackern eines neuen Systems darstellen.

Noch ist unklar, wann genau der Amazonas-Regenwald in seiner derzeitigen Form aufhören wird zu existieren, da Klimaanalogien aus der Vergangenheit fehlen und zu viele Unbekannte in der Gleichung sind. »Weit vor 2100 wird der Großteil der Tropen Klimabedingungen ausgesetzt sein, die außerhalb des Bereichs liegen, den irgendein tropisches Ökosystem seit Millionen von Jahren erfahren hat«, schrieb der Biologe Richard Corlett vor ein paar Jahren in einem Essay unter dem Titel »Klimawandel in den Tropen: Das Ende der Welt, wie wir sie kennen?«[248] »Diese ›neuen Tropen‹ werden sich zweifellos von denen unterscheiden, die uns vertraut sind, aber wir wissen noch nicht genug, um vorherzusagen, wie stark sie sich unterscheiden werden.«

Um dem Zusammenbruch des Systems und damit dem Artenschwund entgegenzuwirken, schlägt Tom Lovejoy eine »Sicherheitsmarge« vor: eine Aufforstung des Amazonas-Regenwalds, um sich wieder von der gefährlichen Schwelle zum Kipppunkt zu entfernen. »Ich hoffe, die Regierung versteht sehr bald, dass sie das Amazonasgebiet als Gesamtsystem verwalten muss«, sagt Lovejoy. Dafür gibt es allerdings keine Anzeichen, im Gegenteil: Nachdem das brasilianische Weltraumforschungsinstitut INPE anhand von Satellitenbildern einen Anstieg der Entwaldung des Regenwalds um 88 Prozent binnen eines Jahres vermeldet hatte, stellte Jair Bolsonaro die Zahlen infrage, und warf Institutschef Ricardo Galvão raus, nachdem der ihm »Feigheit« vorgeworfen hatte.[249] Die Rodungen gingen weiter und weiteten sich in der Corona-Krise noch aus: Weil die Behörden weniger kontrollieren konnten als sonst, fühlten sich Groß- und Kleinbauern ermutigt, noch mehr Flächen abzuholzen oder abzubrennen[250] – mit Unterstützung der Regierung.[251] Allein im März 2020 gingen 950 Quadratkilometer Regenwald in Flammen auf, eine Fläche so groß wie Rügen.[252] Dabei hat sich Brasilien im Pariser Klimaabkommen eigentlich verpflichtet, 120.000 Quadratkilometer an Wald bis 2030 wieder aufzuforsten.

Mit den Brandrodungen schließen Regenwaldnationen wie Brasilien nun im Eiltempo die Lücke, um Klimabedingungen zu schaffen, wie sie die Arten in den Tropen seit Millionen von Jahren nicht mehr erlebt haben. Als würde man einen Brand (den Klimawandel) nicht mit Wasser löschen, sondern mit Öl (Abholzung und Brandrodung) anheizen. Damit werden viele Arten über ihre evolutionären Grenzen gedrängt, ohne dass ihnen Zeit bleibt, darauf zu reagieren. Nicht einmal die Schutzgebiete helfen ihnen dann noch.

Der Albtraum wird wahr

»Schutzgebiete sind kein Allheilmittel«, schreiben US-Biologen um Kenneth Feeley. Sie haben berechnet, wie sich das Klima im Amazonas-Regenwald bis zur Mitte des Jahrhunderts verändern wird, und kamen zum Schluss, dass dieses in bis zu zwei Dritteln aller Fälle verloren gehen dürfte.[253] Die gute Nachricht für die darin lebenden Arten: Ihre Klima-Nische dürfte dann mit hoher Wahrscheinlichkeit in ein anderes tropisches Schutzgebiet weiterspringen. Um dieses Gebiet zu erreichen, müssten die Tiere und Pflanzen allerdings Hunderte Kilometer durch ungeschützte Landschaften hindurchwandern.

Fast zwei Drittel der Regenwälder sind inzwischen in ein Mosaik aus Weide- oder Ackerflächen eingebettet, das die Fluchtwege in kühlere Habitate praktisch versperrt.[254] Die Waldbedeckung reicht schon heute in den meisten Fällen nicht mehr aus, damit die Arten in Gebiete umziehen können, wo in Zukunft ein vertretbares Klima herrschen wird. Damit wird der Albtraum wahr, den sich der Umweltaktivist Robert Peters vor sechsunddreißig Jahren unter der Dusche förmlich ausgemalt hatte.

Also müssen sie die Erwärmung ihrer Habitate über sich ergehen lassen. Was das in letzter Konsequenz bedeutet, war im Jahr 2020 rund um die Welt zu beobachten: Der Äquator hatte Feuer gefangen. Wie im brasilianischen Pantanal: Anwohner fanden am Straßenrand Kadaver von Ameisenbären, die sich aus dem Inferno zu retten versucht hatten, sie fanden verkohlte Krokodile in trockengefallenen Flussbetten und Schlangen, die sich im Todeskampf selbst in den Schwanz gebissen hatten.[255]

Oder wie im Osten Australiens. Dort tobten so heftige Buschfeuer, dass eine Rauchwolke bis in die Stratosphäre aufstieg. Augenzeugen beschrieben die Brände wie eine Explosion. Weil die Blätter der Eukalyptusbäume Öl in sich speichern, detonierten sie förmlich. Innerhalb der Brände entstanden Feuerstürme, die der Wind anfachte; wie ein durchfahrender Güterzug soll sich das angehört haben. »Die Hitze war einfach irrwitzig«, erzählt die Koala-Forscherin Christine Hosking von der Universität von Queensland, die gerade von Brisbane nach Sydney unterwegs war, als es zu brennen begann und die Straßen noch nicht gesperrt waren, mitten durch die apokalyptische Landschaft hindurch. »Es war sehr laut, sehr explosiv.« Sie wusste, dass die Koalabären versuchen würden, in die Wipfel der Eukalyptusbäume zu klettern – normalerweise ein bewährtes Mittel, um den Flammen zu entgehen; nur schossen diese nun so hoch, dass sie die meisten der Beutelsäuger versengten. Manche Koalas, die überlebten, schleppten sich über die Zäune der australischen Anwesen und tranken halb verdurstet aus den Schwimmbecken oder den Näpfen der Hunde; nicht selten, um gleich darauf von ebenjenen aufgefressen zu werden.

Annähernd drei Milliarden Tiere verbrannten, erstickten oder wurden vertrieben, darunter 180 Millionen Vögel, 143 Millionen Säugetiere und 51 Millionen Frösche.[256] Schätzungsweise hundert bedrohte Arten verloren in Australien einen Großteil ihres Verbreitungsgebiets, selbst in Teilen des tropischen Regenwalds. »Viele Arten werden aussterben«, sagt mir die australische Biologin Lesley Hughes, die selbst in Sydney noch den Rauch von den Feuern einatmete. »Ihr bisheriges Verbreitungsgebiet wird für sie unbewohnbar.«

Oft sind die Gründe für die Flucht der Natur vor dem Klimawandel im Einzelnen gar nicht leicht auszumachen: Mal sorgt eine ungleiche Verschiebung im Jahresrhythmus dafür, dass eine Art und ihre Wirtspflanze nicht mehr zusammenfinden. Mal trocknen die Wirtspflanzen aus. Mal setzt den Tieren und Pflanzen eine langsame, stetige Erwärmung zu, die irgendwann ihre Toleranzschwelle überschreitet. Und mal ist es zu viel Trockenheit oder Regen. Das zurückzuverfolgen ist alles andere als einfach und deshalb oft Diskussionsgegenstand in den Fachjournalen.

Im Fall der Brände im Jahr 2020 rund um den Globus war es anders. In den Flammen manifestierte sich die Quelle für die Wanderung der Natur auf dramatische Weise und war für alle sichtbar, dank der Bilder, die Kamerateams in die Wohnzimmer in aller Welt übertrugen.

Die Flucht hat begonnen.

IV
Lösungen

Kapitel 17
Neustart: Versöhnung mit der Natur

UN-Hauptquartier New York, 30. September 2020

António Guterres hielt sich nicht lange mit Begrüßungsworten auf, als er ans Rednerpult trat und zu den Staats- und Regierungschefs aus aller Welt sprach. »Meine sehr verehrten Damen und Herren, die Menschheit führt Krieg gegen die Natur.« Wie in einer Anklagerede führte der UN-Generalsekretär auf, wie wir mit den Arten umgegangen sind, mit denen wir diesen Planeten teilen: Mehr als 60 Prozent der Korallenriffe sind gefährdet, weil wir die Ozeane überfischen und den Klimawandel antreiben. Die Artenvielfalt schwindet, weil wir zu viel konsumieren, unsere Bevölkerungen wachsen und sich die Landwirtschaft ausdehnt. Entwaldung, Klimawandel und Umwandlung von Wildnis für Weide- und Getreideflächen zerstören unsere Lebensgrundlage. »Und trotz wiederholter Verpflichtungen haben unsere Anstrengungen nicht ausgereicht, um auch nur *eines* der globalen Ziele zur Artenvielfalt zu erfüllen, die wir für das Jahr 2020 festgelegt haben«, tadelte Guterres die Staatschefs. »Viel mehr Ehrgeiz ist nötig, nicht nur von den Regierungen, sondern von allen Akteuren der Gesellschaft.«

Das Plenum der Vereinten Nationen war fast menschenleer, was die »Generalversammlung« ein wenig grotesk wirken ließ. Wegen der Corona-Krise waren die Staatschefs per Video zugeschaltet. Auf höchster politischer Ebene sollten sie an diesem Tag darüber diskutieren, wie sich der Aderlass der Artenvielfalt aufhalten lasse – eine Einstimmung auf den UN-Biodiversitäts-Gipfel im chinesischen Kunming im Jahr 2021, der ein neues globales Abkommen zum Schutz der biologischen Vielfalt hervorbringen soll. Die hehre Vision: Die Menschheit soll wieder »in Harmonie mit der Natur leben«.

Ganz geklappt hat der Weckruf aus New York nicht, wie sich an der wirren Rede von Brasiliens Präsident Jair Bolsonaro ablesen ließ, der sich als Umweltschützer präsentieren durfte, dem der Amazonas-Regenwald am Herzen liegt und der angeblich beherzt gegen Rodungen vorgeht. Die Brände bezeichnete er – entgegen den Daten seiner eigenen Regierung – als »Lüge«. Schließlich stellte er klar, dass es jedem Land selbst obliege, wie es mit seinen natürlichen Reichtümern umzugehen gedenke. Was die Staatschefs der USA und Australiens zu sagen hatten, musste man zum Glück nicht auch noch ertragen: Sie hatten auf ihre Teilnahme verzichtet.

Trotzdem will sich die Weltgemeinschaft diesmal nicht beirren lassen. Sie will dem drohenden Kollaps der Artenwelt etwas entgegensetzen. Und zwar eine Zahl: 30 Prozent.

Bis zum Jahr 2030 sollen 30 Prozent der Erdoberfläche Schutzgebiete sein, was den aktuellen Wert mehr als verdoppeln würde. Seit Jahren haben Wissenschaftler erfolglos diese Marke gefordert, aber erst im Lichte immer neuer Horrorberichte über den Zustand des Lebens auf der Erde haben erste Länder den Vorschlag aufgegriffen: Im Vorfeld des UN-Gipfels in New York verpflichteten sich siebzig Staats- und Regierungschefs auf das 30-Prozent-Ziel, darunter die EU, Großbritannien, Kanada und Kalifornien.[257] In Kunming sollen dann alle anderen Länder folgen.

Artenschützer und Biologen feiern das als (längst überfälligen) Durchbruch. Allerdings birgt erst die Frage, die sich an die neue Zielmarke anschließt, den eigentlichen politischen Sprengstoff in sich, und *sie* dürfte darüber entscheiden, ob unsere Ökosysteme und die in ihnen lebenden Arten lebensfähig bleiben: Was sollen wir schützen?

»Das 30-Prozent-Ziel ist sehr wichtig«, sagt der Biologe Lee Hannah von der US-Naturschutzorganisation Conservation International. »Die eigentliche Herausforderung liegt aber darin, die richtigen Orte für die Arten zu finden, die über den Planeten wandern.«

Bislang entstanden neue Schutzgebiete oft zufällig und auf Flächen, die für den Menschen zu abgelegen waren oder die er nur schlecht beackern oder beweiden lassen konnte. Solche Restposten ließen sich leicht abtreten. Um den Arten auf ihrer Wanderung aber wirklich zu helfen, müssen sich die Schutzgebiete der Zukunft weniger an den Bedürfnissen des Menschen orientieren als an denen der Tiere und Pflanzen. Das heißt: Es braucht sie nicht nur dort, wo sich die Arten heute aufhalten, sondern auch dort, wo sie sich in Zukunft befinden werden. Diese Orte gilt es deshalb vermehrt zu schützen, während manche bestehenden Schutzgebiete womöglich irgendwann ihren Sinn verlieren werden, wenn ihnen die Arten abhandenkommen, die sie eigentlich schützen sollen.

Für viele Naturschützer dürfte dieser Gedanke eine Zumutung sein: Ihr ganzes Leben lang haben sie versucht, zumindest die Artenrefugien, die noch erhalten sind, gegen den Ausbreitungsdrang des Menschen zu verteidigen. Die Grenzen um die Schutzgebiete herum besitzen für sie fast den Status eines Heiligtums. Und nun soll das nicht mehr gelten? »Menschen sehnen sich nach Beständigkeit, Ordnung und Vorhersagbarkeit«, erklärt der Biologe Pierre Ibisch von der Hochschule für nachhaltige Entwicklung Eberswalde den Widerstand gegen einen dynamischeren Naturschutz-Ansatz in Zeiten des Klimawandels.

Zumindest fürs Erste werden wir die Schutzgebiete noch dringend brauchen. Weil die Arten dort weniger Stress ausgesetzt sind, erweisen sie sich bislang als widerstandsfähiger gegenüber dem Klimawandel als ihre Artgenossen außerhalb der Schutzgebiete. »Die erste Priorität ist es, all die Gebiete zu erhalten, in denen noch natürliche Habitate existieren«, sagt Lee Hannah. »Aber dann müssen wir draufsatteln.«

Retten, was zu retten ist

Wissenschaftler und Naturschützer haben sich deshalb auf die Suche nach den letzten Refugien begeben, die den Arten in einer wärmeren Welt noch bleiben. In der Wissenschaftsliteratur wird das mit der Suche nach dem »Heiligen Gral« verglichen. Nehmen wir den Amazonas-Regenwald: Dort gibt es Orte, an denen nicht nur besonders viele Arten leben, sondern wo auch das Risiko geringer ist, dass die Landschaft austrocknet. Wie der Nordwesten, der mit einer günstigen Witterung und Topografie gesegnet ist. Hier dürfte es auch in Zukunft noch feuchter sein als anderswo im Amazonas-Becken – sodass sich der Regenwald halten kann. Ausgerechnet in diesem Gebiet breiten sich allerdings auch die ebenfalls vom Regen profitierenden Palmölplantagen aus, und das ganz legal, denn die Mehrzahl der Wälder in diesem Artenrefugium ist ungeschützt. »Der Schutz der Kernzone des Amazonas sollte die Grundlage für alle regionalen Erhaltungsstrategien sein, ungeachtet der Dimensionen des Klimawandels«, empfehlen deshalb die US-Biologen Timothy Killeen und Luis Solórzano.[258]

Als besonders wertvoll schätzen sie auch die Übergangszonen zwischen einzelnen Ökosystemen oder ganzen Biomen ein: zwischen Regenwald und Savanne, Tiefland und Gebirge oder Bergregenwald und Hochlandgrasland. In diesen klimatischen Grenzzonen existiert häufig ein ganzes Mosaik aus Landschaften mit unterschiedlichster Geologie, Topografie, Bodenbeschaffenheit und Luftfeuchtigkeit. Hier finden Arten seit Jahrtausenden Schutz in allen möglichen Mikrorefugien. Wie in einer Arche Noah tragen diese kühleren Rückzugsorte Tiere und Pflanzen durch den Klimawandel.

Mikrorefugien gibt es überall auf der Welt: Es macht einen Unterschied aus, ob sich Arten nahe einer Küste, eines Flusses oder einer Sickerquelle befinden oder eben nicht. Es macht einen Unterschied aus, ob sie ein Wald schützt oder ob sie auf offenen Wiesen und Feldern der Hitze ausgesetzt sind. Wir können sogar noch näher herangehen und erkennen, dass ein Wald nicht gleich Wald und eine Wiese nicht gleich Wiese ist: An heißen Tagen, so haben es Wissenschaftler beobachtet, flüchten Schmetterlinge aus offener in geschlossene Vegetation und aus niedrigen in hohe Wiesen. »Diese sehr lokalen Temperaturunterschiede über Entfernungen von Zentimetern bis Hunderten von Metern entsprechen der Größenordnung eines extremen Klimawandelszenarios bis 2100«, schreiben britische Biologen.[259]

Allerdings tauscht sich die Bewohnerschaft von Zeit zu Zeit aus, wenn die wärmeliebenderen Arten nun ihrerseits Zuflucht in den Kälterefugien suchen. Manche Biologen sprechen deshalb eher von temporären Schlupfwinkeln[260] als von dauerhaften Mikrorefugien, wie sie früher über Eiszeiten und Warmzeiten hinweg die Arten beschützt haben. Trotzdem, so sind sich die Experten einig, wird diesen kaum beachteten Räumen in Zeiten des Klimawandels eine zentrale Bedeutung für den Artenschutz zukommen.

Mein Vater, ein Botaniker, hat mir mal einen solchen Ort gezeigt. Er befindet sich nur 2 Kilometer vom Haus meiner Eltern entfernt in einem mittelfränkischen Staatswald. Die Hügel darin tragen Namen wie Schnackenbrunn oder Heringsleite. Als Jugendlicher bin ich unzählige Stunden mit meinem Mountainbike durch den dunklen Mischwald gefahren, aber für die Refugien Kälte liebender Arten hatte ich damals keinen Blick. Umso erstaunter war ich, als ich an einem sonnigen Herbsttag mit meinem Vater über einen abfallenden Schotterweg in den Wald hineinspazierte und auf der Talsohle ins Dickicht eines Nadelwalds abbog. Unsere Wanderschuhe sanken in den Moospolstern ein. In den Ästen hingen Moosmatten wie im Regenwald. Ein Grasfrosch hüpfte auf, als wir uns ihm näherten, ein Schwarzspecht stieß seinen Klagelaut aus. Es fühlte sich so an, als hätte ich Jahrzehnte in einem Haus gewohnt und zum allerersten Mal eine Tür entdeckt, die in einen unbekannten Raum voller Geheimnisse führt.

Wenn sich die Luft in der Nacht abkühlt und schwerer wird, sinkt sie hier hinab. Normalerweise würde sie weiter unten aus dem Tälchen einfach wieder abfließen, aber weil sich der Bachlauf kaum neigt und eher einer Mulde gleicht, bleibt die Kaltluft darin gefangen. Auch die Moosschwämme und das Bächlein selbst sorgen für kältere und feuchtere Bedingungen als in der Umgebung. Und das wirkt sich auf die Arten aus. Mein Vater wies mich auf eine Moosart hin, das Wellige Sternmoos *Plagiomnium undulatum*, das sonst nur im Gebirge wächst. Ein paar Schritte weiter entlang des Bachlaufs fiel ihm eine andere Kälte liebende Moosart auf, das Dreilappige Peitschenmoos *Bazzania trilobata* und später auch Farn-, Flechten- und Pilzarten, die sonst nur im Gebirge vorkommen. Sie hatten hier einen Schlupfwinkel gefunden, aber wer weiß, wie lange dieser sie noch beschützt.

Auf großer Skala heißen solche Kälteinseln Makrorefugien. Mehrere davon finden sich im Regenwald im Nordosten Australiens. Dort wollte ein Feldbiologe nicht tatenlos zusehen, wie seine geliebten Tropenarten vom Klimawandel verdrängt werden, und entwickelte einen Plan, wie sie auch in Zukunft noch auf der Erde leben können. Einen Plan, der als Muster für viele andere Orte auf der Welt taugt.

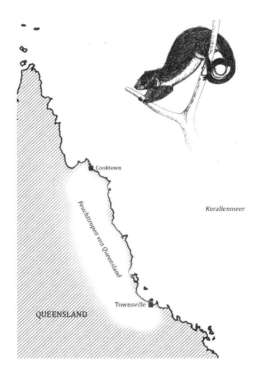

Townsville, 2003

Die Stadt an der Ostküste von Australien gleicht einer Eingangspforte in die Urzeit. Hier beginnt tropischer Regenwald, der sich 450 Kilometer die Küste hinaufzieht. Im Vergleich zu anderen Regenwäldern auf dem Planeten ist er winzig, gerade

223

mal so klein wie Zypern; ja, er wäre kaum der Rede wert, wenn er nicht alle anderen vom Alter her um Abermillionen von Jahren übertrumpfen würde.[261]

Dieser Regenwald enthält Überreste des großen Waldes, wie er vor 50 bis 100 Millionen Jahren Teile Australiens und der Antarktis bedeckte, die damals noch zusammen zum südlichen Urkontinent Gondwana gehörten. Dank einer günstigen geologischen Konstellation waren seine Arten lange Zeit von Klimaeskapaden weitgehend geschützt. Deshalb beherbergt der Regenwald am Großen Australischen Scheidegebirge urtümliche Tiere, die es nur hier gibt, darunter den Kuranda-Laubfrosch *Ranoidea myola* und die Eidechsenart *Calyptotis thorntonensis*.[262]

Von seinem Büro in Townsville am Südrand des tropischen Regenwaldes hat es Stephen, genannt Steve, Williams nicht weit in den Wald. Er ist so etwas wie sein zweites Zuhause geworden, und lange war der Biologe von der James-Cook-Universität zufrieden damit, die sonderbaren Wesen darin zu studieren. »Das Problem ist, dass ich mir irgendwann die Frage gestellt habe, was mit diesen Arten passiert, wenn sich das Klima verändert«, erzählte er im Februar 2016 auf einer Konferenz in Tasmanien, auf der zum ersten Mal Hunderte Spezialisten für Meeres- und Landökosysteme, Biogeografen und Genetiker, Paläontologen und Modellierer zusammengekommen waren, die zur Artenwanderung forschen.

Als Erstes testete Williams, was mit einem seiner »Lieblings-Kuscheltiere« passieren würde, wie er es nennt: dem Herbert-River-Ringbeutler, einem Beutelsäuger mit langem Schwanz, braunschwarzem Rücken und weißem Bauchpelz, der sich tagsüber in Baumhöhlen verkriecht. Williams berechnete, wie sich seine Areale je nach Klimaszenario verändern. Das Ergebnis: Würde sich die Welt um 3,5 Grad Celsius erwärmen, was zu jenem Zeitpunkt ziemlich realistisch erschien, würden die bewohnbaren Habitate im Laufe des Jahrhunderts nach und nach schrumpfen, bis am Ende fast kein Ort mehr übrig bliebe, an dem es der Beutelsäuger noch aushalten kann. Dieselbe Berechnung führte der Biologe auch mit anderen Arten durch, für die er genug Daten besaß. »Wir kamen zu dem Ergebnis, dass ungefähr die Hälfte aller endemischen Arten im tropischen Regenwald bis zum Ende des Jahrhunderts aussterben könnte«, erklärte er. Selbst die Arten, die übrig blieben, würden das Tiefland verlassen und sich die Berge hinauf zurückziehen, wo sie im Schnitt nur noch zehn Prozent ihres Gebiets behalten würden. »Als ich das sah, kam mir die Welt auf einmal grau und deprimierend vor«, berichtete Williams.

Die meisten der Arten, die er in seinem Berufsleben studiert hatte, standen vor ihrem Untergang. Der Biologe konnte es nicht glauben, überprüfte Modelle und Daten; er überprüfte, ob die Tiere nicht doch abwandern, sich irgendwo verkriechen oder anpassen könnten. Aber die Antwort blieb immer die gleiche: Die Schutzgebiete werden sich leeren. Zumindest was die Arten betrifft, für die sie eingerichtet worden waren, wie dem Herbert-River-Ringbeutler. Dieser, so fand Williams heraus, hatte seinen Aufstieg bereits begonnen.

Andere Arten aus dem Tiefland würden nachwandern, das schon, aber das sind in der Regel die gewöhnlicheren und weniger gefährdeten Arten. Die eigenwilligsten Kreaturen des australischen Kontinents würden verschwinden. Williams fasste das in einer Studie zusammen und gab dieser den Titel: *Klimawandel im Australischen Tropischen Regenwald: Eine bevorstehende Umweltkatastrophe*.[263]

Forscher aus anderen Weltregionen kamen in den darauffolgenden Jahren zu ganz ähnlichen Ergebnissen: Der Großteil der Artenrefugien wird bis zum Ende des Jahrhunderts unbewohnbar – das gilt für Vögel in China[264] genauso wie für Elefanten in Indien und Nepal[265] oder Säugetiere in Europa.[266] Ein Großteil von ihnen wird sich im Ungleichgewicht mit dem Klima befinden. Nur in acht Prozent aller Schutzgebiete auf der Welt dürften die derzeitigen Klimabedingungen über dieses Jahrhundert hinaus Bestand haben, so haben es Ökologen aus Kalifornien berechnet.[267]

Gibt es überhaupt noch eine Möglichkeit, die Katastrophe abzuwenden? Williams testete, was passieren würde, wenn er ein milderes Klimaszenario den Modellen zugrunde legte.[268] Und siehe da: Dann wären nur noch knapp ein Viertel aller Arten gefährdet oder vom Aussterben bedroht. Ein Großteil der Arten würde einen Teil ihrer bewohnbaren Habitate behalten – vor allem in den höheren Gebirgslagen. »Wir können also etwas tun«, wurde dem Biologen klar.

Also versuchte er im nächsten Schritt herauszufinden, wo genau sich am Ende des Jahrhunderts die letzten Zufluchtsorte befinden werden, in denen es ein Teil der endemischen Arten des Regenwalds noch aushalten kann. Mithilfe von Computermodellen berechnete er, dass diese Refugien vor allem in den Bergen liegen, wo Wälder Schatten spenden und die nahe Küste für Abkühlung sorgt. Zum Glück waren bereits 85 Prozent dieser Gebiete geschützt. Also konzentrierte sich Stevens auf die degradierten Flächen und sah sich an, wo eine Aufforstung den größten Nutzen bringen würde. Es waren Orte im Zentrum der Kälterefugien wie auf dem Evelyn-Atherton-Hochplateau, die schon während der Eiszeitzyklen in den letzten 2,6 Millionen Jahren eine zentrale Rolle in der Bewahrung der Artenvielfalt gespielt hatten.[269]

Die Wissenschaftler übergaben ihre Analyse im Jahr 2013 der Regierung von Queensland. Und dann passierte etwas, womit sie nicht gerechnet hatten: Der Plan wurde angenommen. Die Regierung kaufte einige der von den Wissenschaftlern als besonders wertvoll eingeschätzten Flächen, um dort fünf neue Nationalparks zu errichten, unter anderem einen, der den Mount Baldy nahe Atherton umfasst und nun zum Herberton-Range-Nationalpark gehört.

Die letzten fünfzig Riffe

Selbst in den Ozeanen gibt es Kälterefugien, in denen die Arten eine höhere Chance haben, den Klimawandel zu überleben. Dem Korallenforscher Ove Hoegh-Guldberg kam deshalb diese Idee: Sagten die Projektionen nicht voraus, dass bis zur Mitte des Jahrhunderts im schlimmsten Fall 90 Prozent der Korallenriffe verschwinden? Das aber, dachte er sich, bedeutete im Umkehrschluss, dass es zehn Prozent über das Jahr 2050 hinaus schaffen könnten. Wüsste man, wo sich diese klimaresistenten Riffe befänden, müsste man doch alles Menschenmögliche tun, um sie besonders gut zu schützen. Also sie nicht länger überfischen, verdrecken und über die Zuflüsse überdüngen.

Mit Kollegen machte sich Hoegh-Guldberg auf die Suche nach den zehn Prozent. Mithilfe von Computermodellen identifizierten sie fünfzig Orte mit einer Fläche von jeweils 500 Quadratkilometern, die sie »bioklimatische Einheiten« nannten.[270] Darunter die Gewässer vor Mackay in der Mitte des Great Barrier Reef. »Heute verschwinden die Korallen dort aufgrund der Landwirtschaft«, sagt Hoegh-Guldberg aus. »Aber wenn wir damit aufhören, könnten dort die Korallen wieder wachsen.«

Oder das »Great Sea Reef« vor den Fidschi-Inseln, das zwar einigermaßen geschützt vor Zyklonen ist und sich weniger stark erwärmt als andere Gewässer, dafür aber durch Landnutzung, Zuckerrohr-Anbau und Seeigel bedroht ist.»Unser Ehrgeiz ist es, diese lokalen Treiber zu identifizieren und die Probleme dann zu beheben«, sagt Hoegh-Guldberg. Das heißt: Seeigel eindämmen, Zuckerrohr nachhaltig anbauen und weniger Pestizide und Dünger in die Meere einleiten.»Gelingt das Experiment, könnten in den Zeitungen eines Tages Meldungen stehen über Korallen, die Schiffskanäle verstopfen, weil sie so gut gedeihen.«

Die Wissenschaftler gründeten das Projekt »50 Reefs«, taten sich mit dem WWF zusammen und sammelten Millionen Dollar von reichen Gönnern ein, darunter der ehemalige Bürgermeister von New York, Michael Bloomberg. Inzwischen haben sie angefangen, den Plan für die ersten sechs Korallenriffe umzusetzen, darunter auf den Fidschi-Inseln, den Salomonen und Osttimor.»Von den Dorfbewohnern bis zu Premierministern wollten die Leute sofort eingebunden werden«, erzählt Hoegh-Guldberg.»Viele Menschen auf den Fidschi-Inseln widmen ihr Leben dem Schutz der Korallen. Wenn wir diese unterschiedlichen Orte verknüpfen können, den Enthusiasmus teilen und zusammen vorangehen, dann haben wir tatsächlich eine Chance.«

Townsville, 2016

Stephen Williams wusste, dass er noch nicht am Ende seines Weges war. Denn das schönste Schutzgebiet nützt ja nichts, wenn es die zu schützenden Arten nicht erreichen. Einige der zukünftigen Klimarefugien, so stellte der Biologe fest, waren isoliert und wiesen keinerlei Verbindung zu den Schutzgebieten von heute auf. Vielfach waren die Wälder dazwischen gerodet worden und der Weg in die zukünftigen Komfortzonen abgeschnitten.

Was es deshalb brauchte, waren Waldkorridore, durch die die Arten zur nächsthöher gelegenen Station klettern konnten. Also kaufte die Regierung von Queensland auf Empfehlung von Williams und seinen Kollegen auch solche Flächen auf und begann, sie wieder aufforsten zu lassen. Inzwischen wendet sogar die Bundesregierung von Australien dieses Modell an: Im ganzen Land läuft mithilfe von Staatsgeldern die Suche nach geeigneten Klimarefugien samt Verbindungswegen. Williams gibt sich allerdings noch immer nicht zufrieden: Er will das Modell auf andere Weltgegenden übertragen. Im zunehmend fragmentierten Amazonas-Regenwald zum Beispiel würde es den eingekesselten Arten helfen, wenn ihnen ein Notausgang in Form neuer Waldkorridore zur Verfügung stünde. Dann hätten sie zumindest eine Chance, sich so weit wie möglich von der Hitze zu entfernen und sich in der Zwischenzeit, so gut es geht, an das Unvermeidliche anzupassen.[271]

Einige Tropenländer haben bereits Interesse signalisiert, darunter Singapur und Ecuador. Sie wollen für Asien und Südamerika entsprechende Netzwerke aufbauen.[272] Überhaupt sind viele Länder in Südamerika oder Afrika weiter als die Industrieländer (mit Ausnahme von Kanada[273]), die lange überhaupt nicht die Notwendigkeit sahen, an ihren mühsam erkämpften Schutzgebietssystemen zu rütteln, nur weil sie den Klimawandel bei deren Einrichtung nicht mitbedacht hatten. Es sei doch egal, aus welchen Gründen die Schutzgebiete eingerichtet worden seien, argumentierte noch vor wenigen Jahren ein führender deutscher Umweltpolitiker. Denn der Schutz der ökologisch wertvollsten Habitate samt einer durchlässigen Landschaft sei doch auch in Zeiten des Klimawandels die beste Lösung, um die Arten auf ihrer Wanderung zu unterstützen.[274]

Makroökologen und Modellierer haben dieses Argument vor ein paar Jahren untersucht. Mithilfe von Artenverbreitungsmodellen fanden sie heraus, dass die meisten Wirbeltier- und Pflanzenarten in den europäischen Schutzgebieten schon bis zum Jahr 2080 ungeeignete Klimabedingungen vorfinden könnten.[275] Besonders in den oft kleinteiligen Natura-2000-Gebieten, die manchmal sogar schlechter abschnitten als die vollkommen ungeschützten Gebiete drum herum. »Zukünftige Naturschutzanstrengungen sollten sich voll darüber im Klaren sein, dass sich die Verteilung der Biodiversität und der betroffenen Arten durch den Klimawandel dramatisch verändern wird und dass ein erhöhtes Aussterberisiko eine der möglichen Folgen ist«, schreiben die Autoren um Miguel Araújo vom Nationalmuseum für Naturwissenschaften in Madrid.

Die neue Biodiversitäts-Strategie der EU scheint das erkannt zu haben. »Der Schutz der Natur, den wir haben, wird nicht ausreichen, um die Natur wieder in unser Leben zu integrieren«, heißt es darin. Deshalb will Brüssel nicht nur das Schutzgebietsnetz erweitern, sondern auch mit ökologischen Korridoren verknüpfen, »um eine genetische Isolierung zu verhindern, die Migration von Arten zu ermöglichen und gesunde Ökosysteme zu erhalten und zu verbessern«.[276]

Konflikte werden dabei nicht ausbleiben. Bis zur Mitte des Jahrhunderts müssen zehn Milliarden Menschen ernährt werden. Der Platz auf der Erde ist aber begrenzt. Und ausgerechnet diejenigen Landstriche, die in Zukunft besonders viele Arten beherbergen, werden in Zeiten des Klimawandels auch für den Menschen interessant. Wenn es zu heiß wird, müssen nämlich auch Bauern ihr Getreide, ihre Felder und Weiden in kühlere Regionen verlagern.[277]

Andererseits hängt der Wohlstand und die Gesundheit zukünftiger Generationen eben davon ab, ob es noch eine einigermaßen intakte Natur gibt oder nicht. Auf Flächen zugunsten der Natur zu verzichten ist kein altruistischer Akt. Eine gesunde Natur versorgt unsere Städte mit Wasser, hält den Boden stabil und verhindert Überschwemmungen. Wir erholen uns darin. Außerdem bedeutet der Schutz von Wäldern, Feuchtgebieten, Mangroven und Mooren Klimaschutz, da diese Ökosysteme Unmengen an CO_2 und Methan speichern. 15 Prozent der Treibhausgase, welche die Welt in einem Jahr ausstößt, stammen aus natürlichen Habitaten – mehr als die Hälfte davon zuletzt von Brandrodungen in zwei Provinzen in Indonesien und Brasilien.[278] Doch nicht nur auf die Wälder kommt es an, sondern auch auf das, was darin lebt. Verschwinden Waldelefanten und Tapire aus den Wäldern, frisst niemand mehr die großen, fleischigen Früchte und verteilt ihre Samen. Damit würden die höchsten Bäume mit der größten Holzdichte abnehmen, sodass rund ein Zehntel des Kohlenstoffspeichers in den tropischen Wäldern verloren gehen könnte.[279]

Im Umkehrschluss kann die Rückkehr von Wildnis einen positiven Klimaeffekt haben: Nachdem sich der Bestand an Gnus in Tansania nach der Einführung von Schutzmaßnahmen erholen konnte und die Tiere die Vegetation kurz hielten, gingen die Brände zurück, und mehr Bäume konnten wachsen, womit sich die Serengeti von einer Kohlenstoff-Quelle in eine Kohlenstoff-Senke verwandelte. Die Lehre ist die: Klimaschutz und Artenschutz sind keine isolierten Sphären, wobei das eine nur auf Kosten des anderen zu haben ist. Beides hängt zusammen.

Die Matrix

Für ihre Vision, der Natur wieder mehr Raum zu geben, will die EU-Kommission auch an die Flächen außerhalb der Schutzgebiete ran, im Fachjargon »die Matrix« genannt. Zwar lassen sich Ackerflächen und Städte nicht so einfach auflösen, um den Weg für die wandernden Arten freizugeben. Aber oft reichen ihnen schon Trittsteine. Städte sollen deshalb, so will es Brüssel, mit Wäldern, Parks und Gärten versetzt werden, mit Stadtbauernhöfen, begrünten Dächern und Mauern, mit Alleen, Hecken und Wiesen, wobei »übermäßiges Mähen unterbunden« werden soll. Gleichzeitig sollen mindestens zehn Prozent der Landwirtschaftsflächen für Pufferstreifen reserviert werden, für Brachland und Hecken, Bäume und Teiche. So könnten die Arten im Idealfall von Schlupfwinkel zu Schlupfwinkel springen. In Brandenburg strebt genau das eine Stiftung an, die Wildnisgebiete aufkauft und mit bestehenden Schutzgebieten verknüpft. Mit bewaldeten Brücken, die über Autobahnen führen, oder mit Feuchtbiotopen, Hecken oder einzelnen Bäumen, welche die monotonen Kiefernforste auflockern sollen.[280] »Solche Ansätze sind gut«, sagt Pierre Ibisch. »Aber sie bleiben Symptomflickerei, wenn gleichzeitig im großen Stil Wälder gerodet werden, weil hier eine Autobahn entsteht oder dort ein Tagebau. Wir brauchen eine radikale Umkehr auf der gesamten Fläche.«

Eine ziemlich flexible Lösung haben sich Naturschützer im Westen der USA ausgedacht: Sie wollen das kalifornische Längstal wieder zum bevorzugten Zwischenhalt für Zugvögel machen, die von Südamerika in die Arktis reisen. Nachdem über viele Jahre ein Feuchtgebiet nach dem anderen Äckern und Feldern weichen musste, nahm auch die Zahl der gefiederten Langstreckenflieger drastisch ab. Die Naturschützer haben mit der Hilfe von Vogelbeobachtern Karten erstellt, wo und wann im Jahr sich die Zugvögel in den übrig gebliebenen Feuchtgebieten sammeln. Dort mieteten sie Felder von Reisbauern für die Zeit an, in der die Vögel dort haltmachen. Die Bauern fluteten ihre Felder und wandelten sie für ein paar Wochen in Feuchtgebiete um. Das ließe sich auch auf Arten übertragen, die eine Reise ohne Rückfahrschein angetreten haben.

Dahinter steht die Idee der Versöhnung mit der Natur: Um das Artensterben aufzuhalten, soll der Mensch von ihm dominierte Landschaften so umwandeln, dass diese zugleich von möglichst vielen Arten genutzt werden können – übergangsweise oder dauerhaft.[281] Die Rückkehr der Natur in unsere Landschaften und Siedlungen würde unser tief verwurzeltes Bedürfnis stillen, der Natur nahe zu sein, argumentieren die Befürworter dieses Ansatzes. Studien zeigen, dass Menschen, die sich häufiger in der Natur aufhalten, gesünder und zufriedener sind. In der Fachwelt wird das als Vitamin »G« (Grünflächen) bezeichnet.

Seit einem halben Jahrhundert haben wir uns zunehmend von der Natur entfremdet. Besonders Kinder haben im Alltag immer weniger Kontakt zur Natur und verbringen stattdessen mehr und mehr Zeit vor Bildschirmen.[282] Das aber hat Folgen: Sie entwickeln schlechtere kognitive und motorische Fähigkeiten, bekommen häufiger psychische Probleme und legen weniger Wert auf sozialen Zusammenhalt. Schlimmer noch: Hier wächst eine Generation heran, die nicht mehr erkennt, wie sehr wir eigentlich von der Natur abhängig sind und warum wir sie schützen sollten. In der Fachwelt ist das Phänomen als »Shifting Baseline Syndrom« bekannt: Menschen senken zunehmend ihre Erwartung, die sie an eine gesunde Umwelt haben, weil sie den Zustand der Natur an den besten Erfahrungen bemessen, die sie selbst in ihrer Kindheit gemacht haben. Mit anderen Worten: An den Verfall der Natur kann man sich gewöhnen.

In Großbritannien arbeiten Naturschützer dagegen an: Sie planen, ein ganzes Netzwerk an Blühstreifen zum Schutz der Bestäuber übers ganze Land zu ziehen.[283] Insgesamt 150.000 Hektar wollen die Initiatoren mit Wildblumen bepflanzen.

Die 3 Kilometer breiten Korridore sollen es den Wildbienen ermöglichen, zwischen ihren isolierten Habitaten hin und her zu springen, um so auf den Klimawandel zu reagieren. »Es ist wichtig, dass die Tiere von Süden nach Norden wandern können«, sagt Catherine Jones, »Bestäuber-Beauftragte« der Naturschutzorganisation Buglife.

Wieder und wieder haben sich die Wildbienen-Schützer in ihrem Büro in Peterborough im Osten Englands um einen Tisch herum versammelt und auf eine riesige Landkarte geblickt. Darauf sahen sie Wälder, Wiesen und Heiden eingezeichnet, Flüsse, Teiche und Seen. Die Aktivisten diskutierten, wie sich die Wildbienen-Habitate am besten verbinden lassen und was die geeignetsten Routen für die »Insekten-Pfade« sind. Vorschläge wurden in die Runde geworfen, Linien gezogen. Als Nächstes konsultierten sie Umweltbehörden, die Landesregierung, Gemeinde- und Stadträte, Naturschützer und Bauern. »Wir fragen sie, ob sie zehn Prozent ihres Landes in bestäuberfreundliche Habitate umwandeln können«, so Jones.

Inzwischen haben sie weite Teile Großbritanniens kartiert und die ersten 500 Hektar mit potenziellen Wildbienen-Pfaden versehen. Einige davon führen auch durch Städte – entlang von Trittsteinen wie Parks und Gärten. Dort soll der englische Rasen bunten Wildblumenwiesen weichen, herabfallende Äste wenn möglich liegen bleiben und Erdhöhlen nicht mehr zugeschüttet sowie Metallzäune durch Hecken ersetzt werden. Das soll Hummeln, Bienen & Co. dazu bewegen, dort zu nisten und nach Nahrung zu suchen. Wer in seinem Garten die Wiese wachsen lässt oder einen Apfelbaum oder Johannisbeerstrauch pflanzt, kann das auf einer Karte eintragen, die auf der Internetseite von Buglife zu finden ist. »Einige empfanden langes Gras als unordentlich oder fürchteten, dass sich darin Müll sammeln könnte«, erzählt Jones über ihre Arbeit in Leeds. »Die meisten aber wollten mitmachen.«

Natürlich gibt es Grenzen: Nicht alle vom Menschen geprägten Landschaften lassen sich artgerecht gestalten. Auch zeigt beispielsweise die Debatte um den Wolf, dass viele Menschen einem Vormarsch der Natur nur begrenzt etwas abgewinnen können. Andersherum meiden viele Arten den Menschen und würden niemals in einen Park einziehen, so attraktiv er auch für sie gestaltet sein mag. Diese Arten brauchen weite, ungestörte Landschaften, über die sie ziehen können. Und dafür eignen sich immer noch am besten Schutzgebiete, möglichst groß und miteinander verbunden, so wie es der Entwurf für das UN-Abkommen zur Biodiversität vorsieht. Das bedeutet nicht unbedingt, den Menschen aus möglichst vielen Gebieten auszusperren. Ein verantwortungsvoller Umgang ist möglich. Das beweisen die indigenen Bevölkerungen in den Tropenländern: Dort, wo sie leben, ist die Biodiversität weniger stark eingebrochen als anderswo.[284] Vielleicht hat der moderne Mensch verlernt, wie er mit der Natur umgehen sollte, und muss sich das erst wieder zeigen lassen. »Wir müssen uns als Teil der Natur betrachten«, fordert die australische Biologin Lesley Hughes. »Wir können nicht ohne die Natur existieren, auch wenn das eine beliebte Sichtweise des Westens ist.«

Selbst wenn wir einen erheblichen Teil der Erde schützen, würde das nicht alle Tiere und Pflanzen retten. Denn selbst in intakten Landschaften können viele Arten nicht wandern, weil sie schlicht zu langsam sind und der Klimawandel zu schnell. »Wir müssen auch über die Konsequenzen nachdenken, die daraus resultieren, wenn Arten *nicht* oder *nicht schnell genug* wandern können«, sagt Hughes. »Wer nicht fliehen oder sich anpassen kann, muss aussterben.«

Es sei denn, eine göttliche Hand pickt sie auf und lässt sie an einem anderen Ort wieder herab.

»Begleitete Umsiedlung«

Im Jahr 2008 taten sich die Hauptdarsteller des Forschungszweigs der »Klimawandel-Biologie« zusammen, um einen Aufruf zu lancieren. Die Gruppe um den Korallenforscher Ove Hoegh-Guldberg, die Schmetterlings-Forscherin Camille Parmesan und Lesley Hughes forderten im renommierten Journal *Science* einen Tabubruch: Tiere und Pflanzen, die der Klimawandel buchstäblich an den Rand ihrer Existenz gedrängt hat, sollten als letztes Mittel in kühlere Regionen umgesiedelt werden, wo sie nie zuvor gewesen sind.

Den Wissenschaftlern war klar, dass diese Strategie der begleiteten Umsiedlung (englisch: *assisted migration*) von vielen Umweltschützern als Angriff verstanden werden würde. Viele Werte des klassischen Naturschutzes leiten sich ja gerade aus der Verbindung einer Art zu ihrem angestammten Habitat ab. Der Klimawandel stellt den Naturschutz nun aber vor unbequeme Grundsatzfragen: Welche Verantwortung haben wir, um die Vielfalt der Arten zu erhalten? Welche Welt wollen wir für künftige Generationen bewahren? Dürfen wir in den Lauf der Natur eingreifen, um Arten vor dem Aussterben zu retten, auch wenn wir damit womöglich andere Arten in Gefahr bringen? Und wer darf über solche Fragen entscheiden?[285]

Der Vorstoß von Hoegh-Guldberg, Hughes und Parmesan provozierte wie zu erwarten heftigen Widerstand. Naturschützer warfen der Gruppe vor, »Gott spielen« zu wollen.[286] Selbst Kollegen warnten vor »unbeabsichtigten« und »unvorhersehbaren« Konsequenzen. Eine begleitete Umsiedlung von

Arten aus ihrem natürlichen Verbreitungsraum heraus dürfte »mehr Probleme schaffen als lösen« und käme einem »ökologischen Roulettespiel« gleich, so Ökologen aus Nordamerika.[287] Die Einführung neuer Arten würde in Extremfällen nicht nur Ökosysteme bedrohen und ihre Funktionsfähigkeit einschränken, sondern auch Krankheiten verbreiten. Ganz zu schweigen davon, dass eine Hybridisierung von einheimischen und exotischen Arten massiv in den evolutionären Stammbaum von Tieren und Pflanzen eingreife, selbst wenn die Absichten noch so gut seien. Hoegh-Guldberg, Parmesan und Hughes halten das Risiko für überschaubar. Nur müsse man jeden Fall genau prüfen und abwägen. Und man dürfe Arten eben nur innerhalb von Kontinenten umsiedeln und ausschließlich in Gebiete hinein, deren Ökologie dem Ausgangshabitat ähnelt. Diese Vorkehrungen würden es praktisch unmöglich machen, dass eine Art invasiv werde. Camille Parmesan, die heute zurückgezogen in einem französischen Pyrenäendorf an ihren Schmetterlingen forscht,[288] empfiehlt einen Blick in die Evolutionsgeschichte der jeweiligen Arten. »Liegen sie geografisch gerade mal 300 Kilometer auseinander, so ist es sehr wahrscheinlich, dass es in den vergangenen hunderttausend Jahren schon mal zu einer Interaktion gekommen ist.« Im Grunde sei die begleitete Umsiedlung ja nichts anderes als die klassische Verbindung von Habitaten, wie sie Naturschützer seit Jahren vorantreiben. »Es ist nicht immer die richtige Lösung«, sagt Parmesan. »Aber es sollte zumindest ein möglicher Teil im Werkzeugkasten des Naturschutzes sein.«

Kritiker halten dem entgegen, dass selbst eine Art, die innerhalb eines Kontinents und eines bestimmten Ökosystems umgesiedelt wird, etablierte Arten ausrotten und Nahrungsketten zerreißen kann. Überhaupt sei die Vorstellung »naiv«, man könne abschätzen, welche Folgen »geplante Invasionen« über die Zeit oder große Räume hinweg haben werden.[289] Nicht zuletzt stellt sich die Frage, wie sinnvoll es ist, einzelne Teile eines Ökosystems herauszupflücken und an einen neuen Ort umzupflanzen, während der alte Lebensraum mit unzähligen Arten, die an ihm hängen, keine Chance hat aufzuschließen.

»Es gibt immer noch einen starken Widerwillen dagegen, überhaupt darüber nachzudenken, ins Artengefüge einzugreifen«, klagt Lesley Hughes. »Es ist rechtlich um einiges leichter, Wälder zu roden, als bedrohte Arten umzusiedeln.«

Gemacht wurde es trotzdem, angefangen mit der Eibenblättrigen Nusseibe *Torreya taxifolia*. Dieser Nadelbaum hatte in den vergangenen Jahrzehnten seinen Lebensraum in Nordamerika so gut wie eingebüßt, bis nur noch knapp tausend Bäumchen im nordwestlichen Zipfel Floridas und in Georgia übrig waren. Daraufhin verpflanzte im Jahr 2008 eine Gruppe von Umweltaktivisten, die sich Torreya-Krieger nennen, eigenmächtig einunddreißig Nusseiben 600 Kilometer weiter nördlich nach North Carolina.[290] Ohne jegliche behördliche Überwachung, weshalb sie eine Menge Kritik auf sich zogen.[291]

Am 11. August 2016 wurde dann das erste Wirbeltier aufgrund des Klimawandels umgesiedelt: Es ist 15 Zentimeter lang, trägt einen Hornpanzer und gilt inzwischen als das seltenste Reptil Australiens. Die Rede ist von der Falschen Spitzkopfschildkröte *Pseudemydura umbrina*. Mit der Ausbreitung von Städten und Ackerflächen verkleinerten sich ihre Habitate immer mehr, bis nur noch rund vierzig Exemplare in zwei Feuchtgebieten am Stadtrand von Perth übrig waren. Aber auch dort verschlechterten sich die Bedingungen stetig, weil der Regen ausblieb und die Sümpfe für immer mehr Monate im Jahr trockenfielen. Spätestens ab Mitte des Jahrhunderts dürfte auch dieser letzte Zufluchtsort für das Reptil unbewohnbar werden.

Nach über zehn Jahren Vorbereitung setzten Naturschutzbiologen deshalb zwei Dutzend in Gefangenschaft gezüchtete Jungschildkröten in Pappkartons und fuhren sie in Geländewagen 350 Kilometer südlich von Perth in ein Sumpfgebiet, wo es kühler und feuchter ist.[292] Dort ließen sie die Schildkröten behutsam ins Wasser, woraufhin diese nach ein paar Sekunden lospaddelten und ihre neue Umgebung erkundeten. Die Forscher verloren die gut getarnten Tiere bald aus den Augen – allerdings übermittelten Sender, die samt Antenne auf den Hornpanzern klebten, laufend Temperatur, Wassertiefe und Feuchtigkeit, um eine Abschätzung zuzulassen, ob sich das neue Gebiet auch dauerhaft für die bedrohten Reptilien eignet.

Erneut drei Jahre später wurden in Schottland zwei Schmetterlingsarten bis zu 65 Kilometer nördlich ihres bisherigen Verbreitungsraums umgesiedelt und breiten sich seither in ihrer neuen Umgebung aus.[293] In einer Bergregion in Südwest-China wiederum wurden Orchideen 600 Meter hinauf verpflanzt.[294] Für eine Vielzahl von Arten gibt es weitere Pläne: Bedrohte Hummelarten in den Alpen oder Pyrenäen könnten in die Berge Skandinaviens umsiedeln, während arktische Festlandarten auf Arktisinseln wie Spitzbergen oder Franz-Josef-Land eine letzte Zuflucht finden könnten.[295] »Als wir zuerst davon schrieben, sagte jeder: Nein! Das könnt ihr doch nicht machen«, berichtet die australische Biologin Christine Hosking. »Aber seitdem sich die Situation für Wildtiere auf der ganzen Welt so verdüstert hat, wird es gemacht.«

Das gilt auch für Koalas, wenngleich noch nicht aufgrund des Klimawandels, sondern weil manche ihrer Habitate neuen Eisenbahnlinien oder Häusern an der Küste von Queensland weichen mussten. Die Koalas wurden eingefangen und in die Berge des subtropischen Regenwalds umgesiedelt. »Es ging ihnen sehr gut«, erzählt Hosking. »Aber dann wurden sie von einem Rudel wilder Hunde aufgespürt und totgebissen.«

Auch das neue Refugium der Falschen Spitzkopfschildkröte wäre fürs Erste nur eine Notlösung. Noch ist es in dem Sumpfgebiet im Südwesten Australiens eigentlich etwas zu kalt für sie, aber in einem halben Jahrhundert dürften die Bedingungen den Klimaprognosen zufolge perfekt zur Schildkrötenbiologie passen.

Im Prinzip betrifft dieses Problem alle Arten. Es lässt viele Naturschützer nahezu verzweifeln: Um den vom Klimawandel bedrohten Tieren und Pflanzen auf ihrer Wanderung in kühlere Gefilde zu helfen, ließe sich heute schon allerhand unternehmen – aber nur, wenn wir wissen, welche Bedingungen am Ende des Jahrhunderts auf sie warten. Wie schnell aber der Mensch von den fossilen Rohstoffen ablassen wird, lässt sich schwer vorhersagen. Wissenschaftler vergleichen den Artenschutz in Zeiten des Klimawandels deshalb mit einem Schuss auf ein bewegliches Ziel (eine zugegeben etwas merkwürdige Analogie). »Das Problem mit dem Klimawandel ist, dass kein Schlusspunkt in Sicht ist«, sagt Parmesan. »Wüssten wir, an welchem Punkt sich das Klima stabilisiert, könnten wir uns darauf vorbereiten.«

Jedenfalls bis zu einem gewissen Grad an Erwärmung. Und hier sind wir beim zweiten Problem des Klimawandels: Übersteigt dieser eine gewisse Schwelle, dürfte es den meisten Arten kaum mehr helfen davonzurennen. »Es ist klar geworden, dass die Biologie des Planeten jenseits von 1,5 Grad Celsius stark bedroht ist, weil sich Ökosysteme buchstäblich aufzulösen beginnen«, warnen US-Wissenschaftler im Fachblatt *Science* 2019.[296]

Das Problem ist nur: Es dürfte kaum mehr möglich sein, die Erwärmung noch auf 1,5 Grad Celsius zu begrenzen. Das ginge nur, wenn wir massenhaft CO_2 aus der Atmosphäre saugen und unter die Erde pressen, was gewaltige Nebenwirkungen haben dürfte.[297] Das beste Szenario, das uns deshalb wahrscheinlich bleibt: die Erderwärmung auf 2 Grad Celsius begrenzen und in der Zwischenzeit den Tier- und Pflanzenarten auf der Welt wieder mehr Raum geben, damit sie auf den Klimawandel reagieren und in kühlere Gebiete ausweichen können, bevorzugt entlang von Gebirgszügen.

Lee Hannah und seine Kollegen haben kürzlich berechnet, was das für die artenreichste Region auf der Welt bringen würde, die Tropen. Sie kamen auf folgendes Ergebnis: Das Risiko auszusterben würde sich mehr als halbieren und damit erheblich eindämmen lassen.[298]

Zur Wahrheit gehört aber auch: Selbst wenn wir von heute auf morgen aufhören, die Luft mit CO_2 anzureichern, wird sich unser träger Planet noch ein paar Jahrzehnte weiter erwärmen. Auch im bestmöglichen Fall dürften also immer noch Hunderttausende von Arten aussterben. Die Mehrzahl davon sind tropische Insekten, die besonders vielfältig und wärmeempfindlich sind. Ist es ein Zufall, dass sie bereits massenhaft aus Ländern wie Mexiko, Puerto Rico[299] oder Costa Rica verschwinden? Also dort, wo die Temperaturen bereits stark angestiegen sind oder sich die Trockensaison um mehrere Monate ausgedehnt hat? Wohlgemerkt auf bewaldeten Bergen in Schutzgebieten, abseits von Landwirtschaftsflächen. »Wo sind bloß all die Insekten hin?«, fragen sich die Veteranen unter den Tropenentomologen, wenn sie heute durch die Urwälder streifen, ohne gestochen zu werden; wenn sie vergeblich nach Spinnennetzen Ausschau halten, aber nur die makellosen Blätter ohne Blattfraß bemerken und sich dabei wie in einem botanischen Garten fühlen.[300] »Wir wissen seit vierzig Jahren, dass wir etwas gegen den Klimawandel unternehmen müssen, und haben trotzdem nichts getan«, sagt Lee Hannah. »Wir können nicht einfach immer so weitermachen und erwarten, dass das keine Konsequenzen hat. Es *hat* Konsequenzen.«

Es wird nicht leicht sein, das zu akzeptieren. Die Versuchung wird groß sein, in Apathie zu verfallen angesichts des sich anbahnenden sechsten Massenaussterbens auf der Erde – aber das wäre genau die falsche Reaktion. Gerade weil wir wissen, dass die meisten Arten der Klimaerwärmung nicht hilflos ausgesetzt sind, sondern wandern können, wenn wir sie lassen, und gerade weil wir die Grenzen dieser über Jahrmillionen eingespielten Massenflucht kennen, bekommen wir einen klaren Blick auf das, was auf dem Spiel steht und was wir zu tun haben. Hunderte Wissenschaftler haben in den vergangenen zwei Jahrzehnten dieses uralte Phänomen durchleuchtet, sie haben frühere Wanderungen aus alten Fossilien und Pollenresten rekonstruiert, unzählige Habitate diverser Arten auf allen Kontinenten vermessen und mithilfe von Hochleistungsrechnern in die Zukunft projiziert – abhängig von unseren Entscheidungen. Ihre Beschreibung des Zustands der lebenden Welt entlässt uns gerade nicht aus der Verantwortung, sondern gibt uns einen ziemlich eng definierten Handlungsspielraum vor.

Je weniger wir zulassen, dass sich die Erde erwärmt, und je mehr Gebiete wir der Natur zurückgeben, Schutzgebiete und Korridore schaffen, desto mehr Arten können wir noch retten und das Leben auf dem Planeten unseren Kindern und deren Kindern zumindest noch bruchstückhaft so weiterreichen, wie wir es heute vorfinden. Würden wir sogar die Hälfte der Erdoberfläche schützen, wie es nicht wenige Biologen fordern,[301] und gleichzeitig die Erderwärmung auf unter 2 Grad Celsius drücken, würde sich das Aussterberisiko nach Berechnungen von Hannah sogar um mehr als drei Viertel senken lassen.

»Jeder kann Teil der Lösung sein«, sagt die australische Meeresbiologin Gretta Pecl. Das fängt damit an, mit offenen Augen durch die Umgebung zu spazieren und nach Arten Ausschau zu halten, die dort eigentlich nicht »hingehören«. Vielleicht sehen Sie einen Seidenreiher, einen Zwergadler oder eine Zwergohreule, die es noch nicht lange in Deutschland gibt. Vielleicht eine Weißrandfledermaus, eine Feuerlibelle oder Wespenspinne. Oder einen bunten Grashüpfer namens Blauflügelige Ödlandschrecke. Vielleicht sehen Sie das Affenknabenkraut oder die Bocks-Riemenzunge aus der Familie der Orchideen; oder Stechpalmen, die sich bis in den äußersten Nordosten der Republik ausbreiten. »Wer die Veränderungen um sich herum dokumentiert, kann uns helfen herauszufinden, wie wir die Arten schützen können.«

Das reicht Ihnen nicht? Gut: Wer einen Garten hat, kann ihn so gestalten, dass er Arten auf ihrer Wanderung zum Verweilen einlädt. Wer einen Wald in seiner Umgebung hat, der aus wenig überzeugenden Gründen gerodet werden soll, kann sich dafür einsetzen, das zu verhindern oder Flächen zu renaturieren. Wer einen Unterschied machen will, kann weniger Fleisch essen und darauf achten, dass es aus seiner Region kommt. Und wer einen wirklichen Unterschied bewirken will, kann damit aufhören, Politiker zu wählen, die uns versprechen, dass alles mehr oder weniger so bleiben kann, wie es ist, und den Klimawandel nicht als das nehmen, was er ist: ein existenzielles Problem, das an die Substanz des Lebens auf der Erde geht.

Vielleicht werden uns die Tiere und Pflanzen, wenn wir ihnen wieder mehr Freiräume schenken, auch überraschen. Wie der kleine Scheckenfalter, mit dem dieses Buch begann.

Ysidro-Berge, nach der Jahrtausendwende

Im äußersten Süden Kaliforniens befanden sich die Populationen von *Euphydryas editha* in einer kaum zu beneidenden Lage: Vom Süden rückten Trockenheit und Hitze aus Mexiko heran und verödeten die Landschaft samt einer kleinen Pflanze mit nadelartigen Blättern und transparenten Blüten namens *Plantago erecta*: die Wirtspflanze des Scheckenfalters. Nach Norden ausweichen konnte dieser nicht, da sich dort San Diego, Los Angeles und die Mojave-Wüste ausbreiteten. Deshalb blieb nur noch die Flucht nach oben – die *Euphydryas editha quino*, eine bedrohte Unterart des Scheckenfalters, erwiesenermaßen auch antrat. Das Problem war nur, dass seine bevorzugte Pflanze aus der Familie der Wegerichgewächse in dieser Höhe schon bald nicht mehr wuchs.

Biologen um Camille Parmesan waren besorgt, aber auch neugierig, was passieren würde. Sie untersuchten Genetik und Verhalten von »Quino« sowie seinen Lebensraum[302] – und machten eine freudige Entdeckung: Letzterer hatte sich innerhalb von fünfzehn Jahren im Schnitt um 360 Meter bis auf 1.164 Meter hinaufgearbeitet und sich in Ermangelung seiner Wirtspflanze »einfach« eine Alternative gesucht. »Nach ein paar Tagen ist er so verzweifelt, dass er andere Pflanzenarten akzeptiert«, erklärt Parmesan.

Was dort oben blühte, war *Collinsia concolor*, eine Pflanze ebenfalls aus der Familie der Wegerichgewächse. »Quino« hatte mit ihr bis dahin nichts am Hut und war entsprechend schlecht an sie angepasst. Trotzdem begann der Scheckenfalter, seine Eier auf ihr abzulegen. Als die Forscher ein paar Exemplare derselben Art aus dem Tiefland in die Höhe verfrachteten, machten diese es genauso. »Die Lehre daraus ist, dass die Individuen nicht notwendigerweise an eine neue Umgebung vorangepasst sein müssen, um jenseits der Grenze ihrer historischen Verbreitung Gebiete zu kolonisieren«, sagt Parmesan. »Sie brauchen nur zu überleben.«

»Quino« hat sich damit Zeit verschafft. Maximal vierzig Jahre, schätzt Parmesan, dürften ihm auf den Bergspitzen im Süden Kaliforniens noch bleiben, wenn wir dem Klimawandel in der Zwischenzeit nicht Einhalt gebieten. Dann nämlich würde es dem Scheckenfalter auch dort zu heiß und trocken. »Er kann an einem neuen Ort leben, aber nicht in einem neuen Klima.« Damit geht es ihm nicht anders als dem Schuppenkopf-Ameisenpitta in Peru oder dem Herbert-River-Ringbeutler in Australien. Diesen Arten mit einer engen geografischen und klimatischen Nische droht genau wie dem Polardorsch, Polarfuchs und Eisbär in der Arktis der Verlust ihres Klimas. Konnten sie sich im Laufe ihrer Evolutionsgeschichte immer dann, wenn sich das Klima erwärmte, in kühle Refugien retten, drohen diese nun gänzlich zu verschwinden – und mit Arten aus dem Tiefland besetzt zu werden.

In den Regenwäldern Indonesiens, Afrikas oder Amazoniens wiederum erwarten Geowissenschaftler ganz neue Klimabedingungen, wie sie derzeit noch nicht auf der Erde herrschen und wie sie Brüllaffen, Klammeraffen, Nachtaffen, Springaffen, Kapuzineraffen und Seidenäffchen seit Millionen von Jahren nicht mehr erlebt haben.[303] Wenn nicht irgendwelche höheren Mächte Einsehen mit ihnen haben, aufhören, die Komposition der Erdatmosphäre zu verändern, und sie aus ihrer Bedrängnis befreien, dann werden sie alle das gleiche Schicksal teilen: Sie können noch eine gewisse Zeit im Ungleichgewicht mit ihrem Klima ausharren, die Sensibelsten ein wenig kürzer, die Widerstandsfähigsten ein wenig länger; aber auf die Dauer werden sie sterben.

Es ist wie ein ehernes Gesetz des Lebens. »Wir sehen massive Bewegungen über den ganzen Planeten«, sagt Camille Parmesan. »Aber nicht eine einzige Art verlässt ihren traditionellen Klimabereich.«

Mit einer Ausnahme.

Epilog:
Ende der Illusionen

Aarhus, Dänemark, 2020

Jens-Christian Svenning blickte in seinem Büro in der Universität von Aarhus auf seinen Computerbildschirm. Er zeigte neun blaue Kästchen, gefüllt mit je einem Klecks, die aussehen wie Luftaufnahmen, die eine Wärmebildkamera von Südsee-Atollen gemacht hat. Hier war sie. Die Klima-Nische des Menschen.

Ließe sich daraus etwas über unsere Zukunft ablesen?

Svenning, ein drahtiger Mann mit kurz gestutztem grauem Bart, hat sich einen Namen damit gemacht zu modellieren, wie sich der Verbreitungsraum der verschiedensten Arten durch den Klimawandel verändert und was es bedeutet, wenn Arten in ein Ungleichgewicht mit dem Klima geraten, an das sie angepasst sind. Er hat zum Beispiel nachgewiesen, dass zu Beginn des Eiszeitalters eine ganze Reihe Wärme liebender Bäume in Europa ausgestorben sind und dass die Baumarten, die sich durchgesetzt haben, entsprechend schlecht auf die Klimaerwärmung von heute eingestellt sind.

Aber auch für den Menschen interessiert sich der Direktor des Zentrums für die Dynamiken der Biodiversität in einer sich verändernden Welt. So hatte er mit Kollegen die Klima-Nische des Neandertalers berechnet und herausgefunden, dass sich unser urzeitlicher Verwandter entgegen der allgemeinen Vorstellung am liebsten entlang der Küstenlinie des Mittelmeers aufgehalten hat und weniger gern in den kalten Bergen und Ebenen Deutschlands und Osteuropas.

Wahrscheinlich auch deshalb hatte ein Kollege aus China Svenning angerufen und gefragt, ob er an einer Studie mitarbeiten wolle, die eine Antwort darauf geben soll, ob auch der Mensch eine Klima-Nische besitzt – und wenn ja, ob und wie sich diese verschieben wird.

Es ist schon komisch: Für mehr als zwölftausend Arten haben Wissenschaftler inzwischen diesen Punkt untersucht, aber an sich selbst haben sie all die Jahre nicht gedacht. »Der moderne Mensch wird als etwas anderes behandelt«, sagt Svenning. »Er steht nicht im Fokus der Ökologen.«

Der Makroökologe kann das nicht nachvollziehen. Deshalb hat er zugesagt und wie zuvor schon für Insekten, Vögel oder Bäume nun auch den typischen Verbreitungsraum des Menschen ausgelotet. Unmengen an Daten zu Demografie, Landnutzung und Klima haben er und seine Kollegen mit statistischen Verfahren in historische, aktuelle und zukünftige Hitzekarten verwandelt.

Zunächst erscheinen die Menschen tatsächlich wie eine Ausnahme: Sie haben sich im Laufe ihres über dreihunderttausendjährigen Eroberungszugs von Afrika bis in die entlegensten Winkel der Erde an alle möglichen Klimabedingungen angepasst. »Keiner der Faktoren, die andere Arten in ihrer Ausbreitung einschränken – spezifische Anforderungen an ihren Lebensraum, geografische Hindernisse –, scheint sie aufzuhalten«, konstatieren die Anthropologen, Klimawissenschaftler und Ökologen um Xu Chi von der Universität Nanjing in ihrer Studie, die im Mai 2020 im Fachblatt PNAS erschien.[304]

Relativ bald hatte Svenning das Schaubild mit dem Atoll-Klecks vor sich. Auf der einen Achse war die Temperatur angegeben, auf der anderen die Luftfeuchtigkeit. Jahresdurchschnittswerte. Und egal ob für heute, vor fünfhundert oder vor sechstausend Jahren, immer konzentrierte sich die abgebildete menschliche Bevölkerung (der Klecks) beim Wert von 13 Grad Celsius sowie einer relativ geringen Luftfeuchtigkeit. »Wir waren alle überrascht, wie konsistent sich dieser Befund über die Zeit verhielt«, erzählt Svenning. »Die Gesellschaften des Menschen haben sich ja immer wieder stark gewandelt, da hätten wir mehr Veränderungen erwartet.«

Die allermeisten Menschen haben sich also in einem überraschend schmalen Band um den Globus herum eingerichtet, und zwar seit mindestens sechs Jahrtausenden. Sie haben dort bevorzugt gelebt, ihr Getreide angepflanzt, ihr Vieh weiden lassen und alle möglichen Waren produziert. Diese Kernverbreitungszone besitzt ein enges Temperaturfenster von durchschnittlich 11 bis 15 Grad Celsius. Auf eine Weltkarte übertragen, zieht sich dieser Streifen über den Grenzbereich von Mexiko und den USA, nicht ohne Grund da, wo der Scheckenfalter Quino von Metropolen und Ackerflächen umzingelt ist; er schlängelt sich weiter über West- und Südeuropa, den Nahen Osten und Ostchina bis nach Japan. »Im Prinzip ist das die warmgemäßigte bis mediterrane Zone«, erklärt Svenning.

Warum aber hat sich der Mensch in dieser »realisierten Nische« gesammelt und sich nicht gleichmäßiger über die Erdoberfläche verteilt, also über seine fundamentale Nische, die er ja klimatisch tolerieren kann? Drei Gründe geben die Autoren dafür an: In der schmalen Komfortzone konnten die Kleinbauern im Freien arbeiten, ohne unter übermäßiger Hitze oder Kälte zu leiden. Die moderaten Temperaturen seien auch der Stimmung und mentalen Gesundheit zuträglich. Außerdem erreichen die Getreidefelder, die Weidetiere und die Wirtschaft dort eben ihre höchste Produktivität.

Allerdings hat sich nach Jahrtausenden der Stabilität dieses für uns besonders günstige Wärmeband durch den Klimawandel in Bewegung gesetzt. In den nächsten fünfzig Jahren, so haben die Autoren berechnet, könnten dort, wo heute im Schnitt 13 Grad Celsius herrschen, 20 Grad Celsius herrschen, wenn wir weiter fleißig unsere fossilen Reserven verfeuern. Das heißt: Deutschland oder Dänemark bekommen Temperaturen, wie sie bislang für Nordafrika oder die Mittelmeerregion normal gewesen sind. Die Klimahülle, in der wir uns vorzugsweise eingerichtet haben, wandert weiter in die höheren Breiten: nach Nordamerika, Mittel- und Osteuropa, in den Kaukasus und in den Norden Chinas.

Die eigentlichen Herausforderungen liegen aber dort, wo es schon heute heiß ist: am Äquator. Wobei »heiß« relativ ist, denn während in den Tropen im Schnitt 25 bis 27 Grad Celsius herrschen, gibt es ein paar wenige Flecken mit extremer Trockenheit und Temperaturen von mehr als 29 Grad Celsius. Sie verteilen sich über weniger als ein Prozent der Erdoberfläche, vorzugsweise in der Sahara. Sogar der Mensch meidet diese Orte weitgehend, da er dort nur schwer überleben kann.

In den kommenden fünfzig Jahren dürfte sich das Verhältnis umkehren: Den Prognosen zufolge könnten dann bis zu 19 Prozent der Erdoberfläche eine Hitze wie heute in der Sahara erfahren. Diese lebensfeindliche Zone wird sich ausgerechnet über die Tropen erstrecken, wo die Bevölkerung stark anwächst und wo 2070 voraussichtlich 3,5 Milliarden Menschen leben werden.

Nicht nur die Klimabedingungen werden dann für die Menschen am Äquator unerträglich, sie werden auch zunehmend allein sein. Während die Tropenbewohner immer mehr werden, werden die Arten um sie herum immer weniger: Weil ihre Fischschwärme in höhere Breiten fliehen, rechnen Experten mit einem Einbruch des Fischfangs in den tropischen Gewässern um 40 Prozent schon bis zur Mitte des Jahrhunderts (und einem Anstieg im reichen Norden um bis zu 70 Prozent[305]); sie werden große Teile ihrer Wälder einbüßen und damit ihre Wasserspender; sie werden unzählige Arten verlieren, um die herum indigene Völker ihre Kulturen aufgebaut haben. »Die Regionen mit den stärksten Klimatreibern, mit den empfindlichsten Arten und in denen die Menschen am wenigsten fähig sind zu reagieren, werden am stärksten betroffen sein«, schrieb ein internationales Forscherteam um Gretta Pecl 2017 in einer *Science*-Studie.[306]

Der Klimawandel sorgt schon heute mancherorts für schwülheiße Bedingungen, die den Menschen nah an seine thermische Toleranzschwelle bringen. Je mehr sich die Außentemperaturen der Körpertemperatur des Menschen annähern, desto schlechter kann der Körper gegenregulieren und die überschüssige Wärme in die Umgebung abstrahlen. Deshalb drückt er Schweiß durch die Poren auf die Haut, damit das Wasser verdunstet und uns abkühlt. Wenn die Luftfeuchtigkeit aber so hoch ist, dass die Luft keine Flüssigkeit vom Körper mehr aufnehmen kann, hat der Körper seine Belastungsgrenze erreicht. Er versucht noch, möglichst viel Blut aus dem Zentrum in die Peripherie zu pumpen – die Gefäße erweitern sich, der Herzschlag schnellt hoch. Das funktioniert für kurze Zeit, aber wie in einer Sauna oder im Dampfbad macht der Kreislauf irgendwann nicht mehr mit. Wer ein paar Stunden im Freien bei 35 Grad Celsius und einer gesättigten Luftfeuchtigkeit verbringt, der stirbt.[307]

Wenn man Svenning fragt, wie eine beliebige Art darauf reagiert, wenn ihre Klima-Nische abwandert, antwortet er: »Wenn die Klima-Nische noch erreichbar ist, dann können wir annehmen, dass die Art anfängt, in neue Gebiete zu expandieren. Je nach Art kann sich das sehr schnell oder sehr langsam abspielen.«

Die unangenehme Frage, die sich daran anschließt, lautet: Was um alles in der Welt passiert dann mit unserer Art, wenn ein Drittel der zukünftigen Weltbevölkerung außerhalb der Klima-Nische lebt, an die sich der Mensch seit Jahrtausenden angepasst hat? Wenn sein Getreide nicht mehr wachsen will (wofür es in den Tropen schon erste Anzeichen gibt[308]), vertrocknet und verbrennt, wenn das Vieh auf der Weide zusammenbricht und sich die Bauern nicht mehr allzu lange ins Freie wagen können?

Weil der Mensch seine Umwelt gestalten kann, hat er bessere Möglichkeiten, sich anzupassen, als andere Arten. Das gilt für den Menschen des 21. Jahrhunderts noch mehr als für den Ackerbauern vor sechstausend Jahren. Er kann sich in klimatisierte Häuser zurückziehen, wärmeresistentes Getreide züchten und raffinierte Bewässerungssysteme für Gewächshäuser entwickeln. »Wir sind besonders«, hat mir Lesley Hughes in unserem vorerst letzten Telefonat gesagt. »Aber auch wir haben Grenzen.«

Irgendwann, wenn eine kritische Klimaschwelle überschritten ist, so nehmen es Svenning und seine Kollegen an, dürften auch viele Menschen versuchen abzuwandern. Dann, wenn sie hungern müssen oder zu verdursten drohen und ihre Körper die Hitze nicht mehr ertragen. »Wenn viele Menschen wirklich extremen, belastenden Klimabedingungen ausgesetzt sind, unter denen sie nur schwer leben können, dann werden die Menschen versuchen zu fliehen«, sagt Svenning.

Der Mensch ist eine sehr mobile Art. Er kann in relativ kurzer Zeit große Strecken zurücklegen. Und im Gegensatz zu den meisten anderen Arten weiß er auch ganz genau, wo er hinmuss, um kühlere Orte in den höheren Breiten zu finden, wo sich auch in Zukunft noch ein erstrebenswertes Leben führen lässt.

Um es klarzumachen: 3,5 Milliarden Menschen dürften nur im schlimmsten Fall in jener kaum bewohnbaren Zone im Jahr 2070 leben – also ohne jegliche Minderung der Treibhausgase. »Die Folgen wären eine Katastrophe«, sagt Svenning. »Wir sollten dieses Szenario tunlichst vermeiden.«

Ende 2020 ist aber einiges in Bewegung geraten, nicht nur mit der Wahl eines neuen Präsidenten in den USA. Die EU, Großbritannien und Kanada, Südkorea, Japan und China haben sich alle zu höheren Klimazielen bekannt und wollen in wenigen Jahrzehnten klimaneutral werden. Klimaanalysten schließen nicht mehr aus, dass wir es doch schaffen werden, die Erderwärmung unter die wichtige Marke von 2 Grad Celsius zu drücken.

Auch für dieses Szenario haben Svenning und seine Kollegen berechnet, wie viele Menschen 2070 in der extremen Hitzezone leben könnten. Es sind weniger, aber immer noch 1,5 Milliarden Menschen, fast ein Sechstel der dann zu erwartenden Weltbevölkerung. Nicht alle werden fliehen oder fliehen können. Und viele, die fliehen können, werden erst mal innerhalb ihres Landes in die Städte strömen, im zweiten Schritt in die Nachbarländer und erst im dritten Schritt in den reichen und kühleren Norden. Das war dem Dänen klar, als er auf den Klecks auf seinem Bildschirm blickte. Aber das war Zukunftsmusik.

Dennoch nahm sich Svenning aktuelle Studien aus anderen Erdteilen vor, er wollte ja vorbereitet sein, wenn ihn Journalisten danach fragen. Nach einiger Recherche stieß er auf Arbeiten aus teilweise namhaften Journalen, die aktuelle Beispiele diskutierten, wenn auch kontrovers. Das waren keine Vorhersagen mehr, sondern Beobachtungen!

Svenning las von Mexikanern, die aus besonders trockenen Bundesstaaten in andere Landesteile migriert waren.[309]

Von Pakistanern, die nach ungewöhnlich heftigen Hitzewellen und Einbrüchen der Getreideernten dauerhaft ihre Dörfer verließen.[310] Er las von Syrien, wo im Vorfeld des Krieges die schlimmste Dürre seit neunhundert Jahren Ernten und Vieh vernichtet und 1,5 Millionen Landbewohner in die Vororte der großen Städte getrieben hat und damit zu Aufstand, Krieg und Massenflucht beigetragen haben soll.[311] Und von einer lang anhaltenden Dürre in Nord- und Westafrika, die in Zusammenhang mit Flüchtlingsströmen gebracht wurde.[312]

Es gab weitere Beispiele wie Honduras, Nicaragua und Guatemala, wo seit ein paar Jahren Überflutungen und Dürren regelmäßig die Ernten vernichten und Wirbelstürme den Menschen ihre Häuser rauben. Mit der Folge, dass sie zu Hunderttausenden in die USA flohen.[313]

Svenning war bewusst, dass manche dieser Studien wissenschaftliche Schwächen aufwiesen oder nur Momentaufnahmen waren. Für die Migration von Menschen kann es alle möglichen Gründe geben: wirtschaftliche, soziale und politische. Schließlich verlagern Menschen ständig ihren Aufenthaltsort. In den seltensten Fällen lässt sich klar sagen, dass jemand allein aufgrund des Klimas geflohen ist.

Die Landbewohner in Guatemala zum Beispiel mögen aufgrund der Dürren in den Städten Zuflucht gesucht haben, aber von dort haben sie eher die Hölle der Bandenkriege und die Kriminalität aus dem Land getrieben. In Syrien wiederum hat die Regierung die Krise selbst mit verschuldet, indem sie die Wasserarmut mit ihrer Landwirtschaftspolitik verschärft und die Landbevölkerung im armen Norden im Stich gelassen hat, während die Dürre wütete. Gute Regierungsführung kann einen Unterschied ausmachen, wenn es darum geht, ob Menschen ihre Heimat verlassen oder nicht, wie das Beispiel von Syriens Nachbarland Jordanien zeigt, das ebenso unter einer lang anhaltend starken Dürre litt, aber die Folgen auffangen konnte.

Allerdings gaben Svenning die Vielzahl der Beispiele und die Gleichzeitigkeit, in der sie sich abspielten, dann doch zu denken. Dass es auch andere Gründe für die Flucht gab und nicht jedes Extremwetter dem Klimawandel geschuldet war, bedeutete ja nicht, dass Menschen nicht bereits vor dem Klimawandel flohen, zumal so viel Bewegung auf der Erde herrschte wie niemals zuvor. Während die einzelnen Bewegungsmuster schwer zu deuten waren, schien zumindest die grundsätzliche Richtung klar. Der Mensch reiht sich damit in den langen Marsch der Arten über den Globus ein.

Irgendwann erlaubte sich Svenning, *die* Frage zu stellen: Zeigt sich das Signal erneut?

Dank

Für dieses Buch bin ich in eine neue Welt eingetaucht, von der ich noch vor drei Jahren buchstäblich nichts wusste; eine Welt, die ich mir seither einem Studium gleich erschließen durfte. Mein erster Dank geht deshalb an all die Wissenschaftlerinnen und Wissenschaftler, die mir ihre Forschung erklärt haben und sich dabei mehr Zeit genommen haben, als sie mussten. Ganz besonders Camille Parmesan und Lesley Hughes, Robert Peters und Gretta Pecl, die mir geholfen haben, die Wanderung der Arten zu verstehen, und mich immer wieder in Staunen versetzt haben.

Besonders danken möchte ich auch den Biologen, die mich in ihre Institute eingeladen haben oder die ich während ihrer Geländearbeit an Land und zu Wasser begleiten durfte. Wie Norbert Becker, der mich in einem Stadtteil von Ludwigshafen selbst einmal Hunderte (sterilisierte) Tigermücken hat aussetzen lassen; Manfred Forstreuter, der mich zweimal durch seinen Klimawald geführt und mir eine Privatvorlesung über die Physiologie der Bäume gehalten hat; Marc Hanewinkel, der mir den vermeintlichen Wald der Zukunft gezeigt hat; Oliver Schweiger, der auf Hummelsuche gegangen ist; Pierre Rasmont, der mich trotz akutem Corona-Notstand in seinem Institut in Mons zwei Stunden in die Welt der Hummeln eingeführt hat; die Forscher vom Thünen-Institut für Seefischerei in Bremerhaven, die mich auf die Nordsee mitgenommen und mir trotz rauer See und widrigster Arbeitsbedingungen erklärt haben, was sie da taten; sowie Jeanette Blumröder, der ich in die *Heiligen Hallen* folgen durfte.

Zur Cordillera del Pantiacolla in Peru hätte ich nicht reisen können ohne die Hilfe von Benjamin Freeman und Alex Wiebe sowie die Unterstützung durch das *Pulitzer Center on Crisis Reporting*; das Magazin *Reportagen*, das eine lange Reportage dazu abgedruckt hat; Joachim Wille von der *Frankfurter Rundschau* sowie Christian Weber von der *Süddeutschen Zeitung*, dem ich den Anstoß für die Reise und damit auch für dieses Buch zu verdanken habe.

Alle Kapitel habe ich für einen groben Faktencheck gegenlesen lassen, und ich möchte mich herzlich bedanken für die wertvollen Hinweise von Norbert Becker, Gunnar Brehm, Pierre Ibisch, Hauke Flores, Mark Hanewinkel, Felix Mark, Carl Schleussner, Oliver Schweiger, Jens-Christian Svenning und Wolfgang Kießling.

Danken möchte ich auch meiner Lektorin Sophie Boysen für die höchst angenehme und reibungslose Zusammenarbeit, für die Eingriffe an der richtigen Stelle (»Es braucht nicht unbedingt noch mehr Fisch«) und auch dafür, dass sie trotz Corona-Alltagswahnsinn auch dann noch entspannt reagiert hat, als ich kurz vor Abgabeschluss mit neuen Grafikwünschen ankam. Ulrike Strerath-Bolz für die hervorragende Redaktion, meiner Agentin Marion Appelt für ihre Motivation und Ratschläge sowie David Schelp für seine wertvollen sprachlichen und inhaltlichen Hinweise beim Geburtstagsspaziergang (»Was ist das Signal?«).

Ganz besonders möchte ich meinen Eltern danken, die mich nicht nur mit Kuchen versorgt haben (im Blech per Post verschickt) und zur richtigen Zeit die richtigen Aufmunterungsworte gefunden haben, sondern auch das komplette Manuskript gelesen und mit überaus hilfreichen Hinweisen versehen haben. Meinem Vater insbesondere auch für die Geduld bei Überfallanrufen zu allen möglichen Tageszeiten und dafür, dass er mich den Wald meines Heimatdorfs mit neuen Augen hat sehen lassen. Ihr habt mir über den Berg geholfen!

Dieses Buch wäre nicht möglich gewesen ohne die Unterstützung meiner Frau Kathrin von Brackel, der ich besonders in den Schlusswochen viel abverlangt habe. Sie hat sich mit aufrichtigem und rührendem Interesse selbst die abwegigsten Themen angehört (»Heute habe ich mich den ganzen Tag mit der Ausbreitungsgeschichte der Buchen/Artenverbreitungsmodellen/dem Kabeljau beschäftigt, und du wirst nicht glauben, was ...«), mit ihrem klaren Blick Kapitel gegengelesen und mir mit – für mich immer wieder überraschend einleuchtenden – Lösungen geholfen, wenn ich wieder mal kurz davor war, mich zu verzetteln. Danke!

Anmerkungen

1 Hansen, J. (u.a.) (1981): Climate impact of increasing atmospheric carbon dioxide, in: *Science*, DOI: 10.1126/science.213.4511.957.
2 Achenbach, K. (2003): Paläobotaniker lieben Pollen, 22.5.2013, in: *scienxx*, https://www.scinexx.de/news/geowissen/palaeobotaniker-lieben-pollen/, abgerufen am 10.1.2021.
3 Darwin, C. (1859): Der Ursprung der Arten, Klett-Cotta, Stuttgart, S. 456f.
4 Webb III, T. (1992): Past changes in vegetation and climate: Lessons for the future, in: Peters, R.L., Lovejoy T.E. (1992): Global warming and biological diversity, Yale University Press New Haven & London, S. 59-75.
5 Es waren nicht ohne Zufall Worte, die so ähnlich in einer 13 Jahre alten Studie im Fachblatt *BioScience* standen, welche Hughes erst in Vorbereitung auf ihre Rede in die Hände gefallen war. Die Autoren: Robert L. Peters und Joan D.S. Darling. Wie »Manna vom Himmel« sei diese Arbeit für sie gewesen, erzählt die Biologin, nützlich für ihre Rede und richtungsweisend für ihre weitere Karriere.
6 Hughes, L. (2000): Biological consequences of global warming: Is the signal already apparent?, in: *Trends in Ecology & Evolution*, DOI: 10.1016/S0169-5347(99)01764-4.
7 Lenoir, J. (u.a.) (2020): Species better track climate warming in the oceans than on land, in: *Nature Ecology & Evolution*, DOI: 10.1038/s41559-020-1198-2.
8 Chen, I.-C., (u.a.) (2011): Rapid Range Shifts of Species Associated with High Levels of Climate Warming, in: *Science*, DOI: 10.1126/science.1206432.
9 Poloczanska, E.S. (u.a.) (2013): Global imprint of climate change on marine life, in: *Nature Climate Change*, DOI: 10.1038/NCLIMATE1958.
10 Und das ist noch untertrieben. Denn statt begrenzt zu werden, ist der CO2-Ausstoß bis zum Jahr 2019 immer weiter angestiegen. Zugleich sind insgesamt immer mehr Flächen mit natürlichen Lebensräumen verschwunden.
11 AP/Alaska Public Media (2016): The northernmost US city is now Utqiagvik, 15.10.2016, in: *Deutsche Welle*, https://www.dw.com/en/the-northernmost-us-city-is-now-utqiagvik/a-36049840, abgerufen am 10.1.2021.
12 Tape, K. (u.a.) (2018): Tundra be dammed: Beaver colonization of the Arctic, in: *Global Change Biology*, DOI: 10.1111/gcb.14332

13 Warum sie das tun, darüber streitet die Fachwelt. Eine Hypothese lautet: Die Anfang des 20. Jahrhunderts in Nordamerika fast ausgerotteten Biber konnten sich aufgrund des nachlassenden Jagddrucks erholen und ihre alte Heimat wieder besiedeln – ähnlich wie Schneehasen und Elche. Zumindest im Falle der Elche scheint erwiesen, dass ihre Ausbreitung mit der Zunahme der Strauchhöhe korreliert, welche wiederum mit der Erwärmung in der Region korreliert.
14 Tape, K. (u.a.) (2016): Range Expansion of Moose in Arctic Alaska Linked to Warming and Increased Shrub Habitat, in: *PLOS*, DOI: 10.1371/journal.pone.0152636.
15 Gilg, O. (u.a.) (2012): Climate change and the ecology and evolution of Arctic vertebrates, in: *Annals of the New York Academy of Sciences*, DOI: 10.1111/j.1749-6632.2011.06412.x.
16 Hersteinsson, P., MacDonald, D. (1992): Interspecific competition and the geographical distribution of red and arctic foxes Vulpes vulpes and Alopex lagopus, in: *Oikos*.
17 Warum die Polarfuchs-Bestände so dramatisch einbrachen, obwohl seit spätestens den 1940er-Jahren die Art von den nordischen Ländern unter Schutz gestellt wurde, ist noch immer nicht ganz geklärt. Neben dem Vordringen des Rotfuchses wird als Erklärung auch der Lemming angeführt. Er ist die Hauptnahrung des Polarfuchses, und seine Populationen reagieren ebenfalls auf den Klimawandel
18 Landa, A. (2017): The endangered Arctic fox in Norway – the failure and success of captive breeding and reintroduction, in: *Polar Research*, DOI: 10.1080/17518369.2017.1325139.
19 Rodnikova, A. (u.a.) (2011): Red fox takeover of arctic fox breeding den: An observation from Yamal Peninsula, Russia, in: *Polar Biology*, DOI: 10.1007/s00300-011-0987-0.
20 Von Brackel, B. (2016): Die Erde hat Kältefrei, in: *Süddeutsche Zeitung*, 5.3.2016, https://www.sueddeutsche.de/wissen/klima-der-naechste-winter-kommt-bestimmt-nicht-1.2891854, abgerufen am 10.1.2021.
21 Nolan, C. (u.a.) (2018): Past and future global transformation of terrestrial ecosystems under climate change, in: *Science* 361, DOI: 10.1126/science.aan5360.
22 Gilg, O. (u.a.) (2012): Climate change and the ecology and evolution of Arctic vertebrates, in: *Annals of the New York Academy of Sciences*, DOI: 10.1111/j.1749-6632.2011.06412.x.
23 Darwin, C. (1859): Der Ursprung der Arten, Klett-Cotta, Stuttgart, S. 447.
24 CBC News (2006): DNA tests confirm hunter shot 'grolar bear', in: *CBC*, https://www.cbc.ca/news/canada/north/dna-tests-confirm-hunter-shot-grolar-bear-1.579917, abgerufen am 10.11.2020.
25 Velasquez-Manoff, M. (2014): Should you fear the pizzly bear?, in: *New York*

Times magazine 14.8.2014, www.nytimes.com/2014/08/17/magazine/should-you-fear-the-pizzly-bear.hatml?_r=0, abgerufen am 10.11.2020.
26 Dickie, G. (2017): On the march: As polar bears retreat, grizzlies take new territory, in: *The New humanitarian*, https://deeply.thenewhumanitarian.org/arctic/articles/2017/06/28/on-the-march-as-polar-bears-retreat-grizzlies-take-new-territory, abgerufen am 10.11.2020.
27 Fuglei, E., Anker Ims, R. (2008): Global warming and effects on the arctic fox, *Science Progress*, DOI: 10.3184/003685008X327468.
28 Einfach dürfte das nicht werden: Schon eine Naturkatastrophe wie ein Vulkanausbruch, ein Wirbelsturm oder eine Überschwemmung könnte einen einzelnen Inselbestand komplett eliminieren. Von außen können dann keine neuen Polarfüchse nachkommen. Auch an genetischer Verarmung könnten einzelne Populationen über die Jahre eingehen. Und dann gibt es noch das Problem der Nahrungsverfügbarkeit: Auf Inseln wie Jan Mayen oder der Bäreninsel zwischen Nordkap und Spitzbergen konnte sich der Polarfuchs einst im Sommer an den Seevögel-Kolonien satt fressen. Im Winter allerdings fehlte ihm eine Nahrungsalternative, weshalb er über das Meereis in andere Regionen wie Nordostgrönland oder Spitzbergen spazierte, wo es große Polarfuchs-Populationen gibt. Diese Option aber fehlt ihm, wenn die Erwärmung die Meereis-Verbindung kappt.
29 Gilg, O. (u.a.) (2012): Climate change and the ecology and evolution of Arctic vertebrates, in: *Annals of the New York Academy of Sciences*, DOI: 10.1111/j.1749-6632.2011.06412.x.
30 Huntington, H. (2020): Evidence suggests potential transformation of the Pacific Arctic ecosystem is underway, in: *Nature Climate Change*, DOI: 10.1038/s41558-020-0695-2.
31 Oliver, S.G. (2019): Utqiagvik whalers still hope to land a bowhead as season wanes, in: *Anchorage Daily News*, 6.11.2019, https://www.adn.com/alaska-news/rural-alaska/2019/11/06/utqiagvik-whalers-still-hope-to-land-a-bowhead-as-season-wanes/, abgerufen am 10.1.2021.
32 KTUU Digital Staff (2018): Two killed in Utqiagvik whaling accident, in: *Alaska's News Source*, 9.10.2018, https://www.ktuu.com/content/news/Two-killed-in-Utqiagvik-whaling-accident-496054261.html, abgerufen am 10.1.2021.
33 Oliver, S.G. (2019): Utqiagvik finally celebrates first succesful bowhead hunt of season, in: *Anchorage Daily News*, 20.11.2019, https://www.adn.com/alaska-news/rural-alaska/2019/11/20/utqiagvik-finally-cele-brates-first-whale-of-season/, abgerufen am 10.1.2021.
34 Ende 2017 einigten sich die Anrainerstaaten zusammen mit EU und China auf ein Fischereiverbot für 16 Jahre. So lange haben Wissenschaftler Zeit zu untersuchen, welche Fischbestände es dort überhaupt gibt, wie sie auf den Klimawandel reagieren und in welchem Maße Fischfang vertretbar wäre.

35 NOAA Fisheries (2018): 2018-2021 Ice seals unusual mortality event in Alaska, in: *NOAA Fisheries*, https://www.fisheries.noaa.gov/national/marine-life-distress/2018-2020-ice-seal-unusual-mortality-event-alaska, abgerufen am 10.1.2021.

36 Puxley, C. (2012): Killer whales moving in on polar bear's territory, in: *Winnipeg Free Press*, 31.1.2012, https://www.winnipegfreepress.com/canada/killer-whales-moving-in-on-polar-bears-territory-138382094.html, abgerufen am 10.1.2021.

37 National Park Service (2020): Birnirk national historic landmark, in: *National Park Service*, https://www.nps.gov/places/birnirk-site.htm, abgerufen am 10.1.2021.

38 Oliver, S.G. (2019): Utqiagvik finally celebrates first succesful bowhead hunt of season, in: *Anchorage Daily News*, 20.11.2019, https://www.adn.com/alaska-news/rural-alaska/2019/11/20/utqiagvik-finally-celebrates-first-whale-of-season/, abgerufen am 10.1.2021.

39 So hat es mir Tero Mustonen erzählt, Professor am Institut für Geographische und Historische Studien von der Universität von Ostfinnland.

40 InterGroup Consultants Ltd. (2013): Economic Valuation and Socio-Cultural Perspectives of the Estimated Harvest of the Beverly and Qamanirjuaq Caribou Herds, http://arctic-caribou.com/pdf/CaribouEconomicValuation-RevisedReport_20131112.pdf, abgerufen am 10.1.2021.

41 Mallory, C. (2017): How will climate change affect Arctic caribou and reindeer, in: *The Conversation*, https://theconversation.com/how-will-climate-change-affect-arctic-caribou-and-reindeer-86886, abgerufen am 10.1.2021.

42 Monzón, J. (u.a.) (2011): Climate change and species range dynamics in protected areas, in: *BioScience* 61/10, DOI: 10.1525/bio.2011.61.10.5.

43 Christiansen, J.S. (2017): No future for Euro-Arctic ocean fishes?, in: *Marine Ecology Progress Series*, DOI: 10.3354/meps12192.

44 Christiansen, J.S. (u.a.) (2014): Arctic marine fishes and their fisheries in light of global change, in: *Global Change Biology*, 20, S. 352-359, DOI: 10.1111/gcb.12395.

45 British Sea Fishing (2020): The Mackerel War, in: *British Sea Fishing*, https://britishseafishing.co.uk/the-mackerel-wars/, abgerufen am 10.1.2021.

46 Davies, C. (2013): Fisherman back sanctions against Iceland over mackerel catch, in: *The Guardian*, 6.1.2013, https://www.theguardian.com/environment/2013/jan/06/fishermen-sanctions-iceland-mackerel-catch, abgerufen am 11.1.2021.

47 Seidler, C. (2020): Island bleibt unbeugsam im Makrelenkrieg, in: *Der Spiegel*, https://www.spiegel.de/wissenschaft/natur/streit-um-fischfang-island-bleibt-unbeugsam-im-makrelenkrieg-a-878446.html, abgerufen am 14.2.2020.

48 Islands Gewässer haben sich allein in den vergangenen 20 Jahren um 1,8 bis 3,6 Grad Celsius erwärmt, siehe: Astthorsson, O.S. (u.a.) (2012): Climate-re-

lated variations in the occurrence and distribution of mackerel (Scomber scombrus) in Icelandic waters, in: *ICES Journals of Marine Science*, DOI: 10.1093/icesjms/fss084.

49 Bernreuther, M., Zimmermann, C. (2010): Klima und Kabeljau: Fehlt dem Nachwuchs das richtige Futter?, in: *ForschungsReport* 1/2010, https://literatur.thuenen.de/digbib_extern/dn046604.pdf, abgerufen am 10.1.2021.

50 Alfred-Wegener-Institut Helmholtz-Zentrum für Polar- und Meeresforschung (2014): Fact Sheet Die Folgen des Klimawandels für das Leben in der Nordsee, https://www.awi.de/fileadmin/user_upload/AWI/Im_Fokus/Meereis/Downloads_FactSheets/WEB_DE_Factsheet_Nordsee.pdf, abgerufen am 10.1.2021.

51 Eine zusätzliche Bürde ist die Versauerung der Meere, die den Fischen zusätzliche Energie abzapft, die sie zur Kompensation aufwenden müssen. Die fehlt ihnen dann zum Wachsen oder um sich fortzupflanzen.

52 Im Laufe der Evolution haben sich Lebensformen, die voneinander abhängen in ihrer Entwicklung über das Jahr perfekt aufeinander abgestimmt. So blüht in Teilen der Ost- und Nordsee zum Jahresanfang erst das Phytoplankton wie Kieselalgen. Läuft deren Produktion auf Hochtouren, bricht die Zeit fürs Zooplankton an, Ruderfußkrebse zum Beispiel. Setzen diese ihrerseits massiv Larven in die Welt, können sich nun auch Kabeljaularven entwickeln, die die Krebslarven fressen. Verschiebt sich der ökologische Kalender von nur einer jener drei Lebensformen, kann das ganze System aus dem Takt geraten. Und das ist gerade der Fall, befürchten die Thünen-Forscher.

53 Seit 1931 ziehen kommerzielle Fischfangschiffe sogenannte Planktonrekorder hinter sich her. Die Auslese ergab: Die Grenze zwischen den Gruppen, die eher wärmere südlichere Gewässer bevorzugen, und den Gruppen, die eher nördlichere kältere Gewässer bevorzugen, verschob sich zuletzt um über 1.100 Kilometer nach Norden, siehe: Keim, B. (2009): Climate change caused radical North sea shift, in: *Wired*, https://www.wired.com/2009/10/north-sea-change/, abgerufen am 10.1.2021.

54 Seit 1992 fahren Meeresforscher dreimal pro Jahr die Küsten von Portugal bis Schottland ab und von Dänemark bis Nordnorwegen, um Makreleneier zu zählen. Eine Auswertung der Daten ergab: In den vergangenen drei Jahrzehnten haben die Makrelen ihre Laichgründe infolge der Erderwärmung mit einer Rate von 16 Kilometern pro Jahrzehnt nach Norden verschoben. Ihre thermische Nische allerdings wanderte in der gesamten Zeit um ganze 180 Kilometer nach Norden. Forscher erklären dieses Missverhältnis damit, dass die Makrelen womöglich erst zeitverzögert auf die Erwärmung reagieren oder aber sich an die Veränderung ihrer Umwelt anpassen, etwa indem sie früher in ihre Laichgründe einwandern, wenn die Gewässer noch kühler sind, siehe: Bruge, A. (u.a.) (2016): Thermal niche tracking and future distribution of atlantic mackerel spawning in response to

55 Dulvy, N.K. (u.a.) (2008): Climate change and deepening of the North Sea fish assemblage: a biotic indicator of warming seas, in: *Journal of Applied Ecology*. DOI: 10.1111/j.1365-2664.2008.01488.x.

56 Rogers, L.A. (u.a.) (2019): Shifting habitats expose fishing communities to risk under climate change, in: *Nature Climate Change*, https://doi.org/10.1038/s41558-019-0503-z, abgerufen am 10.1.2021.

57 Young, T., (u.a.) (2019): Adaptation strategies of coastal fishing communities as species shift poleward, in: *Marine Science*, DOI: 10.1093/icesjms/fsy 140.

58 Pierre-Louis, K. (2019): Warming waters, moving fish: How climate change is reshaping Island, in: *New York Times*, https://www.nytimes.com/2019/11/29/climate/climate-change-ocean-fish-iceland.html, abgerufen am 11.1.2020.

59 Erst eine diplomatische Offensive brachte Entspannung: Als Ausgleich für den Kabeljau erhielt Deutschland in isländischen Gewässern zusätzliche Quotenanteile für den Rotbarsch. Die Briten aber ließ Island abblitzen.

60 Spijkers, J. (u.a.) (2017): Environmental change and social conflict: the northeast Atlantic mackerel dispute, in: *Reg Environmental Change*, DOI: 10.1007/s10113-017-1150-4.

61 BBC News (2010): Blockaded fish row boat leaves Peterhead, in: *BBC News*, https://www.bbc.com/news/uk-scotland-north-east-orkney-shetland-11000480, abgerufen am 10.1.2021.

62 M Pinsky, M.L. (u.a.) (2018): Preparing ocean governance for species on the move, in: *Science*, DOI: 10.1126/science.aat2360.

63 Power-Point-Präsentation Gerd Kraus (Thünen-Institut).

64 Cheung, W.W.L. (u.a.) (2012): Review of climate change impacts on marine fisheries in the UK and Ireland, in: *Aquatic Conservation* DOI: 10.1002/aqc.2248.

65 Kurlansky, M. (1999): cod. A biography of the fish that changed the world. Vintage Books, London.

66 Win, T.L. (2017): Feature: Iceland reaps riches from warming oceans as fish swim north, in: *Reuters*, 21.9.2017, https://www.reuters.com/article/us-heatwave-iceland-fish/feature-iceland-reaps-riches-from-warming-oceans-as-fish-swim-north-idUSKCN1BW02T, abgerufen am 10.1.2021.

67 Bruge, A. (u.a.) (2016): Thermal niche tracking and future distribution of atlantic mackerel spawning in response to ocean warming, in: *Frontiers in Marine Science*, DOI: 10.3389/fmars.2016.00086.

68 Pinnegar, J.K. (u.a.) (2016): Socio-economic impacts – Fisheries, in: Quante, M., Colijn, F.: North Sea region climate change assessment, Springer, S. 375-396.

69 Free, C.M. (u.a.) (2019): Impacts of historical warming on marine fisheries production, in: *Science*, DOI: 10.1126/science.aau1758.
70 ZEIT Online (2014): Island verzichtet auf EU-Mitgliedschaft, in: *ZEIT Online*, https://www.zeit.de/politik/ausland/2014-02/island-europaeische-union-beitritt-abbruch, abgerufen am 10.1.2021.
71 Marine Stewardship Council (2019): Makrele im Abwärtstrend: Ein weiterer beliebter Speisefisch verliert das MSC-Siegel für nachhaltige Fischerei, https://www.msc.org/de/presse/pressemitteilungen/makrele-im-abwaertstrend, abgerufen am 10.1.2021.
72 Henley, J. (2019): Iceland accused of putting mackerel stocks at risk by increasing its catch, in: *The Guardian*, 21.11.2019, https://www.theguardian.com/environment/2019/nov/21/iceland-accused-of-putting-mackerel-stocks-at-risk-by-increasing-its-catch, abgerufen am 10.1.2020.
73 Barrie, J. (2019): EU plans to threaten sanctions on Iceland and Greenland as 'mackerel war' looms, in: *inews*, https://inews.co.uk/news/politics/mackerel-fishing-eu-sanctions-iceland-greenland-495492, abgerufen am 10.1.2021.
74 Jardine, A. (2019): Auf der ganzen Welt schmilzt das Eis unaufhaltsam. Was passiert, wenn das Klima kippt?, in: *Neue Zürcher Zeitung*, https://www.nzz.ch/wochenende/schwerpunkt/und-was-wenn-das-klima-kippt-ld.1515435, abgerufen am 10.1.2021.
75 Blanchet, M.-A. (2017): How vulnerable is the European seafood production to climate warming?, in: *Fisheries Research*, DOI: 10.1016/j.fishres.2018.09.004.
76 Pinnegar, J.K. (u.a.) (2016): Socio-economic impacts – Fisheries, in: Quante, M., Colijn, F.: North Sea region climate change assessment, Springer, S. 375-396.
77 Holl, F. (2019): Alexander von Humboldt und der Klimawandel – Mythen und Fakten, in: *Internationale Zeitschrift für Humboldt-Studien*, DOI: 10.18443/273.
78 Wulf, A. (2019): Die Vermessung der Natur, in: *National Geographic*, Juli 2019, S.38-63.
79 V. Humboldt, A. (1807): Ideen zu einer Geographie der Pflanzen nebst einem Naturgemälde der Tropenländer. F.G. Cotta, Tübingen.
80 Editorial Nature Ecology & Evolution (2019): Humboldt's legacy, in: *Nature Ecology & Evolution*, DOI: 10.1038/s41559-019-0980-5.
81 V. Humboldt, A. (1807): Ideen zu einer Geographie der Pflanzen nebst einem Naturgemälde der Tropenländer. F.G. Cotta, Tübingen, S. 35.
82 Wulf, a. (2015): Alexander von Humboldt und die Erfindung der Natur, Penguin Verlag, London.
83 V. Humboldt, A. (1807): Ideen zu einer Geographie der Pflanzen nebst einem Naturgemälde der Tropenländer. F.G. Cotta, S. 13-16, S. 69

84 Humboldt, Alexander von (1845): Kosmos. Entwurf einer physischen Weltbeschreibung, Bd. 1, F.G. Cotta, Tübingen.
85 Holl, F. (2019): Alexander von Humboldt und der Klimawandel – Mythen und Fakten, in: *Internationale Zeitschrift für Humboldt-Studien*, DOI: 10.18443/273.
86 Insgesamt sind noch nicht mal 1 Prozent aller bekannten Arten auf der Welt abgebildet. Und während es eine Menge Daten für bestimmte Regionen in der Welt gibt, zum Beispiel für Vogelliebhaber-Nationen wie Finnland oder Großbritannien, fehlen Langzeitdaten in Afrika beinahe komplett. Für manche taxonomischen Gruppen gibt es besonders viele Daten (Vögel, Fische und Blumen), für andere besonders wenige (Bakterien, Nematoden, Pilze und Algen).
87 Lenoir, J. (u.a.) (2020): Species better track climate warming in the oceans than on land, in: *Nature Ecology & Evolution*, DOI: 10.1038/s41559-020-1198-2.
88 Ein Blick in die Erdgeschichte zeigt, dass sich viele Arten in den Übergängen der Warm- und Kaltzeiten durchaus auch an die neuen Bedingungen anpassen konnten. Ja, viele Tiere und Pflanzen, die heute auf dem Planeten leben, wurden durch frühere Klimaveränderungen erst geformt. Heute vollzieht sich der Klimawandel allerdings zu schnell, als dass sich die meisten Arten daran anpassen könnten.
89 Hinzu kommt: In der Luft überträgt sich Hitze 25-mal schlechter als im Wasser.
90 Klimapuffer wie Wälder kompensieren die Erwärmung allerdings nur so lange, bis sie selbst verschwinden, weil sie die Trockenheit nicht mehr ertragen oder der Mensch sie abholzt. Dann tritt die Langsamkeit vieler Landbewohner offen zutage, und ihre Überlebensstrategie, die weniger auf Flucht als auf Anpassung ausgerichtet ist, wird zum Existenzproblem.
91 Hanewinkel, M. (u.a.) (2013): Climate change may cause severe loss in the economic value of European forest land, in: *Nature Climate Change*, DOI: 10.1038/NCLIMATE1687.
92 Es gibt noch weitere Methoden, die alle Vor- und Nachteile besitzen. Wer zum Beispiel die physiologischen Grenzen einer Art kennt, kann ebenfalls ihre ökologische Nische bestimmen. Und zwar die fundamentale (absolute) Nische, nicht nur die realisierte (potenzielle) Nische. Eine weitere Möglichkeit besteht in sogenannten dynamischen Modellen, die physikalische, biophysikalische und biogeochemische Prozesse berücksichtigen und auch simulieren können, was passiert, wenn eine oder mehrere Arten durch Landschaften wandern, die zersiedelt oder durch Ackerflächen fragmentiert sind und die gleichzeitig ein neues Klima bekommen.
93 Pearson, R., Dawson, T.P. (2003): Predicting the impacts of climate change on the distribution of species: are bioclimate envelope models useful?, in: *Global Ecology & Biogeography*, DOI: 10.1046/j.1466-822X.2003.00042.x.

94 Neben dem Klimawandel setzen eine Reihe weiterer Faktoren unsere Wälder unter Druck, siehe dazu: McDowell, N. (u.a.) (2020): Pervasive shifts in forest dynamics in a changing world, in: *Science*. DOI: 10.1126/science.aaz9463.

95 Das liegt vor allem an der Abschwächung des Jet-Streams. Diese Höhenwinde mäandern um die Nordhalbkugel herum und transportieren in ihren Wellenbändern Hoch- und Tiefdruckgebiete von West nach Ost. Sie bilden sich dort, wo kalte und warme Luftmassen aufeinanderprallen. Weil sich aber die Arktis übermäßig erwärmt, verkleinert sich die Temperaturdifferenz zum Äquator. Damit kommt der Motor für den Jetstream ins Stottern, und die Höhenbänder verlieren an Kraft und Tempo. Die Folge: Wetterlagen können sich regelrecht einnisten und über Wochen andauern. Aus ein paar heißen Tagen wird eine Hitzewelle oder Dürre. Aus ein paar Regentagen wird Dauerregen mit heftigen Überschwemmungen. Siehe: von Brackel, B. (2019): Wenn der Klimamotor stottert, in: *EWS-Energiewende-Magazin*, https://www.ews-schoenau.de/energiewende-magazin/zur-sache/jetstream-wenn-der-klimamotor-stottert/, abgerufen am 2.1.2021.

96 Schuldt, B. (u.a.) (2020): A first assessment of the impact of the extreme 2018 summer drought on Central European forests, in: *Basic and Applied Ecology*, DOI: 10.1016/j.baae.2020.04.003.

97 Pagès, A.B. (u.a.) (2020): How should forests be characterized in regard to human health? Evidence from existing literature, in: *International Journal of Environmental Research and Public Health*, DOI: 10.3390/ijerph17031027.

98 Buras, A., Menzel, A. (2019): Projecting Tree Species Composition Changes of European Forests for 2061-2090 Under RCP 4.5 and RCP 8.5, in: *Frontiers in Plant Science*, DOI: 10.3389/fpls.2018.01986.

99 Bundesministerium für Ernährung und Landwirtschaft (2020): Ergebnis der Waldzustandserhebung 2019: Trockenheit setzt Bäumen weiter zu, https://www.bmel.de/DE/themen/wald/wald-in-deutschland/waldzustandserhebung.html, abgerufen am 29.7.2020.

100 Hari, V. (u.a.) (2020): Increased future occurrences of the exceptional 2018-2019 Central European drought under global warming, in: *Scientific Reports*. DOI: 10.1038/s41598-020-68872-9.

101 Gebhardt, U. (2019): Mit der Rotbuche durch das Jahr, in: *Riffreporter*, https://www.riffreporter.de/taktvoll/rotbuche/, abgerufen am 13.8.2020.

102 Magri, D. (2008): Patterns of post-glacial spread and the extent of glacial refugia of European beech (*Fagus sylvatica*), in: *Journal of Biogeography*. DOI: 10.111/j.1365-2699.2007.01803.x.

103 Bolte, A. (u.a.) (2010): Climate change impacts on stand structure and competitive interactions in a southern Swedish spruce-beech forest, in: *European Journal of Forest Research*, DOI 10.1007/s10342-009-0323-1.

104 Zhu, K. (u.a.) (2011): Failure to migrate: lack of tree range expansion in response to climate change, in: *Global Change Biology*, DOI: 10.1111/j.1365-2486.2011.02571.x.
105 Harsch, M.A. (u.a.) (2009): Are treelines advancing? A global meta-analysis of treeline response to climate warming, in: *Ecology Letters*, DOI: 10.1111/j.1461-0248.200901355.x.
106 Delzon, S. (u.a.) (2013): Field evidence of colonization by Holm Oak, at the northern margin of its distribution range, during the anthropocene period, in: *PLOS One*, DOI: 10.1371/journal.pone.0080443.
107 Solarik, K.A. (u.a.) (2019): Priority effects will impede range shifts of temperate trees species into boreal forests, in: *Journal of Ecology*, DOI: 10.1111/1365-2745.13311.
108 Vieira, W. (u.a.) (2020): Paying colonization credit with forest management could accelerate northward range shift of temperate trees. Noch unveröffentlicht.
109 Svenning, J.C., Sandel, B. (2013): Disequilibrium vegetation dynamics under future climate change, in: American Journal of Botany, DOI: 10.3732/ajb.1200469.
110 Penuelas, J., Boada M. (2003): A global change-induced biome shift in the Montseny mountains (NE Spain), in: *Global Change Biology*, DOI: 10.1046/j.1365-2486.2003.00566.x.
111 Piovesan, G. (u.a.) (2008): Drought-driven growth reduction in old beech (Fagus sylvatica L.) forests of the central Apennines, Italy, in: *Global Change Biology*, DOI: 10.1111/j.1365-2486.2008.01570.x.
112 Berki, I. (u.a.) (2009): Determination of the drought tolerance limit of the beech forests and forecasting their future distribution in Hungary, in: *Cereal Research Communications*.
113 Jump, A.S. (u.a.) (2009): The altitude-for-latitude disparity in the range retractions of woody species, in: *Trends in Ecology & Evolution*, DOI: 10.1016/j.tree.2009.06.007.
114 Bürgerinitiative Waldschutz (2020): Was passiert in unseren Wäldern, https://www.bundesbuergerinitiative-waldschutz.de/blog-was-passiert-in-unseren-w%C3%A4ldern/waldwende-jetzt/, abgerufen am 13.8.2020.
115 Stojnic, S. (u.a.) (2017): Variation in xylem vulnerability to embolism in European beech from geographically marginal populations, in: *Tree Physiology*, DOI: 10.1093/treephys/tpx128.
116 Die Autoren legen sich allerdings nicht darauf fest, ob das an genetischer Selektion oder lediglich an einer Anpassung der phänotypischen Plastizität liegt.
117 Hanewinkel, M. (u.a.) (2013): Climate change may cause severe loss in the economic value of European forest land, in: *Nature Climate Change*, DOI: 10.1038//nclimate1687.
118 Walentowski, H. (u.a.) (2007): Die Waldkiefer – bereit für den Klimawandel?, in: *LWF Wissen 57*.

119 Adler, S. (2013): Hintergrund – Der Eichenprozessionsspinner, in: *NABU*, https://www.nabu.de/imperia/md/content/nabude/wald/130506-nabu-hintergrundpapier-eichenprozessionsspinner-2.pdf, abgerufen am 28.8.2020.
120 Umweltbundesamt (2019): Eichenprozessionsspinner, in: *Umweltbundesamt*, https://www.umweltbundesamt.de/eichenprozessionsspinner#gesundheitsrisiken-fur-den-menschen, abgerufen am 20.8.2020.
121 Godefroid, M. (u.a.) (2019): Current and future distribution of the invasive oak processionary moth, in: *Biologic Invastions*, DOI: 10.1007/s10530-019-02108-4.
122 Robinet, C., Roques, A. (2010): Direct impacts of recent climate warming on insect populations, in: *Integrative Zoology*. DOI: 10.1111/j.1749-4877.2010.00196.x.
123 Hillebrandt, T. (2020): Sandmücken erobern Süddeutschland, in: *SWR*, https://www.swr.de/wissen/sandmuecken-100.html, abgerufen am 10.9.2020.
124 Von der Zahl geht der Historiker Timothy Winegard aus, siehe: Mayer, K.-M. (2020): Die neue Plage, in: *Focus*, 11.7.2020, abgerufen am 16.9.2020.
125 An denen dann 50 bis 100 Millionen Menschen erkranken.
126 Kraemer, M.U.G. (u.a.) (2019): Past and future spread of the arbovirus vectors *Aedes aegypti* and *Aedes albopictus*, in: Nature Microbiology, DOI: 10.1038/s41564-019-0376-y.
127 Hingegen könnte die Klimaeignung in Osteuropa und den USA abnehmen, da dort den Klimamodellen zufolge die Trockenheit zunehmen dürfte.
128 Sie weist auch eine stärkere »Vektorkompetenz« auf, kann also Tropenviren besser übertragen als Tigermücken, da sich in ihrem Speichel mehr Viren ansammeln.
129 Lambrechts, L. (u.a.) (2010): Consequences of the Expanding Global Distribution of *Aedes albopictus* for Dengue Virus Transmission, in: PLOS, DOI: 10.1371/journal.pntd.0000646.
130 Das war nicht immer so: Bis heute existiert eine altertümliche Variante im Senegal, die ihre Eier in Baumstämmen ablegt und nur Affen und andere Tiere sticht.
131 Kraemer, M.U.G. (u.a.) (2019): Past and future spread of the arbovirus vectors *Aedes aegypti* and *Aedes albopictus*, in: Nature Microbiology, DOI: 10.1038/s41564-019-0376-y.
132 Quammen, D. (2013): Spillover. Der tierische Ursprung weltweiter Seuchen, Pantheon, München, S. 192ff.
133 Carlson, C. J. (u.a.) (2020): Climate change will drive novel cross-species viral transmission, in: *bioRxiv preprint*. DOI: 10.1101/2020.01.24.918755.
134 Quammen, D. (2013): Spillover. Der tierische Ursprung weltweiter Seuchen, Pantheon, München, S. 192ff.
135 Beyer, R.M. (u.a.) (2021): Shifts in global bat diversity suggest a possible role of climate change in the emergence of SARS-CoV-1 and SARS-CoV-2, in: Science of the Total Environment, DOI: 10.1016/j.scitotenv.2021.145413.

136 Kraemer, M.U.G. (u.a.) (2019): Past and future spread of the arbovirus vectors Aedes aegypti and Aedes albopictus, in: *Nature Microbiology*, DOI: 10.1038/s41564-019-0376-y.
137 WHO (2006): Chikungunya in India, https://www.who.int/csr/don/2006_10_17/en/, abgerufen am 10.1.2021.
138 Amrein, M. (2015): Das unterschätzte Virus, in: *Neue Zürcher Zeitung*, https://www.nzz.ch/nzzas/nzz-am-sonntag/das-unterschaetzte-virus-1.18507298?reduced=true, abgerufen am 11.11.2020.
139 Rosenthal, E. (2007): As earth warms up, tropical virus moves to Italy, in: *New York Times*, 23.12.2007, https://www.nytimes.com/2007/12/23/world/europe/23virus.html, abgerufen am 26.8.2020.
140 Enserink, M. (2008): A Mosquito goes global, in: *Science Mag*, DOI: 10.1126/science.320.5878.864.
141 ECDC (2007): Mission Report Chikungunya in Italy. Joint ECDC/WHO visit for a European risk assessment 17 – 21.9.2007.
142 Soumahoro, M. (2011): The Chikungunya Epidemic on La Réunion Island in 2005-2006: A Cost-of-Illness Study, in: *PLOS*, DOI: 10.1371/journal.pntd.0001197.
143 ECDC (2007): Mission Report Chikungunya in Italy. Joint ECDC/WHO visit for a European risk assessment 17 – 21.9.2007.
144 Rezza, G. (2018): Chikungunya is back in Italy: 2007-2017, in: *Journal of Travel Medicine*, DOI: 10.1093/jtm/tay004.
145 WHO (2020): Dengue and severe dengue, https://www.who.int/newsroom/fact-sheets/detail/dengue-and-severe-dengue, abgerufen am 26.8.2020.
146 La Ruche, G. (u.a.) (2010): First two autochthonous dengue virus infections in metropolitan France, in: *Euro Surveillance*, 30.9.2010, https://pubmed.ncbi.nlm.nih.gov/20929659/, abgerufen am 12.1.2021.
147 ECDC (2019): Epidemiological update: second case of locally acquired Zika virus disease in Hyères, France, in: *European Centre for Disease Prevention and Control*, https://www.ecdc.europa.eu/en/news-events/epidemiological-update-second-case-locally-acquired-zika-virus-disease-hyeres-france, abgerufen am 3.9.2020.
148 WHO (2018): Dengue vaccines, https://www.who.int/immunization/research/development/dengue_q_and_a/en/, abgerufen am 10.1.2021.
149 PZ (2018): Impfstoff gegen Chikungunya Virus, in: *Pharmazeutische Zeitung*, 6.11.2018, https://www.pharmazeutische-zeitung.de/impfstoff-gegen-chikungunya-virus/, abgerufen am 10.1.2021.
150 Mordecai, E.A. (u.a.) (2020): Climate change could shift disease burden from malaria to arboviruses in Africa, in: *The Lancet*, DOI: 10.1016/S2542-5196(20)30178-9.
151 Ryan, S. (u.a.) (2019): Global expansion and redistribution of Aedes-borne

virus transmission risk with climate change, in: *PLOS*, DOI: 10.1371/journal.pntd.0007213.
152 Die Autoren wollen das allerdings nicht als Aufforderung verstanden wissen, aus Gründen der globalen Gerechtigkeit mit jeglichem Klimaschutz aufzuhören; denn eine starke Erwärmung würde aus ganz anderen Gründen die Tropenländer besonders hart treffen (Meeresspiegel-Anstieg, Megadürren, Wirbelstürme).
153 Dabei spielt auch die Bevölkerungsentwicklung und Urbanisierung eine wichtige Rolle.
154 Gunkel, C. (2013): »Die vergessene Jahrhundertkatastrophe«, *Spiegel Online*, 31.6.2013, http://www.spiegel.de/einestages/jahrhundertsommer-2003-eine-der-groessten-naturkatastrophen-europas-a-951214.html, abgerufen am 13. 10. 2018.
155 Hines, H.M. (2008): Historical Biogeography, Divergence Times, and Diversification Patterns of Bumble Bees (Hymenoptera: Apidae: *Bombus*), in: *Systematic Biology*. DOI: 10.1080/10635150801898912.
156 Rasmont, P., Iserbyt, S. (2012): The Bumblebees Scarcity Syndrome: Are heat waves leading to local extinctions of bumblebees (Hymenoptera: Apidae: *Bombus*)?, in: *Annales de la Société entomologique de France*, DOI: 10.1080/00379271.2012.10697776.
157 Der Wert entspricht dem Hitzerekord in den Pyrenäen, auch in Nordsibirien wurde diese Marke inzwischen schon fast erreicht.
158 Rasmont und Martinet nehmen an, dass das an artspezifischen Ausprägungen der Proteinstrukturen liegen könnte. So scheint die Dunkle Erdhummel über eine große Variation jener Proteinprofile zu verfügen und kann damit ihr Körpersystem an hohe und kalte Temperaturen anpassen.
159 Ein Beispiel ist die sogenannte rostige Hummel *Bombus affinis* (den Namen hat sie wegen der Farbe eines bestimmten Pelzflecks): Sie war einst im Süden Georgias weitverbreitet, findet sich nun aber nur noch selten in Illinois, Maine und Wisconsin sowie in den Bergen von Virginia und West Virginia.
160 Devictor, V. (u.a.) (2012): Differences in the climatic debts of birds and butterflies at a continental scale, in: *Nature Climate Change*, DOI: 10.1038/nclimate1347.
161 Kerr, J.T. (u.a.) (2015): Climate change impacts on bumblebees converge across continents, in: *Science*, DOI: 10.1126/science.aaa7031.
162 St. Fleur, N. (2015): Climate Change is Shrinking Where Bumblebees Range, Research Finds, in: *New York Times*, https://www.nytimes.com/2015/07/10/science/bumblebees-global-warming-shrinking-habitats.html, abgerufen am 12.10.2020.
163 Donkersley, P. (2020): Bumblebees in crisis: insect's inner lives reveal what the world would lose if they disappear, in: *The Conversation*

164 Rasmont, P. (2016): The high climatic risk of European wild bees and bumblebees, Präsentation für das EU-Parlament in Brüssel, 14.11.2016.
165 Soroye, P. (u.a.) (2020): Climate change contributes to widespread declines among bumble bee across continents, in: *Science*, DOI: 10.1126/science.aax8591.
166 Bridle, J., van Rensburg, A. (2020): Discovering the limits of ecological resilience, in: *Science*, DOI: 10.1126/science.aba6432.
167 Spektrum der Wissenschaft (2020): Hummeln, https:/www.spektrum.de/lexikon/biologie/hummeln/32837, abgerufen am 6.1.2021.
168 Klein, A.M. (u.a.) (2007): Importance of pollinators in changing landscapes for world crops, in: Proceedings of the Royal Society B: *Biological Sciences*, DOI: 10.1098/rspb.2006.3721.
169 McGivney, A. (2020): 'Like sending bees to war': the deadly truth behind your almond milk obsession, in: *The Guardian*, https://www.theguardian.com/environment/2020/jan/07/honeybees-deaths-almonds-hives-aoe, abgerufen am 29.9.2020.
170 Ramsey, S.D. (2019): *Varroa destructor* feeds primarily on honey bee fat body tissue and not hemolymph, in: *PNAS*, DOI: 10.1073/pnas.1818371116.
171 Bayerischer Rundfunk (2018): Leih- und Wanderbienen auf der Walz, in: BR-Wissen, https://www.br.de/wissen/bienen-nutztiere-wanderbienen-leihbienen-bestaeubung-bienensterben-100.html, abgerufen am 29.9.2020.
172 Artz, D.R. (2011): Performance of Apis mellifera, Bombus impatiens, and Peponapis pruinosa (Hymenoptera: Apiae) as Pollinators of Pumpkins, in: *Journal of Economic Entomology*, DOI: 10.1603/EC10431.
173 Garibaldi, L.A. (u.a.) (2013): Wild Pollinators Enhance Fruit Set of Crops Regardless of Honey Bee Abundance, in: *Science*, DOI: 10.1126/science.1230200.
174 Reilly, J.R. (u.a.) (2020): Crop production in the USA is frequently limited by a lack of pollinators, in: *Proceedings of the Royal Society*, DOI: 10.1098/rspb.2020.0922.
175 Koh, I. (u.a.) (2020): Modeling the status, trends, and impacts of wild bee abundance in the United States, in: *PNAS*, DOI: 10.1073/pnas.1517685113.
176 In Südeuropa bauen Landwirte viele traditionelle Gemüse- oder Obstsorten an, die auf Bestäubung angewiesen sind – Tomaten oder Erdbeeren zum Beispiel. Mitte des Jahrhunderts dürften große Teile Südeuropas den Klimaprognosen zufolge so trocken werden, dass Landwirtschaft generell kaum noch möglich sein wird.
177 Civantos, E. (u.a.): Potential Impacts of Climate Change on Ecosystem Services in Europe: The Case of Pest Control by Vertebrates, in: *BioScience*, DOI: 10.1525/bio.2012.62.7.8.
178 Bebber, D.P. (u.a.) (2013): Crop pests and pathogens move polewards in a warming world, in: *Nature* Climate Change, Doi: 10.1038/NCLIMATE1990.

179 Deutsch, C.A. (2018): Increase in crop losses to insect pests in a warming world, in: *Science*, DOI: 10.1126/science.aat3466.
180 Deutsche Stiftung Weltbevölkerung (DSW) (2019): Neue UN-Projektionen: Weltbevölkerung wächst bis 2050 auf 9,7 Milliarden Menschen, in: *DSW*, https://www.dsw.org/neue-un-projektionen-2019/, abgerufen am 8.10.2020.
181 Civantos, E. (u.a.): Potential Impacts of Climate Change on Ecosystem Services in Europe: The Case of Pest Control by Vertebrates, in: *BioScience*, DOI: 10.1525/bio.2012.62.7.8.
182 Rasmont, P. (u.a.) (2015): Climatic Risk and Distribution Atlas of European Bumblebees, in: *Biosrisk* (Special issue), DOI: 10.3897/biorisk.10.4749.
183 Würde zum Beispiel die arktische Hummelart *Bombus alpinus* aus Europa verschwinden, wäre sie ganz ausgestorben, da sie hier endemisch ist.
184 Die Europäische Kommission (2016): Durchführungsverordnung (EU) 2016/1141 der Kommission vom 1.7.2016, in: *Amtsblatt der Europäischen Union*, https://eur-lex.europa.eu/legal-content/DE/TXT/PDF/?uri=CELEX:32016R1141, abgerufen am 28.9.2020.
185 WWF (2014): Invasive Arten: Gefahren der biologischen Einwanderung, in: WWF, https://www.wwf.de/themen-projekte/biologische-vielfalt/invasive-arten-gefahren-der-biologischen-einwanderung, abgerufen am 8.10.2020.
186 European Commission (2017): Invasive Alien Species of Union concern, Luxembourg, Publications Office of the European Union.
187 Marion, L. (2013): Is the Sacred ibis a real threat to biodiversity? Long-term study of its diet in non-native areas compared to native areas, in: *Comptes Rendus Biologies*, https://www.sciencedirect.com/science/article/pii/S1631069113000929?via%3Dihub, abgerufen am 10.10.2020.
188 Folgendermaßen werden die Arten eingeteilt: Es gibt die »einheimischen Arten«, die das Land nach dem Ende der letzten Eiszeit aus eigener Kraft besiedelt haben. Wer das nur mithilfe des Menschen geschafft hat, wird als »gebietsfremd« oder »fremdländisch« bezeichnet. Diese Klasse wird noch einmal unterteilt: In sogenannte Archäobiota, also Alt-Pflanzen und Alt-Tiere, die vor 1492 aus anderen Kontinenten eingeführt wurden. Und in Neobiota, also Pflanzen und Tiere, die nach 1492 – dem Jahr der Entdeckung Amerikas – hierhergebracht wurden und im Zuge der Globalisierung abrupt zunahmen. Auf sie konzentriert sich die aktuelle Debatte; manche sprechen sogar von einer »biologischen Invasion«, siehe: http://www.bonn.bund.net/uploads/media/BUND_Neophyten_Broschuere_2015_Vers_2.pdf.
189 Der Papagei mit seinem grünen Gefieder wurde in den Sechzigerjahren aus Indien nach Deutschland eingeführt und hat sich zum Leidwesen von Naturschützern inzwischen massenhaft in Kleingartenkolonien und Stadtparks ausgebreitet – auf Kosten anderer höhlenbrütenden Vögel. Inzwischen seien aber auch wilde Populationen von *Psittacula krameri* auf dem Weg zu uns, so Rasmont. Aus ihrem natürlichen Verbreitungsgebiet in

Pakistan sind sie über Iran und die Türkei nach Griechenland eingewandert und könnten in wenigen Jahren auch in Belgien und Deutschland ankommen.

190   Manche Forscher sehen hingegen einen Nutzen für die Ökosysteme. Nichtsdestotrotz haben Jäger zwischen 2008 und 2010 in der Bretagne 5000 Heilige Ibisse abgeschossen; die neue EU-Leitlinie fordert sie gerade dazu auf.
191   Pecl, G. (u.a.) (2021): Climate-driven 'species-on-the-move' provide tangible anchors to engage the public on climate change, noch unveröffentlicht.
192   Scheffers, B.R., Pecl, G. (2019): Persecuting, protecting or ignoring biodiversity under climate change, in: *Nature Climate Change*, DOI: 10.1038/s41558-019-0526-5.
193   Vergés, A., Sen Gupta, A. (2014): Sydney's waters could be tropical in decades, here's the bad news…, in: *The Conversation*, 15.9.2014, https://theconversation.com/sydneys-waters-could-be-tropical-in-decades-heres-the-bad-news-31523, abgerufen am 25.11.2020.
194   Campbell, N.A. (u.a.) (2006): Biologie, Pearson Studium, S. 670f.
195   Fujita, D. (2010): Current status and problems of isoyake in Japan, in: *Bulletin* of *Fisheries Research Agency 32*.
196   Nakamura, Y. (u.a.) (2013): Tropical Fishes Dominate Temperate Reef Fish Communities within Western Japan, in: *PLOS ONE*, DOI: 10.1371/journal.pone.0081107.
197   Smale, D.A., Wernberg, T. (2013): Extreme climatic event drives range contraction of a habitat-forming species, in: *Proceedings of The Royal Society B*, DOI: 10.1098/rspb.2012.2829.
198   Vergés, A. (u.a.) (2016): Long-term evidence of ocean warming leading to tropicalization of fish communities, increased herbivory, and loss of kelp, in: *Proceedings of the National Acadamy of Sciences*, DOI: 10.1073/pnas.1610725113.
199   Vergés, A. (u.a.) (2014): The tropicalization of temperate marine ecosystems: climate-mediated changes in herbivory and community phase shifts, in: *Proceedings of the Rocal Society B*, DOI: 10.1098/rspb.2014.0846.
200   Precht, W.F., Aronson, R.B. (2004): Climate flickers and range shifts of reef corals, in: *Frontiers in Ecology and the Environment*, DOI: 10.1890/1540-9295(2004)002[0307:CFARSO]2.0.CO;2.
201   Booth, D.J., Sear, J. (2018): Coral expansion in Sydney and associated coral-reef fishes, in: *Coral Reefs*, DOI: 10.1007/s00338-018-1727-5.
202   Precht, W.F., Aronson, R.B. (2004): Climate flickers and range shifts of reef corals, in: *Frontiers in Ecology and the Environment*, DOI: 10.1890/1540-9295(2004)002[0307:CFARSO]2.0.CO;2.
203   Yamaho, H. (u.a.) (2011): Rapid poleward range expansion of tropical reef corals in response to rising sea surface temperatures, in: *Geophysical Research Letters*, DOI: 10.1029/2010GL046474.

204 Fujita, D. (2010): Current status and problems of Isoyake in Japan, in: *Bulletin* of *Fisheries Research Agency 32*.
205 Sato, M., Kuwahara, H. (2019): Introduction of countermeasures against the deforestation of seaweed beds 'Isoyake', Conference Paper.
206 The Japan Times (2020): Global warming wreaks havoc on Japanese edible kelp, in: *The Japan Times*, 31.3.2020, https://www.japantimes.co.jp/news/2020/03/31/national/global-warming-japanese-edible-kelp/, abgerufen am 29.11.2020.
207 Der langstachelige Seeigel *Diadema antillarum* hat sein natürliches Verbreitungsgebiet vor der Küste des australischen Bundesstaats New South Wales. Vor über zehn Jahren begann er, nach Tasmanien einzuwandern, sich dort zu etablieren und massenhaft auszubreiten, nachdem sich das Meer dort erwärmt hatte und die Larven im Winter überleben konnten. Die Folge: Die dortigen Kelpwälder starben fast vollständig ab. Zurück blieben Seeigel-Wüsten.
208 Wallace, A.R. (1878): Tropical Nature and Other Essays, Macmillan, London, S. 66.
209 Reddin, C.J. (u.a.) (2018): Marine invertebrate migrations trace climate change over 450 million years, in: *Global Ecology and Biogeography*, DOI: 10.1111/geb.12732.
210 Kiessling, W. (u.a.) (2012): Equatorial decline of reef corals during the last Pleistocene interglacial, in: *PNAS*, DOI: 10.1073/pnas.1214037110.
211 Dunne, D. (2018): The Carbon Brief Interview: Prof Terry Hughes, in: *Carbon Brief*, 22.11.2018, https://www.carbonbrief.org/carbon-brief-interview-prof-terry-hughes, abgerufen am 30.11.2020.
212 Hughes, Terry, (u.a.) (2018): Spatial and temporal patterns of mass bleaching of corals in the Anthropocene, in: *Science*, DOI: 10.1126/science.aan8048.
213 Del Monaco, C. (u.a.) (2016): Effects of ocean acidification on the potency of macroalgal allelopathy to a common coral, in: *Scientific Reports*, DOI: 10.1038/srep41053.
214 IPCC (2018): Summary for Policymakers, in: Global warming of 1.5°C. An IPCC Special Report on the impacts of global warming of 1.5°C above pre-industrial levels and related global greenhouse gas emission pathways, in the context of strengthening the global response to the threat of climate change, sustainable development, and efforts to eradicate poverty. World Meteorological Organization, Genua, Schweiz, https://www.ipcc.ch/sr15/chapter/spm/, aufgerufen am 3.10.2020.
215 Briggs, C. (2017): Federal Government spending $2.2m on giant ocean fans in bid to protect Great Barrier Reef, in: *ABC News*, 7.12.2020, https://www.abc.net.au/news/2017-12-07/reef-fans-to-be-deployed-to-protect-coral-from-bleaching/9234710, abgerufen am 4.12.2020.
216 Beattie, A., Ehrlich, P. (2004): Wild Solutions. How Biodiversity is Money in the Bank. Yale University Press, S. 202ff.

217 Pratchett, M. (u.a.) (2008): Effects of climate-induced coral bleaching on coral-reef fishes– ecological and economic consequences, in: Gibson, R.N. (u.a.): Oceanography and Marine Biology: An Annual Review 46, S. 251ff.
218 DeSmit, O. (2019): Pacific Islands face hardships as tuna follow warming waters, in: Conservation International, https://www.conservation.org/blog/pacific-islands-face-hardships-as-tuna-follow-warming-waters, abgerufen am 12.1.2021.
219 WWF (2019): Fish migration due to climate change creates tuna shortage in Fiji, 11.12.2019, https://wwf.panda.org/wwf_news/?357337/Fish-migration-due-to-climate-change-creates-tuna-shortage-in-Fiji, abgerufen am 12.1.2021.
220 DeSmit, O. (2019): Pacific Islands face hardships as tuna follow warming waters, in: *Conservation International*, https://www.conservation.org/blog/pacific-islands-face-hardships-as-tuna-follow-warming-waters, abgerufen am 12.1.2021.
221 Bell, J.D. (u.a.) (2013): Mixed responses of tropical Pacific fisheries and aquaculture to climate change, in: *Nature Climate Change*, DOI: 10.1038/NCLIMATE1838.
222 Price, N.N. (u.a.) (2019): Global biogeography of coral recruitment: tropical decline and subtropical increase, in: *Marine Ecology Progress Series*, DOI: 10.3354/meps12980.
223 Pearce, F. (2019): As Oceans Warm, Tropical Corals Seek Refuge in Cooler Waters, in: *Yale Environment 360*, 22.8.2019 https://e360.yale.edu/features/as-oceans-warm-tropical-corals-seek-refuge-in-cooler-waters, abgerufen am 29.11.2011.
224 Trisos, C.H. (u.a.) (2020): The projected timing of abrupt ecological disruption from climate change, in: *Nature*, DOI: 10.1038/s41586-020-2189-9.
225 Smale, D.A., u.a. (2019): Marine heatwaves threaten global biodiversity and the provision of ecosystem services, in: *Nature Climate Change*, DOI: 10.1038/s41558-019-0412-1.
226 Feeley, K.J. (u.a.) (2011): Upslope migration of Andean trees, in: *Journal of Biogeography*, DOI: 10.1111/j.1365-2699.2010.02444.x.
227 Fadrique, B. (u.a.) (2018): Widespread but heterogeneous responses of Andean forests to climate change, in: *Nature*, DOI: 10.1038/s41586-018-0715-9.
228 Tingley, M.W. (u.a.) (2012): The push and pull of climate change causes heterogeneous shifts in avian elevational ranges, in: *Global Change Biology*, DOI: 10.1111/j.1365-2486.2012.02784.x.
229 Chen, I.-C. (u.a.) (2009): Elevation increases in moth assemblages over 42 years on a tropical mountain, in: *PNAS*, DOI: 10.1073/pnas.0809320106.

230 Jump, A.S. (u.a.) (2009): The altitude-for-latitude disparity in range retractions of woody species, in: *Trends in Ecology and Evolution*, DOI: 10.1016/j.tree.2009.06.007.
231 Mayle, F.E., (u.a.) (2000): Millennial-Scale Dynamics of Southern Amazonian Rain Forest, in: *Science*, DOI: 10.1126/science.290.5500.2291.
232 Corlett, R.T. (2011): Climate change in the tropics: The end of the world as we know it?, in: *Biological Conservation*, DOI: 10.1016/j.biocon.2011.11.027.
233 Ihr Nachweis ist auch aus einem anderen Grund schwierig zu erbringen: Die hohe Artenvielfalt in den Tropen führt nämlich zu mehr Wettbewerb unter den Arten als in anderen Weltteilen, und das erzeugt ganz eigene Ausbreitungsdynamiken. Wenn der Klimawandel das Muster von Regenfällen oder Dürren verändert, gibt es Gewinner und Verlierer. Arten, die bisher in ihrer Verbreitung durch andere Arten zurückgehalten wurden, können auf einmal expandieren, wenn der Klimawandel ihre Konkurrenten schröpft, während sie selbst mit den neuen Bedingungen besser klarkommen. Statt sich zurückzuziehen, breiten sich diese Arten dann aus.
234 Wright, S.J. (2009): The Future of Tropical Species on a Warmer Planet, in: *Conservation Biology*, DOI: 10.1111/j.1523-1739.2009.01337.x.
235 Schloss, Carrie (u.a.) (2012): Dispersal will limit ability of mammals to track change in the Western Hemisphere, in: *PNAS*, DOI: 10.1073/pnas.1116791109.
236 Feeley, K.J., Silman, M.R. (2010): Biotic attrition from tropical forests correcting for truncated temperature niches, in: *Global Change Biology*, DOI: 10.1111/j.1365-2486.2009.02085.x.
237 Erfanian A. u.a. (2017): Unprecedented drought over tropical South America in 2016: significantly under-predicted by tropical SST, in: *Scientific Reports*, DOI: 10.1038/s41598-017-05373-2.
238 Esquivel-Muelbert, A. (u.a.) (2019): Compositional response of Amazon forests to climate change, in: *Global Change Biology*, DOI: 10.1111/gcb.14413.
239 Bush, M. (2010): Nonlinear climate change and Andean feedbacks: an imminent turning point, in: *Global Change Biology*, DOI: 10.1111/j.1365-2486.2010.02203.x.
240 Simoes, M. (2020): Brazil Is Persecuting Its Own Environmental Protection Workers, Whistleblowers Say, in: *Vice*, 30.11.2020, https://www.vice.com/en/article/bvxj7q/brazil-is-persecuting-its-own-environmental-protection-workers-whistleblowers-say, abgerufen am 4.12.2020.
241 Gomes, V.H.F. (u.a.) (2019): Amazonian tree species threatened by deforestation and climate change, in: *Nature Climate Change*, DOI: 10.1038/s41558-019-0500-2.
242 Brando, P.M. (u.a.) (2013): Abrupt increases in Amazonian tree mortality due to drought–fire interactions, in: *PNAS*, DOI: 10.1073/pnas.1305499111.

243 Barlow, J., Peres, Carlos (2008): Fire-mediated dieback and compositional cascade in an Amazonian forest, in: *Philosophical Transactions of the Royal Society*, DOI: 10.1098/rstb.2007.0013.
244 Lovejoy, T.E., Nobre, C. (2018): Amazon Tipping Point, in: *Science Advances*, DOI: 10.1126/sciadv.aat2340.
245 Gurk, C. (2020): Ein Paradies steht in Flammen, in: *Süddeutsche Zeitung*, 22.10.2020, S. 11.
246 Valente, M. (2020): Drought-hit Argentina faces water worries amid coronavirus pandemic, in: *Reuters*, 29.4.2020, https://www.reuters.com/article/us-argentina-drought-climate-change-coro-idUSKBN22B2JA, abgerufen am 1.12.2020.
247 Paz, S., Semenza, J.C. (2016): El Nino and climate change – contributing factors in the dispersal of Zika virus in the Americas?, in: *The Lancet*, DOI: 10.1016/s0140-6736(16)00256-7.
248 Corlett, R.T. (2011): Climate change in the tropics: The end of the world as we know it?, in: *Biological Conservation*, DOI: 10.1016/j.biocon.2011.11.027.
249 Deutsche Welle (2019): Forscher nach Streit mit Brasiliens Präsident Bolsonaro entlassen, 3.8.2019, https://www.dw.com/de/forscher-nach-streit-mit-brasiliens-pr%C3%A4sident-bolsonaro-entlassen/a-49876308, abgerufen am 12.1.2021.
250 Kirchner, Sandra (2020): Corona legt Regenwaldschutz lahm, in: *Klimareporter°*, https://www.klimareporter.de/international/corona-legt-regenwaldschutz-lahm, abgerufen am 26.11.2020.
251 Tagesschau (2020): Massive Abholzung in der Corona-Krise, https://www.tagesschau.de/ausland/tropenwald-zerstoerung-101.html, abgerufen am 12.1.2021.
252 WWF (2020): WWF-Analyse – Waldverlust in Zeiten der Corona-Pandemie – Holzeinschlag in den Tropen, https://www.wwf.de/fileadmin/fm-wwf/Publikationen-PDF/WWF-Analyse-Waldverlust-in-Zeiten-der-Corona-Pandemie.pdf, abgerufen am 12.01.2021.
253 Feeley, K.J., Silman, M.R. (2016): Disappearing climates will limit the efficacy of Amazonian protected areas, in: *Diversity and Distributions*, DOI: 10.1111/ddi.12475.
254 Senior, R. (u.a.) (2019): Global loss of climate connectivity in tropical forests, in: *Nature Climate Change*, DOI: 10.1038/s41558-019-0529-2.
255 Gurk, C. (2020): Ein Paradies steht in Flammen, in: *Süddeutsche Zeitung*, 22.10.2020, S. 11.
256 Aljazeera (2020): Nearly 3 billion animals killed or displaced by Australian wildfires, https://www.aljazeera.com/news/2020/7/28/nearly-3-billion-animals-killed-or-displaced-by-australia-fires, abgerufen am 12.1.2021.
257 Sengupta, S. (2020): Europe moves to protect nature, but faces criticism over subsidizing farms, in: *The New York Times*, https://www.nytimes.com/2020/10/23/climate/europe-nature-farms.html, abgerufen am 13.1.2020.

258 Killeen, T.J., Solórzano, L.A. (2008): Conservation strategies to mitigate impacts from climate change in Amazonia, in: *Philosophical Transactions of the Royal Society B*, DOI: 10.1098/rstb.2007.0018.

259 Thomas, C.D., Gillingham, P.K. (2015): The performance of protected areas for biodiversity under climate change, in: *Biological Journal of the Linnean Society*, DOI: 10.1111/bij.12510.

260 Hannah, L. (u.a.) (2014): Fine-grain modeling of species' response to climate change: holdouts, stepping-stones, and microrefugia, in: *Trends in Ecology & Evolution*, DOI: 10.1016/j.tree.2014.04.006.

261 Tropical North Queensland (2020): World's oldest tropical rainforest, https://www.tropicalnorthqueensland.org.au/wet-tropics-rainforest/, abgerufen am 12.1.2021.

262 1998 nahm die UNESCO diese Landschaft als Weltnaturerbe auf, siehe: UNESCO (2020): Wet Tropics Queensland, https://whc.unesco.org/en/list/486/, abgerufen am 26.10.2020.

263 Williams, S.E. (u.a.): Climate change in Australian tropical rainforests: an impending environmental catastrophe, in: *Proceedings of the Royal Society of London Series B*, DOI: 10.1089/rspb.2003.2464.

264 Hu, R. (u.a.) (2020): Shifts in bird ranges and conservation priorities in China under climate change, in: *PLOS One*, DOI: 10.1371/journal.pone.0240225.

265 Kanagaraj, R. (u.a.) (2019): Predicting range shifts of Asian elephants under global change, in: *Diversity and Distribution*, DOI: 10.1111/ddi.12898.

266 Araújo, M.B. (u.a.) (2011): Climate change threatens European Conservation areas, in: *Ecology Letters*, DOI: 10.1111/.j.1461-0248.2011.01610.x.

267 Loarie, S.R. (u.a.) (2009): The velocity of climate change, in: *Nature*, DOI: 10.1038/nature08649.

268 Das sogenannte RCP4.5-Szenario (4.5 steht nicht für die Temperaturerwärmung, sondern für die Zunahme der Strahlungsintensität), was einer Erwärmung von 2,6 Grad Celsius bis zum Ende des Jahrhunderts entspricht.

269 Shoo, L.P. (u.a.) (2011): Targeted protection and restoration to conserve tropical biodiversity in a warming world, in: *Global Change Biology*, DOI: 10.1111/.1365-2486.2010.02218.x.

270 Beyer, H.L. (u.a.) (2018): Risk-sensitive planning for conserving coral reeds under rapid climate change, in: *Conservation Letters*, DOI: 10.1111/conl.12587.

271 Feeley, K.J., Rehm, E.M. (2012): Amazon's vulnerability to climate change heightened by deforestation and man-made dispersal barriers, in: *Global Change Biology*, DOI: 10.1111/gcb.12012.

272 Williams, S. (u.a.) (2015): Let's get serious about protecting wildlife in a warming world, in: The Conservation, 28.5.2015, https://theconversation.com/lets-get-serious-about-protecting-wildlife-in-a-warming-world-42109, abgerufen am 12.1.2021.

273 Dort ziehen die Provinzregierungen schon seit Jahren Wissenschaftler zurate, um die zukünftigen Routen für wandernde Arten zu identifizieren und zu schützen, siehe: Gonzalez, A. (u.a.) (2019): Connectivity by design: A multiobjective ecological network for biodiversity that is robust to land use and regional climate change, in: Lovejoy, T., Hannah, L. (2019): Biodiversity and Climate Change, Yale University Press, New Haven & London, S. 323-325.
274 Flasbarth, J. (2008): Klimawandel: Künftige Herausforderungen für den Naturschutz, in: NABU: Klimawandel und Biodiversität, Tagungsdokumentation 8./9.4.2008, S. 59-62.
275 Araújo, M.B. (u.a.) (2011): Climate change threatens European conservation areas, in: Ecology Letters, DOI: 10.1111/j.1461-0248.2011.01610.x.
276 Europäische Kommission (2020): Mitteilung der Kommission an das Europäische Parlament, den Rat, den Europäischen Wirtschafts- und Sozialausschuss und den Ausschuss der Regionen – EU Biodiversitätsstrategie für 2030 – Mehr Raum für die Natur in unserem Leben, Brüssel.
277 Hannah, L. (u.a.) (2013): Climate change, wine, and conservation, in: PNAS, DOI: 10.1073/pnas.1210127110.
278 Dinerstein, E. (u.a.) (2019): A Global Deal For Nature: Guiding principles, milestones, and targets, in: Science Advances, DOI: 10.1126/sciadv.aaw2869.
279 Cromsigt, J.P.G.M. (u.a.) (2018): Trophic rewilding as a climate change mitigation strategy?, in: Philosophical Transactions B, DOI: 10.1098/rstb.2017.0440.
280 Stork, R. (2016): Eine Autobahn für Tiere, in: Spektrum der Wissenschaft, 28.12.2016, https://www.spektrum.de/news/eine-autobahn-fuer-tiere/1432765, abgerufen am 12.1.2021.
281 Rosenzweig, M. (2003): Reconciliation ecology and the future of species diversity, in: Oryx, DOI: 10.1017/20030605303000371.
282 Soga, M., Gaston, K.J. (2016): Extinction of experience: the loss of human-nature interactions, in: Frontiers in Ecology, DOI: 10.1002/fee.1225.
283 Buglife (2020): B-Lines, https://www.buglife.org.uk/our-work/b-lines/, abgerufen am 12.1.2021.
284 De Ferrer, M. (2020): What can we learn from indigenous groups about safeguarding the environment?, in: Euronews, https://www.euronews.com/living/2020/10/23/what-can-we-learn-from-indigenous-groups-about-how-to-respect-nature, abgerufen am 29. 12.2020.
285 Schwartz, M.W. (u.a.) (2012): Managed Relocation: Integrating the Scientific, Regulatory, and Ethical Challenges, in: BioScience, DOI: 10.1525/bio.2012.62.8.6.
286 Goldenberg, S. (2010): A home from home: saving species from climate change, in: The Guardian, 12.2.2010, https://www.theguardian.com/environment/2010/feb/12/saving-species-climate-change, abgerufen am 12.1.2021.

287 Ricciardi, A., Simberloff, D. (2008): Assisted colonization is not a viable conservation strategy, in: *Trends in Ecology and Evolution*, DOI: 10.1016/j.tree.2008.12.006.
288 Am Institut für theoretische und experimentelle Ökologie am Nationalen Forschungszentrum in Toulouse.
289 Ricciardi, A., Simberloff, D. (2008): Assisted colonization is not a viable conservation strategy, in: *Trends in Ecology and Evolution*, DOI: 10.1016/j.tree.2008.12.006.
290 www.torreyaguardians.org
291 Schwartz, M.W. (u.a.) (2012): Managed Relocation: Integrating the Scientific, Regulatory, and Ethical Challenges, in: *BioScience*, DOI: 10.1525/bio.2012.62.8.6.
292 Verhagen, S. (2016): Australian first to save our rarest reptile, in: *Australian Geographic*, 18.8.2016, https://www.australiangeographic.com.au/news/2016/08/australian-first-to-save-our-rarest-reptile/, abgerufen am 5.11.2020.
293 Willis, S.G. (u.a.) (2008): Assisted colonization in a changing climate: a test study using two U.K. butterflies, in: *Conservation Letters*, DOI: 10.1111/j.1755-263X.2008.00043.x.
294 Liu, H. (u.a.) (2012): Overcoming extreme weather challenges: Successful but variable assisted colonization of wild orchids in southwestern China, in: *Biological Conservation*, DOI: 10.1016/j.biocon.2012.02.018.
295 Rasmont, P. (u.a.) (2015): Climatic Risk and Distribution Atlas of European Bumblebees, in: *Biosrisk*, DOI: 10.3897/biorisk.10.4749.
296 Dinerstein, E. (u.a.) (2019): A Global Deal For Nature: Guiding principles, milestones, and targets, in: *Science Advances*, DOI: 10.1126/sciadv.aaw2869.
297 Dafür müssten wir 18 Prozent der Landoberfläche mit Maisfeldern überziehen, damit die Pflanzen der Atmosphäre Kohlendioxid entziehen. Nach ihrer Ernte werden sie verbrannt (und damit Strom gewonnen), und das entstandene CO_2 wird unter die Erde gepresst. Der Nachteil der Methode: Für den Nahrungsmittelanbau wäre dann viel weniger Platz, geschweige denn für Tiere und Pflanzen, die sich in ihrer Gesamtheit neu über die Erde verteilen. Manche Experten gehen davon aus, dass das der Biodiversität noch mehr schaden würde, als die Welt um zwei Grad Celsius zu erwärmen.
298 Hannah, L. (u.a.) (2020): 30 % land conservation and climate action reduces tropical extinction risk by more than 50 %, in: *Ecography*, DOI: 10.1111/ecog.05166.
299 Lister, B.C., Garcia, A. (2018): Climate-driven declines in arthropod abundance restructure a rainforest food web, in: *PNAS*, DOI: 10.1073/pnas.1722477115.
300 Janzen, D.H., Hallwachs, W. (2019): Perspective: Where might be many tropical insects?, in: *Biological Conservation*, DOI: 10.1016/j.biocon.2019.02.030.

301 Dabei müssten degradierte Flächen renaturiert werden, da bereits mehr als die Hälfte des natürlichen Lebensraums auf der Erde vom Menschen in Siedlungen, Weide- und Ackerflächen umgewandelt worden ist.
302 Parmesan, C. (u.a.) (2015): Endangered Quino checkerspot butterfly and climate change: Short-term success but long-term vulnerability?, in: *Journal of Insect Conservation*, DOI: 10.1007/s10841-014-9743-4.
303 Williams, J.W. (u.a.) (2007): Projected distributions of novel and disappearing climates by 2100 AD, in: *PNAS*, DOI: 10.1073/pnas.0606292104.
304 Xu, C. (u.a.) (2020): Future of the human climate niche, in: *PNAS*, DOI: 10.1073/pnas.1910114117.
305 Cheung, W.W.L. (u.a.) (2009): Large-scale redistribution of maximum fisheries catch potential in the global ocean under climate change, in: *Global Change Biology*, DOI: 10.1111/j.1365-2486.2009.01995.x.
306 Pecl, G.T. (u.a.) (2017): Biodiversity redistribution under climate change: Impacts on ecosystems and human well-being, in: *Science*, DOI: 10.1126/science.aai9214.
307 Im, E. (u.a.) (2017): Deadly heat waves projected in the densely populated agricultural regions of South Asia, in: *Science Advances*, DOI: 10.1126/sciadv.1603322.
308 Easterling, W.E. (u.a.) (2007): Food, fibre and forest products, in: Parry, M.L. (u.a.): Climate Change 2007: Impacts, Adaptation and Vulnerability. Contribution of Working Group II to the Fourth Assessment Report of the Intergovernmental Panel on Climate Change, Chapter 5,S. 273-313, Cambridge University Press, Cambridge.
309 Chort, I., de la Rupelle, M. (2015): Determinants of Mexico-US outwards and return migration flows: A state-level panel data analysis, in: Demography, DOI: 10.1007/s13524-016-0503-9.
310 Mueller, V. (u.a.) (2014): Heat stress increases long-term human migration in rural Pakistan, in: *Nature Climate Change*, DOI:10.1038/nclimate2103.
311 Kelley, C.P. (u.a.) (2015): Climate change in the Fertile Crescent and implications of the recent Syrian drought, in: *PNAS*, DOI: 10.1073/pnas.1421533112.
312 Schleussner, C.-F. (u.a.) (2016): Armed-conflict risks enhanced by climate-related disasters in ethnically fractionalized countries, in: PNAS, DOI: 10.1073/pnas.1601611113.
313 McLeman, R.A., Hunter, L.M. (2009): Migration and Adaptation to Climate Change, in: *IBS Working Paper*.

Claus-Peter Hutter
Mit Plan durch die Klimakrise

978-3-453-60559-6

Jahrhundertsturm, Jahrtausendflut, verdorrte Böden, Insektenplagen – extreme Wetter- und Naturereignisse treten inzwischen im Jahresrhythmus auf und finden längst nicht mehr nur in fernen Ländern statt. Und dennoch sind dies erst Vorboten! Umweltexperte Claus-Peter Hutter führt uns eindringlich vor Augen, wie weit der Klimawandel schon vorangeschritten ist, womit wir in den nächsten Jahren noch rechnen müssen und welche Strategien für ein Leben unter verschärften Bedingungen wir alle angehen müssen. Wir alle können und müssen etwas tun. Jeder Tag zählt!

Leseprobe unter **www.heyne.de**

Elli H. Radinger

Ein inspirierendes Buch über die Weisheit unserer treuen Gefährten

978-3-453-60540-4

Hunde sind großartig – egal in welchem Alter! Das Leben mit einem alten Hund und die Begleitung in seinen letzten Jahren öffnen unsere Augen und unser Herz. Elli H. Radinger, Wolfs- und Hundeexpertin, erzählt spannende Geschichten, die exemplarisch stehen für Vertrauen, Geduld, Achtsamkeit, Dankbarkeit, Intuition, Liebe, Vergebung und Witz, aber auch für den Umgang mit Trauer und Verlust. Ein warmherziges und verblüffendes Kompliment an den besten Freund des Menschen.

Leseprobe unter **www.heyne.de**

Peter Wohlleben

Der Nr.-1-Bestseller erstmals im Taschenbuch

978-3-453-60561-9

Die Natur steckt voller Überraschungen: Laubbäume beeinflussen die Erdrotation, Kraniche sabotieren die spanische Schinkenproduktion, und Nadelwälder können Regen machen. Bestsellerautor Peter Wohlleben lässt uns eintauchen in eine kaum ergründete Welt und beschreibt das faszinierende Zusammenspiel zwischen Pflanzen und Tieren: Wie bedingen sie sich gegenseitig? Und was passiert, wenn dieses fein austarierte System aus dem Lot gerät? Anhand neuester wissenschaftlicher Erkenntnisse und seiner eigenen jahrzehntelangen Beobachtungen lehrt uns Deutschlands bekanntester Förster einmal mehr das Staunen.

Leseprobe unter **www.heyne.de**